主体功能区空间优化管治技术与生态环境管理

杨　悦　徐梦佳　邹长新　刘　冬　主编

中国环境出版集团·北京

图书在版编目（CIP）数据

主体功能区空间优化管治技术与生态环境管理/杨悦等主编. —北京：中国环境出版集团，2023.8
ISBN 978-7-5111-5518-4

Ⅰ. ①主… Ⅱ. ①杨… Ⅲ. ①区域生态环境—环境管理—研究—中国 Ⅳ. ①X321.2

中国国家版本馆 CIP 数据核字（2023）第 089598 号

出 版 人 武德凯
责任编辑 雷 杨
封面设计 彭 杉

出版发行 中国环境出版集团
（100062 北京市东城区广渠门内大街 16 号）
网 址：http://www.cesp.com.cn
电子邮箱：bjgl@cesp.com.cn
联系电话：010-67112765（编辑管理部）
发行热线：010-67125803，010-67113405（传真）

印 刷 北京建宏印刷有限公司
经 销 各地新华书店
版 次 2023 年 8 月第 1 版
印 次 2023 年 8 月第 1 次印刷
开 本 787×960 1/16
印 张 21
字 数 412 千字
定 价 128.00 元

《主体功能区空间优化管治技术与生态环境管理》

编委会

前言

完善并落实主体功能区战略和制度，是党中央、国务院作出的重大战略部署。自2010年国务院印发《全国主体功能区规划》以来，基于主体功能区的生态环境治理加速推进。2015年，环境保护部联合国家发展改革委共同编制印发了《关于贯彻实施国家主体功能区环境政策的若干意见》，成为环境政策体系中第一个基于全国主体功能区划分方案具有系统性、针对性、可操作性的部门政策意见。近年来，我国突出的环境问题得到较大程度的缓解，以人口、经济和资源环境相协调的国土空间开发保护格局初步形成，但生态环境质量与社会经济发展不平衡的状况未能改变，与人民对美好生活的需求差距还较大，发展与保护的矛盾依然突出，构建协调人口、经济和资源环境的国土空间开发保护格局的任务艰巨。同时，关于主体功能区生态环境的研究还不充分，针对性和现实性不足，没有形成一个系统性、宏观性的理论框架和方法体系。

本书由生态环境部南京环境科学研究所生态保护与修复研究中心人员编写，集成了该研究所有关学者近年来对主体功能区的研究成果。本书从理论基础、技术应用和管理政策3个维度阐述了主体功能区生态环境保护的相关研究，在上篇“理论基础篇”中，介绍了主体功能区的概念界定、划分方法、配套政策和规划现状，重点分析了主体功能区生态环境政策研究的意义，并梳理了国内外有关生态环境分区管治体系研究进展，据此，对国土空间开发保护新格局下主体功能区生态环境管治的内涵进行了解析。在中篇“技术应用篇”中，归纳总结了主体功能区空间规模与质量量化评价关键技术、生态功能提升技术、生态环境分区管治技术、国土空间开发保护质量和效率评估技术、生态保护成效评价技术等相关技术方法，分析各类技术的评价方式、数据来源、指标构建和典型区域的应用结果。在下篇“管理政策篇”中，分析了主体功能区生态环境保护政策演进情况及不同功能区的管控政策，针对重点生态功能区、农产品主产区开展优质生态产品和产业准入负面清单研究，制定了不同功能区的奖惩机制和政策。基于“十四五”时期新格局构建的相关要求，分析了城市化地区、农产品主产区、生态功能区的政策重点，提出推进主体功能区环境治理体系构建的政策建议，为推动落实主体功能区战略提供积极参考与借鉴。

本书在生态环境部预算项目“主体功能区空间优化管治技术与生态环境管理研究”的资助下，由生态环境部南京环境科学研究所编写完成，其中部分数据资料得到了国家发展和改革委员会国土开发与地区经济研究所、首都经济贸易大学、南开大学、北京师范大学、哈尔滨工业大学、中国人民大学、天津大学、中国科学院科技战略咨询研究院、中国农业大学等单位的支持，在此一并表示感谢。本书成稿于 2022 年 4 月，由于编写仓促，书中可能存在诸多不足之处，敬请各位专家与读者批评指正。

编　者

2022 年 5 月

目录

上篇 理论基础篇

中篇 技术应用篇

下 篇 管理政策篇

SHANGPIAN　LILUN JICHU PIAN

上篇　理论基础篇

第1章

主体功能规划的理论探索

1.1 主体功能区的概念界定

主体功能区规划是当前我国实现国土空间有序开发的重要举措，对实现区域经济和谐发展有着深远意义。虽然多数学者认可主体功能区规划是根据我国不同区域的环境承载能力、现有资源禀赋以及区域开发密度和发展潜力等条件，按照区域专业化分工和区域协调发展原则划定的具有某种特定主体功能的空间单元，但是国内有些学者对主体功能区的内涵仍有较大分歧。魏后凯（2007）认为，对于主体功能区应从规范和优化区域空间开发秩序等方面进行界定，即主体功能区应是按照某种特定指标来划定，从而承担特定功能定位的地域单元。冯德显等（2008）则强调，定位主体功能区需要统筹考虑各个区域经济的发展态势、人口集聚情况、国土资源利用的科学性及有效性、城镇化格局发展变化的情况以及生态功能的演变等因素。因此，主体功能区是强调国土空间优化开发，并具有某种特定主体功能的规划区域与空间单元。李宪坡（2008）认为，主体功能区的内涵界定显著区别于其他区域规划，主体功能区是集地域空间、职能空间以及政策空间于一体的复合型空间功能单元。然而，陆玉麒等（2007）则认为，我国进行的主体功能区规划虽然在某种程度上具有均质区域属性，但其所附带的功能区属性则更加浓厚，社会经济开发密度和整体经济、社会发展水平会对主体功能区功能定位产生至关重要的影响。因此，主体功能区必然具备类型区和功能区双重属性。张可云（2007）则进一步认为，主体功能区侧重于内部均质性，而非其内部功能联系，因此主体功能区究其本质应该属于类型区（均质区）范畴，而并非仅是具有综合功能的功能区。尽管国内学者关于主体功能区内涵存在争议，但学者们对其理论贡献却有着共同的认识，即主体功能区突出强调经济发展中应兼顾经济、社会、生态、资源等各方面因素，从而形成科学合理的发展秩序。因此，主体功能区拓展了空间资源的价值内涵，深化了区域发展的规律认识，并为衡量区域经济发展提供了多元化和科学化的测度指标。

1.2　主体功能区的划分方法

主体功能区的划分指标是进行主体功能区规划的重要依据。虽然《中华人民共和国国民经济和社会发展第十一个五年规划纲要》（以下简称《“十一五”规划纲要》）明确提出了国土空间开发格局的四类主体功能区划分，并于 2011 年就在《全国主体功能区规划》中完成了对国土空间的主体功能区规划，但是国内学者对主体功能区规划指标的选择并没有达成共识。由于我国各地区之间在经济及社会发展等方面存在巨大差距，因此，四类主体功能区划分方法能否适应我国当前较为复杂的区域发展特征，我国学者也有着不同的看法。许多学者认为，笼统的分类并不利于区域经济的长期协调发展，而对于纵向规划管理和横向开发合作，主体功能区规划应进一步建立细分标准。如樊杰（2010）在主体功能区四类主体功能区划分的基础上提出了更为具体的主体功能区二级分类标准，即对四类主体功能区进行更加详细的分级。王敏等（2008）以主体功能区的优化开发区为例，依据经济发展的特征和潜力，将优化开发区进一步细分为三大类、次五类。赵永江等（2007）则通过对河南省主体功能区划分的具体情况的分析，明确提出“适宜性”是关键，并在全国主体功能区规划的 15 个指标体系的基础上又提出了一个更加适合河南省省情的指标体系。郝大江（2011）则进一步根据主体功能区的动态演进规律，提出主体功能区规划虽然在较长时期内可以保持相对稳定，但随着要素条件累积的变化、资源环境承载能力的转变，主体功能区应该进行动态的阶段性调整。高国力（2007）认为，我国主体功能区规划应包含国家和省级两个层次，并以县级单位为规划设立主体功能区划分体系，这一体系能够重点突出、目标明确且简明实用，同时可以将中央及省级的主体功能区规划政策进行分类设计和管理。同时，部分国内学者也借助地理信息系统（GIS）、遥感（RS）和全球定位系统（GPS）等“3S”技术和方法对主体功能区划分指标体系进行了研究。如曹卫东等（2008）以县域尺度为基础，对主体功能区划分方法进行了探索，该方法以GIS技术作为支撑，从经济开发支撑和自然生态约束两个方面选择了人均资源的拥有量、人口、学历层次和GDP等多个评价因子，并通过象限图划分了主体功能区。张广海等（2007）则以山东省17个地市为基本空间单元对主体功能区规划的指标体系进行了修正，并以区域承载力指标作为基础，确定了主体功能区规划指标体系。

1.3 主体功能区的配套政策

国内学者关于主体功能区宏观调控政策研究，基本上是基于新凯恩斯宏观经济学理论体系展开的。

一是财政政策。财政政策作为宏观调控的重要手段，在国家干预和调节宏观经济运行中起着至关重要的作用。国内学者普遍认为，财政政策因在刺激经济以及优化公共服务等方面具有明显的调节作用，因此，其同样是主体功能区建设的重要调控手段。贾康等（2008）认为优化开发区应采取创新型财政政策，重点开发区采取激励型财政政策，禁止开发区采取保障补偿型财政政策，限制开发区采取支持补偿型财政政策。钱龙等（2010）通过分析限制开发区现行地方政府绩效考核机制，研究了限制开发区绩效考核机制的转变。唐建华（2009）认为，主体功能区的建设实际上是不同区域间利益调整的一个过程，在这种利益调整过程中，财政政策是实现该利益调整的重要保障。虽然限制开发区和禁止开发区的经济开发活动受到很大限制，但主体功能区建设绝不是让资源环境承载能力较弱的地区失去发展的机会。因此，除了对财政政策的整体分析，还有两类研究主要关注了对限制开发区和禁止开发区的财政转移支付和生态补偿制度。王祖强等（2019）通过新安江流域生态补偿试点工作，提出在财政部、生态环境部牵头和平衡下，完善和固化新安江跨省流域横向生态补偿机制。

二是金融政策。由于货币政策在实施过程中无法实现不同类型主体功能区间的差异化，即便行政区不同，也会执行相同的货币政策，所以国内学者普遍认为各类型主体功能区应采用利率政策、银行制度以及信用制度等金融政策进行宏观调控。例如，石红英（2007）认为，结合不同类型主体功能区的特征，实施利率不同、信贷程序多样化的贷款支持，有利于促进区域经济的活力，促进要素在不同类型主体功能区间的合理流动，使各类型主体功能区获得特定发展模式。

三是土地政策。合理有效的土地政策是推进主体功能区科学发展的重要手段。覃发超等（2008）对土地利用分区指标体系与主体功能区规划指标体系的关系进行了研究。杜黎明（2008）从空间管制的角度对土地政策与产业结构优化以及经济布局调控的内在关系进行了论证，并认为对空间管制加强的关键在于差异化的土地供给政策。梁佳（2013）则以规模报酬递增和非完全竞争为基本分析范式，初步探索了土地政策在主体功能区宏观调控中的作用机制。

除传统财政政策、金融政策、土地政策之外，国内学者对促进主体功能区建设的人口政策、产业政策、投资政策也有相应的研究。

1.4 我国主体功能区规划现状

1.4.1 全国主体功能区规划

国家主体功能区规划主要解决国土空间开发的全局性问题，规划范围是全国陆地国土空间以及内水和领海（不包括港澳台地区），规划期是2010—2020年。

2005年8月，国家发展和改革委员会（以下简称国家发展改革委）在北戴河召开会议，首次提出了主体功能区概念。9月，国务院下发通知成立了全国主体功能区规划领导小组，国家发展改革委组织中国科学院等相关科研机构进行了重大课题研究。2007年，国家发展改革委组织了8个省（市）进行先行研究。6月，国家发展改革委在广东省惠州市召开全国主体功能区工作会议。

2007年7月，国家发展改革委起草《国务院关于编制全国主体功能区规划的意见》。2007年8月，国家发展改革委在全国发展改革委主任研讨班上讨论了主体功能区的相关情况。9月，国务院召开全国电视电话会议，国家发展改革委起草全国主体功能区规划提纲。11月，国家发展改革委组织部分省（市）发展改革委副主任会议，讨论主体功能区规划问题。2008年1月，国家发展改革委组织召开8个先行研究省（市）工作座谈会。3月，国家发展改革委下发征求意见稿。2010年6月12日，国务院常务会审议并原则通过《全国主体功能区规划》，确定在国家层面将国土空间划分为优化开发、重点开发、限制开发和禁止开发四类区域，并明确范围、发展目标、发展方向和开发原则。2011年6月8日，《全国主体功能区规划》正式发布。

优化开发区要转变经济发展方式；重点开发区要增强产业和要素集聚能力；限制开发区要保护和修复生态环境，提高生态产品供给能力；禁止开发区要依法严禁各类开发活动，引导人口逐步有序转移，实施强制性保护。主体功能区进行空间结构优化，通过大区域均衡、小区域集中的开发模式，主要的城市化地区集中了全国60%的人口和70%的经济总量。

从战略需要出发，遵循不同国土空间的自然属性，构建三大战略格局："两横三纵"为主体的城市化战略格局、"七区二十三带"为主体的农业战略格局、"两屏三带"为主体的生态安全战略格局。

1.4.2 省级主体功能区规划

在国家推进形成主体功能区基本思路的指导下，各省（区、市）积极开展了主体功能区规划和建设的实践。省级主体功能区并不是国土全部覆盖，首批省级主体功能区确定了浙江省、江苏省、辽宁省、河南省、湖北省、云南省、新疆维吾尔自治区、重庆市8个省（区、市）进行试点编制工作，对主体功能区规划研究各有侧重，见表1-1。从地方进行的主体功能区规划探索来看，主体功能区划分的前期准备工作明显不足，进行的主体功能区规划主要还是在定性分析的基础上，依靠相关部门的主观经验划定，主体功能区划分缺乏深入调查和定量的研究。

表1-1　8个试点省（区、市）研究重点内容

省级行政区	研究内容
浙江	结合资源禀赋与环境容量、现有开发密度与人口集聚趋势、未来发展潜力与经济社会指标进行综合性评价
江苏	将人口分布、流动和人居适宜性作为主要因素，突破行政区界线，把城乡与区域作为整体，对工业化与城市化适宜程度进行综合性评价

省级行政区	研究内容
辽宁	以县域为分析评价单元，根据地区经济社会发展总体布局战略以及其他较为显著的地理特征进行“感性试划”，通过定性分析断定一部分功能区的类型归属，这些单元称之为“易划区”。将通过“感性试划”不能判定主体功能区类型的分析评价单元称之为“难划区”，对其采用多指标综合评判法和关键指标判别法进行“理性试划”
河南	建立区划系统的空间数据库和属性数据库，划分省主体功能区的行政界线。2011 年，中原经济区被纳入国家主体功能区，河南省开始编制主体功能区规划
湖北	遵循“复杂性系统工程—简单化假设处理—合理化分析识别”的思路，采用矩阵分类进行适宜性评价，打破县行政界线，保持乡镇行政区完整性
云南	统筹城乡和区域发展思路，根据资源环境承载能力，统筹考虑未来人口、经济布局和城镇体系，将全省 39.4 万 km^2 的土地面积划分为四类主体功能区
新疆	运用状态空间法和主成分分析法将新疆划分为一类和二类重点开发区、一类和二类限制开发区以及禁止开发区
重庆	利用熵权法对重庆市 40 个区县进行综合评价，并确定重庆市主城区和 1 小时经济圈应优先和重点开发，渝东南翼和渝东北翼等自然环境相对脆弱地区应限制开发，国家自然保护区等部分地区应禁止开发

资料来源：课题组整理获得。

随着试点省（区、市）的实践，其余省（区、市）的主体功能区规划也逐渐开展，表 1-2 列出了省级主体功能区规划的分区情况。

表 1-2　省级主体功能区规划分区

省级行政区	规划出台时间	主体功能区规划分区
黑龙江	2012 年 4 月 25 日	重点开发区、限制开发区（农产品主产区与重点生态功能区）和禁止开发区
内蒙古	2012 年 7 月	同上
甘肃	2012 年 8 月	同上
湖南	2012 年 11 月 17 日	同上
广西	2012 年 11 月 21 日	同上
湖北	2012 年 12 月 21 日	同上
重庆	2013 年 2 月	同上
陕西	2013 年 3 月 13 日	同上

省级行政区	规划出台时间	主体功能区规划分区
四川	2013年4月16日	同上
吉林	2013年5月14日	同上
浙江	2013年8月	同上
安徽	2013年12月4日	同上
海南	2013年12月28日	同上
云南	2014年1月6日	同上
河南	2014年1月21日	同上
山西	2014年3月17日	同上
西藏	2014年10月22日	同上
新疆	2012年10月	优化开发区、重点开发区、限制开发区和禁止开发区
福建	2012年12月18日	同上
山东	2013年1月15日	同上
江西	2013年2月6日	同上
贵州	2013年5月27日	同上
河北	2013年5月28日	同上
江苏	2014年2月12日	同上
青海	2014年3月31日	同上
辽宁	2014年5月24日	同上
宁夏	2014年6月18日	同上
北京	2012年7月25日	首都功能核心区、城市功能拓展区、城市发展新区、生态涵养发展区和禁止开发区
天津	2012年9月13日	优化发展区、重点开发区、生态涵养发展区和禁止开发区
广东	2012年9月14日	优化开发区、重点开发区、生态发展区和禁止开发区
上海	2012年12月30日	都市功能优化区、都市发展新区、新型城市化地区和综合生态发展区以及呈片状或点状形式分布于全市域的限制开发区和禁止开发区

资料来源：课题组整理获得。

1.4.3 市县级主体功能区规划

不同行政层级的主体功能区体现了各级政府对主体功能区规划的导向，

目前规定只编制国家和省级两个层次规划，市县政府不再进行主体功能区规划分。表 1-3 总结了部分主体功能区规划的实践，可以看出，从市、县层面主体功能的类型分区为主，以主体功能区为基础，对要素的空间配置与区域主导功能进一步界定，细化为城镇、产业、生态等各类功能空间。市、县层面主体功能区规划应根据国家和省级主体功能区的功能定位，对市、县区域空间做功能定位，在具体地域上明确划分各类功能区的红线。目前，从我国部分主体功能区规划实践进展可以看出，需要进行统一标准。

表 1-3 部分市、县、镇级主体功能区规划分区

层次	行政区	主体功能区规划分区
地级市	广州	严格控制区、适度开发区、重点开发区、调整优化区
地级市	南昌	优化提升区、一般开发拓展区、资源生态保护区
地级市	大连	优化开发区、重点开发区、限制开发区、禁止开发区
地级市	深圳	生态保护区、重点开发区、改造提升区
地级市	徐州	优化开发区、重点开发区、适度与适宜开发区、农业与生态控制区
地级市	成都	优化发展区、重点发展区、产业发展区、生态保护区
地级市	苏州	优化开发区、适度开发区、适度保护区、禁止开发区
地级市	攀枝花	生态保护区、生态经济区、核心经济区、重点开发区
地级市	南京	优化提升区、重点开发区、生态保护区
地级市	盐城	重点开发区、限制开发区、禁止开发区
地级市	绵阳	适宜重建区、适度重建区、生态重建区
县	无为	重点开发区、鼓励开发区、限制开发区、禁止开发区
乡镇	刁口	优先保护区、优先开发区

资料来源：韩青，《城市总体规划与主体功能区规划空间协调研究》，2011 年。

不同行政层级的主体功能区体现了各级政府对主体功能区规划的导向，国家层面有四类开发区，在低一级行政区中再按照统一标准进行区划，就会出现省级四区、地市级四区、县镇级四区等。由此，朱传耿等（2007）认为“过多的行政层级进行主体功能区规划势必会导致区域调控职能弱化，可能会回到行政区经济主导区域发展模式”，如表 1-4 所示。

表 1-4 不同行政层级的主体功能区规划分区

地域空间层面	功能区划分			
国家	优化开发区	重点开发区	限制开发区	禁止开发区
省	优化开发区	重点开发区	限制开发区	禁止开发区
地市	城市功能核心区	城市功能拓展区	城市发展新区	生态涵养发展区
	城镇发展区	产业集中区	鼓励开发区	生态保护区
	优化开发区	重点开发区	限制开发区	禁止开发区
县镇	城镇建设区	产业集中区	发展轴线区	生态保护区

资料来源：朱传耿等，《地域主体功能区规划理论》，2007 年。

第2章 主体功能区战略下生态环境保护研究的时代背景

2.1 主体功能区生态环境保护研究工作

2.1.1 研究背景

推进主体功能区建设，是党中央、国务院作出的重大战略部署。国家“十二五”规划将主体功能区上升到国家战略高度，2010 年 12 月，国务院印发了《全国主体功能区规划》，党的十八届三中全会明确提出坚定不移地实施主体功能区制度。2016 年 11 月，国务院印发《“十三五”生态环境保护规划》，提出强化主体功能区在国土空间开发保护中的基础作用，实行环境质量底线管理，努力实现分阶段达到环境质量标准、治理责任清单式落地。2017 年 10 月，中共中央、国务院印发《关于完善主体功能区战略和制度的若干意见》，提出在市、县层面推动主体功能区战略格局精准落地。党的十九大报告中进一步提出“构建国土空间开发保护制度，完善主体功能区配套政策”。建设主体功能区是我国经济发展和生态环境保护的大战略。经过多年的发展，我国在主体功能区建设工作中取得了积极成效，主体功能区理念已成为广泛共识，每个县级行政单元均已明确了主体功能定位。

同时，党中央、国务院关于深化生态文明体制改革也提出了一系列以主体功能区规划为基础的生态环境领域改革工作任务。2016 年 12 月，中共中央办公厅、国务院办公厅印发《省级空间规划试点方案》，提出以主体功能区为基础，全面摸清并分析国土空间本底条件，划定城镇、农业、生态空间以及生态保护红线、永久基本农田、城镇开发边界，建立健全统一衔接的空间规划体系。2017 年 7 月，中共中央办公厅、国务院办公厅印发《关于建立资源环境承载能力监测预警长效机制的若干意见》，提出坚定不移地实施主体功能区战略和制度，建立手段完备、数据共享、实时高效、管控有力、多方协同的资源环境承载能力的监测预警长效机制。2017 年 11 月，中共中央、国务院印发《关于完善主体功能区战略和制度的若干意见》（中发〔2017〕27 号）（以下简称《若干意见》），明确提出“环境保护部……等要细化完善……生态环境保护……等配套政策”的要求。2018 年 11 月，《中共中央　国务院关于统一规划体系　更好发挥国家发展规划战略导向作用的意见》（中发〔2018〕44 号）提出，建立以国家发展规划为统领，以空间规划为基础，以专项规划、区域规划为支撑，由国家、省、市县各级规划共同组成，定位准确、边界清晰、功能互补、统一衔接的国家规划体系（四类三级）。

为贯彻落实党的十九大关于完善主体功能区配套政策的战略部署，依据《若干意见》要求，环境保护部在 2015 年联合国家发展改革委编制印发的《关于贯彻实施国家主体功能区环境政策的若干意见》（环发〔2015〕92 号）的基础上，开展《关于贯彻实施国家主体功能区生态环境保护政策的若干意见》的编制工作。2019 年 5 月 9 日，《中共中央　国务院关于建立国土空间规划体系并监督实施的若干意见》印发，又再次明确要求：“……科学有序统筹布局生态、农业、城镇等功能空间，划定生态保护红线、永久基本农田、城镇开发边界等空间管控边界……加强生态环境分区管治……生态环境等部门要研究制定完善主体功能区的配套政策。”2019 年 10 月 31 日，中国共产党第十九届中央委员会第四次全体会议通过《中共中央关于坚持和完善中国特色社会主义制度　推进国家治理体系和治理能力现代化若干重大问题的决定》，明确要求“加快建立健全国土空间规划和用途统筹协调管控制度，统筹划定落实生态保护红线、永久基本农田、城镇开发边界等空间管控以及各类海域保护线，完善主体功能区制度”。2020 年 2 月，中共中央办公厅、国务院办公厅印发《关于构建现代环境治理体系的指导意见》，提出建立健全环境治理的领导责任体系、企业责任体系、全民行动体系、监管体系、市场体系、信用体系、法律法规政策体系。

2.1.2 理论探索

虽然针对主体功能区区域及相关配套政策的研究已经有所进展，但由于《“十一五”规划纲要》中关于主体功能区建设的阐述，尚未提及环境政策的配套调整和完善，主体功能区环境政策的研究相对滞后。2007 年，国务院下发《关于编制全国主体功能区规划的意见》，首次提出完善环境保护政策，即根据不同主体功能区的环境承载能力，提出分类管理的环境保护政策。具体而言，“优化开发区要实行更严格的污染物排放和环保标准，大幅度减少污染物排放；重点开发区要保持环境承载能力，做到增产减污；限制开发区要坚持保护优先，确保生态功能的恢复和保育；禁止开发区要依法严格保护”。

在国务院提出各类主体功能区域的总体要求之后，国务院发展研究中心课题组以促进区域协调发展为出发点，在分析我国现行环境政策存在的若干问题的基础上，按照国家可持续发展对环境保护的要求，为促进资源空间配置的优化，使人口、经济活动等的分布能够与各个区域的资源、环境、生态的承载能力相匹配，实现人与自然和谐发展和区域协调发展，提出了制定分区域管理的环境政策原则、政策思路和有关政策建议。

杜黎明（2010）认为，环境政策供给的重点在于优化开发区要实行更严格的水耗、能耗、污染物排放和环保标准，颁布不同行业的资源回采率、综合利用率、回收率以及污染废弃物综合处理率等强制性标准；重点开发区要保持环境承载能力，做到增产减污；限制开发区要坚持保护优先，确保生态功能的恢复和保育，制定资源消耗、环境影响、生产规模、工艺技术等方面的强制性产业准入门槛；禁止开发区要依法严格保护，明确区域的人口容量、建筑、旅游、探险等开发活动的标准，加强立法、执法、舆论、公示、听政等监管体系建设，实行游客数量控制、人类活动超载预警制度。

徐会等（2008）将现有环境政策进行分类完善，结合四类主体功能区环境条件与发展要求提出了区域差异化的环境政策目标，并对重点政策的实施领域、施政力度进行了详细的描述，从法律、资金、监督管理和信息公开 4 个方面探讨了环境政策保障机制建立的途径和方法。

程克群等（2009）提出了构建适用安徽省主体功能区实施的环境政策体系的基本思路及框架设计方案，对于各项环境政策在不同主体功能区实施的政策取向和实施力度进行分述，为开展分类指导提供依据，提出政策实施的保障机制。

郝明亮等（2009）在分析河北省环境政策实施现状与趋势的基础上，重点设计适用于不同主体功能区发展方向的环境政策体系框架，注重经济激励机制与政府管理政策的协调，突出在不同主体功能区的环境政策取向及其实施重点，构建了河北省主体功能区环境政策体系。

周丽旋等（2010）分析了广东省四类主体功能区的资源环境压力与环境管理目标，按照“主动引导发展”的思想和“分类指导、分区推进”的基本原则，提出综合决策、规划引导、绩效考核、环境经济四大综合政策和四类主体功能区的差别化环境政策框架。

姜莉（2013）以我国优化开发区经济发展实践为背景，将激励因素引入优化开发区发展问题研究，探析指标激励机制在引导优化开发区经济结构转变中的内在作用机理，并通过理论分析和模型推演，进一步提出将创新成效作为评判的标准，实行有等级的差别激励政策。

众多学者认为，生态补偿政策是主体功能区环境政策的关键之一。针对主体功能区的环境功能，学者对生态补偿政策开展了很多研究。王健等（2007）对限制开发区和禁止开发区的特征和类型分别进行了分析和总结，对比关于利益补偿的各种理解和含义，提出对于利益补偿的基本界定。孟召宜等（2008）认为，主体功能区生态补偿是一种新型生态补偿方式，具有目标多元性、定位战略性、机制科学性、等级层次性、政策配套性。刘通（2008）指出，大部分禁止开发区受益主体并不明确，而受损对象却相对明确。龚霄侠（2009）提出了政策及保障措施，对完善限制开发和禁止开发区分类政策具有现实意义。

2.1.3 实践探索

2015 年 7 月 29 日，环境保护部和国家发展改革委联合印发了《关于贯彻实施国家主体功能区环境政策的若干意见》（以下简称《意见》）。《意见》的编制实施是深入贯彻加快生态文明建设、坚定不移实施主体功能区制度的重要举措，是主动适应经济发展新常态、促进经济社会健康发展的现实需要，是提升环境管理水平、实施精细化管理的必然要求，对于顺应人民群众对良好生态环境的新期待、实现全面建成小康社会宏伟目标具有重要战略意义。

《意见》指出，要本着坚持深化改革和创新、坚持激励与约束并重、坚持分类差异化管理、坚持保护受益相对等的原则，重点实施保持生态环境质量、生物多样性状况和珍稀物种的自然繁衍；推进生态保育，增强区域生态服务功能和生态系统的抗干扰能力；优先保护耕地土壤环境，保障农产品主产区的环境安全，改善农村人居环境；加强环境管理与管治，大幅降低污染物排放强度，改善环境质量等政策。

根据《意见》，将不同主体功能区的环境保护政策进行梳理，如表 2-1 所示。

表 2-1 不同主体功能区的主要环境保护政策

区域	环境保护政策
优化开发区	1. 加强城市环境质量管理 2. 严格执行污染物排放总量控制制度 3. 推行产业准入负面清单制度 4. 加强场地环境保护工作 5. 切实落实环境分区管治
重点开发区	1. 切实加强城市环境管理 2. 深化污染物排放总量控制和环境影响评价制度 3. 加强环境综合整治 4. 强化环境风险管理 5. 切实落实环境分区管治
农产品主产区	1. 开展农村环境连片综合整治 2. 加强土壤与地下水环境治理 3. 建立农业主产区环境质量监测网络与考评机制 4. 切实落实环境分区管治

区域	环境保护政策
重点生态功能区	1. 划定并严守生态保护红线 2. 实行更加严格的产业准入 3. 持续推进生态建设与生态修复重大工程 4. 深入推进生态补偿体制和生态环境监测与考评机制建设 5. 切实落实环境分区管治
禁止开发区	1. 优化保护区管理体制机制 2. 严控各类开发建设活动 3. 持续推进生态补偿机制和考核评价制度建设 4. 建立完善生态环境监测预警制度

2.2 主体功能区生态环境保护研究的意义

2.2.1 贯彻落实新时代社会主义生态文明观的集中体现

党的十八大以来，主体功能区被确立为生态文明建设的重要任务，是促进区域协调发展，形成节约资源和保护环境的空间格局、产业结构、生产方式、生活方式的重要途径。党的十九大报告指出，中国特色社会主义进入了新时代，这是我国发展新的历史方位。党的十九大报告对生态文明建设提出了一系列新理念、新要求、新目标和新部署，为提升生态文明、建设美丽中国指明了前进的方向和根本遵循。习近平总书记在全国生态环境保护大会上指出，加快形成节约资源和保护环境的空间格局、产业结构、生产方式、生活方式，把经济活动、人的行为限制在自然资源和生态环境能够承受的限度内，给自然生态留下休养生息的时间和空间。

落实主体功能区规划，推进形成主体功能区，就是要根据不同区域的资源环境承载能力、现有开发强度和发展潜力，统筹谋划人口分布、经济布局、国土利用和城镇化格局，确定不同区域的主体功能区，并据此明确开发方向，逐步形成人口、经济、资源、环境相协调的国土空间开发格局。推进形成主体功能区，有利于按照“以人为本”的理念推进区域协调发展，缩小地区间基本公共服务和人民生活水平的差距；有利于引导人口分布、经济布局与资源环境承载能力相适应，促进人口、经济、资源、环境的空间均衡；有利于从源头上扭转生态环境恶化趋势，促进资源节约和环境保护，应对和减缓气候变化，实现可持续发展，是尊重自然、空间均衡发展理念落地的重要途径。

2.2.2　深入推进主体功能区战略和制度的必然要求

按照自然条件适宜性开发、区分主体功能、根据资源环境承载能力开发等开发理念，主体功能区规划根据各个区域的资源环境承载能力、现有开发密度和发展潜力，将我国国土空间按开发方式分为优化开发区、重点开发区、限制开发区和禁止开发区四类区域，按开发内容分为城市化地区、农产品主产区和重点生态功能区三类区域，并明确了各类主体功能区的定位、发展方向、开发时序、管制原则等。经过多年的发展，我国主体功能区建设取得了积极成效，主体功能区理念已成为广泛共识，每个县级行政单元均已明确了主体功能定位，主体功能区在国家空间发展中的重要作用日益凸显。随着我国经济社会发展进入新阶段，资源环境约束日益趋紧，生态产品供需矛盾更加突出，提升国土空间开发保护质量和效率的需求更加迫切。

主体功能区划分只是为实施区域管治提供了一个基础，实施全国主体功能区规划，实现主体功能区定位，关键要调整并完善相关政策，主体功能区规划中明确了推进形成主体功能区的政策体系框架及其改革方向。其中，环境保护政策包括生态环境制度，即根据不同主体功能区的环境承载能力，提出分类管理。优化开发区要实行更严格的污染物排放和环保标准，大幅减少污染排放；重点开发区要保持环境承载能力，做到增产减污；限制开发区要坚持保护优先，确保生态功能的恢复和保育；禁止开发区要依法严格保护。主体功能区规划依据主体功能区分类开发的环境建设目标的落实，必须以结合不同主体功能区配置差异化环境管治制度，以及生态环境分区管治制度为保障。

2.2.3　充分发挥生态环境保护推动高质量发展的重要手段

我国国土空间辽阔，各地区的自然生态本底和资源环境承载能力差异巨大，在经济社会发展阶段面临的突出环境问题也有所不同，传统“一刀切”的环境管理模式已经无法适应当前环境综合管理的客观需要，实施差异化的环境管理，建立生态环境分区管治已成为发挥生态环境保护底线约束和布局优化作用的必然选择。

党的十九大报告作出“我国经济已由高速增长阶段转向高质量发展阶段”的判断，是继经济发展进入新常态后，针对国际国内环境新变化，尤其是对发展条件新变化作出的新的重大判断。中央经济工作会议也指出，推动高质量发展是当前和今后一段时期确定发展思路的根本要求。生态环境保护必须按照这一要求，在推动经济发展方式转变并形成绿色发展方式上下功夫。本研究通过生态空间规划与质量优化、效率提升的管治技术体系研究，引导和约束各地严格按照资源环境承载能力谋划经济社会发展，研究构建适应高质量发展的国土空间环境治理体系技术，对于促进主体功能区产业绿色转型高质量发展具有重要的意义。

第3章 国土空间开发保护新格局下主体功能区生态环境管治的内涵解析

《中华人民共和国国民经济和社会发展第十四个五年规划和2035年远景目标纲要》中明确提出完善和落实主体功能区制度，顺应空间结构变化趋势，优化重大基础设施、重大生产力和公共资源布局，分类提高城市化地区发展水平，推动农业生产向粮食生产功能区、重要农产品生产保护区和特色农产品优势区集聚，优化生态安全屏障体系，逐步形成城市化地区、农产品主产区、生态功能区三大空间格局。这是“十四五”时期，在全面建设社会主义现代化国家和构建国土空间开发保护新格局的背景下，为贯彻落实习近平生态文明思想，深入推进主体功能区战略提出的新目标和新要求。

本章通过阐述构建国土空间开发保护新格局的重要意义，进一步突出主体功能区作为国土空间开发保护的基础制度，并结合现有的研究工作，梳理总结了主体功能区战略的形成与发展，研究分析不同主体功能区的生态环境政策，按照主体功能定位划分政策单元并进一步细化主体功能区划分，制定差异化政策，基于不同主体功能区的生态环境保护与经济发展定位提出适应主体功能区的环境政策及措施，为实现主体功能区生态环境保护精细化管理提供科学依据。

3.1 构建国土空间开发保护新格局的重要意义

构建国土空间开发保护新格局是我国开启全面建设社会主义现代化国家的新

征程，是进入新发展阶段从战略目标层面提出的新要求，对于我国推进区域协调发展和新型城镇化建设，高效利用国土空间、实施国土空间治理，协同推进经济高质量发展和生态环境高水平保护，具有重大的意义。

3.1.1 构建国土空间开发保护新格局是贯彻习近平生态文明思想的根本要求

习近平生态文明思想是新时代生态文明建设的思想武器和行动指南。党的十八大以来，习近平总书记从理论到实践，从政策举措到制度安排，为我国生态文明建设谋篇布局。构建国土空间开发保护新格局要紧紧围绕生态文明建设的要求，立足资源环境承载能力，发挥各地区比较优势，充分发掘各地的现状资源禀赋，构建生态文明时代的空间新秩序。顺应空间结构变化趋势，优化重大基础设施、重大生产力和公共资源布局，尊重城市发展的自然规律、经济规律、社会规律，分类提高城市化地区的发展水平，推动农业生产向重要农产品生产保护区、粮食生产功能区和特色农产品优势区集聚。优化生态安全屏障体系，推动自然资源保护、高质量发展的良性互动，促进国土空间资源的有效配置，逐步形成城市化地区、农产品主产区和生态功能区的三大空间格局。

3.1.2 构建国土空间开发保护新格局是建设美丽中国的迫切需要

建设美丽中国，建设天蓝地绿水清的美好家园，是全党全国各族人民努力奋斗的宏伟目标。实现这一目标的重要途径就是通过构建国土空间开发保护新格局，高效利用国土空间，实现空间的高质量发展。根据不同国土空间的资源环境承载能力，合理布局城市化地区、农产品主产区、生态功能区三大空间格局，深入剖析现状根源。立足区域联动发展、放眼未来趋势变化，横向、纵向对标找差距，制定对策谋发展，明确哪类空间需有序有度开发，哪类空间需优化或重点开发，哪类空间需限制或禁止开发。支持城市化地区高效集聚经济和人口。支持生态功能区的人口逐步有序转移。形成主体功能明显、优势互补、高质量发展的国土空间开发保护新格局，奋力把美丽中国的宏伟蓝图一步一步变为美好现实。

3.1.3　构建国土空间开发保护新格局是实现国家治理体系和治理能力现代化的重要任务

实现国家治理体系和治理能力现代化，要求各领域体系在政策取向上相互配合、在实施过程中相互促进、在改革成效上相得益彰。国土空间治理是国家治理体系的重要内容。实现国家治理体系和治理能力的现代化，既要按照产业领域的分类实施纵向治理，也要按照不同的国土空间单元确定政策，实施精准的国土空间治理。党的十八届五中全会首次提出国土空间治理，党的十九届四中全会提出将主体功能区制度作为中国特色社会主义制度和国家治理体系的重要制度。开展国土空间治理，就是落实主体功能区制度。要按主体功能区制度确定的主体功能定位，明确各自的主要任务，实行不同的政策。

3.2　主体功能区制度是构建国土空间开发保护的基础保障

实施主体功能区战略、形成主体功能区布局是构建国土空间格局的战略重点，通过主体功能区对全国国土空间的资源环境承载能力、开发强度和开发潜力的整体分析，确定了全国国土空间开发保护的整体格局，成为整合各类空间规划的实用平台。

3.2.1　主体功能区明确了国土空间开发保护的整体格局

建设现代化国家，要顺应空间结构变化趋势，优化重大基础设施、重大生产力和公共资源布局，分类提高城市化地区发展水平，推动农业生产向粮食生产功能区、重要农产品生产保护区和特色农产品优势区集聚，优化生态安全屏障体系，使我国约 960 万 km^2 的陆地国土空间最终形成城市化地区、农产品主产区、生态功能区三大空间格局。

城市化地区。在“两横三纵”城市化战略格局的基础上，我国形成了京津冀、长三角、粤港澳大湾区以及成渝地区双城经济圈等重要的城市群地区或城市化地区。城市化地区的主体功能就是提供工业品和服务产品，要实行开发与保护并重的方针，支持城市化地区高效集聚经济和人口，保护基本农田和生态空间。加快建设现代产业体系，转变发展方式、优化经济结构、转换增长动力；合理确定城市规模、人口密度、空间结构；深化户籍制度改革，加强基础设施互联互通、公共服务均等化等基本公共服务保障；强化生态保护和环境治理，保护好基本农田和生态空间，满足当地居民对优质农产品和生态产品的需要，成为以国内大循环为主体、国内国际双循环相互促进新发展格局的主体。

农产品主产区。在“七区二十三带”农业战略格局的基础上，我国重要的农产品主产区包括东北平原、黄淮海平原、长江流域、汾渭平原、河套灌区等地区。农产品主产区的主体功能就是提供农产品，实行保护为主、开发为辅的方针，坚持最严格的耕地保护制度，禁止开发基本农田，深入实施藏粮于地、藏粮于技的战略，提升农产品主产区综合生产能力。实施高标准农田建设工程，优化农业生产结构，加强农业科技进步和创新，提高农业物质技术装备水平和农业水利设施建设力度，保持并提高农产品，特别是粮食综合生产能力；实施好乡村振兴战略，完善乡村基础设施和公共服务，改善村庄人居环境，使乡村成为保障国家农产品安全的主体区域和农村居民安居乐业的美好家园。

生态功能区。在“两屏三带”生态安全战略格局的基础上，生态功能区具体包括大小兴安岭森林生态功能区、三江源水源涵养和生物多样性保护生态功能区、黄土高原土壤保持生态功能区等重点生态功能区，以及青海三江源国家公园、东北虎豹国家公园、大熊猫国家公园等自然保护地。生态功能区的主体功能是提供生态产品，实行保护为主、限制开发的方针，将保护修复自然生态系统、提供生态产品作为发展的首要任务。坚持山水林田湖草系统治理，加强大江大河和重要湖泊湿地生态保护治理；强化推行河湖长制和林长制；科学推进荒漠化、石漠化、水土流失综合治理，开展大规模国土绿化行动；实施好长江十年禁渔，推行草原、森林、河流、湖泊以自然恢复为主的休养生息。加快构建以国家公园为主体的自然保护地体系和以生态红线为主的国土空间用途管制制度；实施生物多样性保护重大工程，构建生态廊道和生物多样性保护网络；完善自然保护地、生态保护红线监管制度，开展生态系统保护成效监测评估，成为保障国家生态安全的重点区域。

3.2.2 主体功能区为各类空间规划提供基础作用

主体功能区规划作为全国国土空间开发的顶层设计和总体规划，为全国各类空间规划以及专项规划中的空间布局内容的编制实施提供了科学基础。主体功能区划分所确定的开发强度、功能定位成为其他空间规划所遵循的基本指标参数。例如，土地利用规划中的指标制定和评价等都要将主体功能区作为重要约束条件，如土地利用规划中的建设用地指标应倾斜于重点开发地区，以尽可能满足承接优化开发区的产业转移和禁止开发区、限制开发区的人口转移需求。再如，城镇体系规划的实施落地，必须要与主体功能区提出的“两横三纵”城市化战略格局保持一致，并与资源环境承载力的空间格局有机衔接。

刘纪远等（2016）分析各类主体功能区在规划颁布前后城乡建设用地变化的特征，评估规划对区域开发的指导作用。刘冬等（2018）研究认为，新型城镇化体系下的生态环境管治应基于城镇的资源环境承载能力，在新型城镇化建设中努力夯实生态环境的基础性地位，充分发挥生态环境约束的先导作用，并通过实施有效的城镇化生态环境功能分区管治策略、提升生态环境空间管治效率、构建政企民共同参与的新型城镇生态环境治理体系等措施来提升生态环境管治能力。郝庆等（2019）提出资源环境承载力是国土空间规划的科学基础和约束条件。同时，能源、产业、矿产、环保、交通等各类专项规划中涉及的空间布局相关内容都应该与主体功能区规划进行充分衔接。如交通规划中通道建设应在遵循经济社会系统“点—轴”扩散发展规律的基础上，引导人口、产业适应资源环境承载能力。

3.3 主体功能区生态环境政策的贯彻落实情况

主体功能区的构想最早是在 2002 年《关于规划体制改革若干问题的意见》中提出的，旨在确定空间平衡与协调的原则，增强规划的空间指导和约束功能。《“十一五”规划纲要》正式确立了国家发展中的主体功能区政策。主体功能区政策在“十二五”规划纲要中正式上升为战略。经过“十二五”时期和“十三五”时期，进一步深入实施主体功能区战略，印发了《全国主体功能区规划》《关于贯彻实施国家主体功能区环境政策的若干意见》等相关文件，并在各地开展大量实践活动，积极推进主体功能区政策制定与实施。主体功能区战略是我国区域发展总体战略的具体化，具有维护国家经济安全、粮食安全、生态安全等多重功能。从“十一五”时期到“十四五”时期，生态环境政策逐渐成为主体功能区战略政策体系的重要组成部分（表 3-1）。

表 3-1 主体功能区战略发展概况

时期	实施战略	划分区域	实施政策	生态环境保护相关要求
“十一五”时期	推动形成主体功能区	将国土空间划分为优化开发、重点开发、限制开发和禁止开发四类主体功能区	实施分类管理的财政政策、投资政策、产业政策、土地政策、人口管理政策	对限制开发区域，要突出生态环境保护等的评价，弱化经济增长、工业化和城镇化水平的评价；对禁止开发区域，主要评价生态环境保护工作
“十二五”时期	实施主体功能区战略	城市化地区、农产品主产区、重点生态功能区及各级各类自然文化资源保护区和其他需要特殊保护的区域	进一步细化分类管理的财政政策、投资政策、产业政策、土地政策、人口管理政策，同时强调实现不同的污染物排放总量控制和环境标准	对优先开发的城市化地区，强化经济结构、科技创新、资源利用、环境保护等的评价；对重点开发的城市化地区，综合评价经济增长、产业结构、质量效益、节能减排、环境保护和吸纳人口等；对限制开发的农产品主产区和重点生态功能区，分别实行农业发展优先和生态保护优先的绩效评价，不考核地区生产总值、工业等指标；对禁止开发的重点生态功能区，全面评价自然文化资源原真性和完整性保护情况
“十三五”时期	加快建设主体功能区	以“两横三纵”为主体的城市化战略格局、以“七区二十三带”为主体的农业战略格局、以“两屏三带”为主体的生态安全战略格局，以及可持续的海洋空间开发格局	健全差别化的财政、产业、投资、人口流动、土地、资源开发、环境保护等政策	重点生态功能区实行产业准入负面清单；加大对重点生态功能区的转移支付力度，建立健全区域流域横向生态补偿机制。设立统一规范的国家生态文明试验区。建立国家公园体制，整合设立一批国家公园

时期	实施战略	划分区域	实施政策	生态环境保护相关要求
“十四五”时期	深入实施主体功能区战略	逐步形成城市化地区、农产品主产区、生态功能区三大空间格局	按照主体功能定位划分政策单元，对重点开发地区、生态脆弱地区、能源资源富集地区等制定差异化政策，分类精准施策	支持生态功能区把发展重点放到保护生态环境和提供生态产品上，支持生态功能区人口逐步有序向城市化地区转移并定居落户；健全公共资源配置机制，为重点生态功能区等提供有效转移支付

3.3.1　主体功能区生态环境政策演进概况

自《“十一五”规划纲要》发布以来，主体功能区政策体系组成存在一个发展变化的过程。《“十一五”规划纲要》确立的区域政策包括财政政策、投资政策、产业政策、土地政策、人口管理政策、绩效评价和政绩考核政策；《国务院关于编制全国主体功能区规划的意见》中的政策包括财政政策、投资政策、产业政策、土地政策、人口管理政策、环境保护政策、绩效评价和政绩考核政策；《全国主体功能区规划》确立的主体功能区政策有财政政策、投资政策、产业政策、土地政策、农业政策、人口政策、民族政策、环境政策、应对气候变化政策以及绩效考核评价政策。在《全国主体功能区规划》中环境政策包括污染物排放标准和总量控制指标、产业准入环境标准、排污许可证的增发、排污权交易、环境影响评价、循环经济、矿山环境治理恢复保证金、污水垃圾收集处理设施环境税、绿色金融、水资源利用等多个方面。

早在2008年，《环境保护部机关“三定”实施方案》（国办发〔2008〕73号）中就明确提出“组织编制环境功能区划”是环境保护部的两大新增职责之一。许开鹏等（2017）指出环境功能区划是生态环境空间管控的重要内容，是环境管理“由要素管理走向综合协调、由末端治理走向空间引导”的有效途径，构建了环境功能区划分技术体系，完成了国际环境功能区划分顶层设计。

党的十八大后，党中央将生态文明建设纳入“五位一体”总体布局。在中央层面，环境保护部、国家发展改革委、财政部为贯彻落实党的十八大关于建设生态文明和美丽中国的理念与精神，推进《全国主体功能区规划》的实施，于

2013 年年初联合印发了《关于加强国家重点生态功能区环境保护和管理的意见》；在地方上，2014 年广东省印发了《广东省主体功能区规划的配套环保政策》，在全国率先专门出台了地方主体功能区规划配套环境政策。

2015 年，环境保护部、国家发展改革委联合印发《关于贯彻实施国家主体功能区环境政策的若干意见》，提出要以维护环境功能、保障公众健康、改善生态环境质量为目标，推进战略环评、环境功能区划与主体功能区建设相融合，加强环境分区管治，构建符合主体功能区定位的环境政策支撑体系，充分发挥环境保护政策的导向作用，为推动形成主体功能区布局奠定良好政策环境和制度基础。

3.3.2 不同类型主体功能区生态环境政策实施情况

从主体功能区定位来看，禁止开发区是依法设立的各级各类自然文化资源保护区域，以及其他禁止进行工业化城镇化开发、需要特殊保护的重点生态功能区域。国家层面禁止开发区包括国家级自然保护区、世界文化自然遗产、国家级风景名胜区、国家森林公园和国家地质公园。省级层面的禁止开发区包括省级及以下各级各类自然文化资源保护区域、重要水源地以及其他省级人民政府根据需要确定的禁止开发区域。重点生态功能区则是以提供生态产品为主体功能的地区，也提供一定的农产品、服务产品和工业品。空间范围较大的禁止开发区多在重点生态功能区。禁止开发区和重点生态功能区是推动环境政策的重点区域，所有环境政策都处在实施阶段，但进度不一（表 3-2）。如在农村饮用水水源保护区划定工作方面，云南、江西划定比例偏低且剩余任务量较大，构建生态环境资产核算框架体系仅在少部分地区开展，但生态环境损害责任终身追究制度已经在大多数地区实施，取消重点生态功能区的地区生产总值考核已在所有地区实施。

农产品主产区是以提供农产品为主体功能的地区，同时也提供生态产品、服务产品和部分工业品；优化开发区和重点开发区都属于城市化地区，开发内容总体上相同，开发强度和开发方式不同。优化开发区是经济比较发达、人口比较密集、开发强度较高、资源环境问题更加突出的区域，从而应该对工业化城镇化开发的城市化地区进行优化；重点开发区是具有一定的经济基础、资源环境承载能力较强、发展潜力较大、集聚人口和经济的各方面条件相对较好，应重点进行工业化城镇化开发的城市化地区。

农产品主产区、重点开发区、优化开发区等环境政策的落实进度相对滞后，均有部分制度尚未实施甚至未制定改革方案。这包括了农产品主产区加强区域农业生产环境安全、可持续发展能力评估与考核，重点开发区城市环境功能分区管理制度，优化开发区环境健康损害赔偿机制等。多数政策或制度处在部分地区实施的环节（表 3-2）。

表 3-2 不同主体功能区的环境政策实施概况

不同分区	政策内容	实施情况	示例
禁止开发区	1. 纳入生态保护红线	部分地区实施	《关于划定并严守生态保护红线的若干意见》要求 2018 年年底前各省（区、市）划定生态保护红线。2017 年 2 月以来，京津冀 3 省（市）、长江经济带 11 省（市）和宁夏回族自治区共 15 个省份已经划定生态保护红线，并得到国务院批准。2019 年，自然资源部和生态环境部组织开展生态保护红线评估调整工作
	2. 严格执行饮用水水源保护制度	持续推进	—
	3. 迁出或关闭污染企业	部分地区实施	—
	4. 改进环境影响评价	持续推进	2020 年，生态环境部办公厅印发了《关于加强环境影响报告书（表）编制质量监管工作的通知》
	5. 制定和落实生态补偿制度	部分地区实施	2018 年，江西省人民政府印发了《关于印发江西省流域生态补偿办法的通知》
	6. 制定和落实专项财政转移支付制度	部分地区实施	2017 年，福建省财政厅印发了《福建省生态保护财力转移支付办法》。2019 年，广东省财政厅印发了《广东省生态保护区财政补偿转移支付办法》
	7. 着力实施生态环境建设	持续推进	2020 年 6 月发布《全国重要生态系统保护和修复重大工程总体规划（2021—2035 年）》
	8. 探索编制自然资源资产负债表	部分地区实施	在内蒙古呼伦贝尔市等开展编制自然资源资产负债表试点工作

不同分区	政策内容	实施情况	示例
禁止开发区	9. 构建生态环境资产核算框架体系	部分地区实施	2020 年，生态环境部环境规划院和中国科学院生态环境研究中心联合编制了《陆地生态系统生产总值核算技术指南》。2020 年，《深圳市生态产品价值（GEP）核算统计报表制度（2019 年度）》经统计部门批准后正式实施
	10. 完善绩效考核	持续推进	—
	11. 实行自然资源资产离任审计	部分地区实施	2019 年，浙江省委办公厅、浙江省人民政府办公厅联合印发了《浙江省领导干部自然资源资产离任审计实施办法（试行）》。2020 年，丽水市委审计委办公室印发了《丽水市领导干部自然资源资产离任审计实施办法（试行）》
	12. 建立生态环境损害责任终生追究制	持续实施	2015 年，《党政领导干部生态环境损害责任追究办法（试行）》颁布后，各省（区、市）和新疆生产建设兵团出台了该办法的实施细则
	13. 建立全国饮用水水源地管理和保护信息系统	方案制定未完成	—
重点生态功能区	1. 划定并严守生态保护红线	部分地区实施	《关于划定并严守生态保护红线的若干意见》要求 2018 年年底前各省（区、市）划定生态保护红线。2017 年 2 月以来，京津冀 3 省（市）、长江经济带 11 省（市）和宁夏回族自治区等 15 个省份已经划定生态保护红线，并得到国务院批准。2019 年，自然资源部和生态环境部组织开展生态保护红线评估调整工作
	2. 实行更加严格的产业准入标准	部分地区实施	2016 年，国家发展改革委印发《重点生态功能区产业准入负面清单编制实施办法》后，有国家重点生态功能区的省级行政区均出台了国家重点生态功能区产业准入负面清单。但各地并没有对省级重点生态功能区制定产业准入负面清单。2019 年，广东省贯彻国家《市场准入负面清单》，废止了《广东省主体功能区产业准入负面清单（2018 年本）》
	3. 持续推进生态建设与生态修复重大工程	持续推进	—

不同分区	政策内容	实施情况	示例
重点生态功能区	4. 加大政府投资	持续推进	—
	5. 完善生态环境监测体系	持续推进	2017 年，环境保护部、财政部联合印发《关于加强“十三五”国家重点生态功能区县域生态环境质量监测评价与考核工作的通知》。2020 年，生态环境部印发《关于推进生态环境监测体系与监测能力现代化的若干意见》
	6. 取消重点生态功能区 GDP 考核	全面落实实施	—
农产品主产区	1. 开展农村环境连片综合整治	持续推进	在美丽乡村建设中全面持续开展
	2. 在农业生产区开展环境健康风险评估	已制定方案但未实施	2020 年，生态环境部发布《生态环境健康风险评估技术指南总纲》
	3. 分类型加强土壤环境治理	部分地区实施	2017 年，环境保护部、农业部联合发布《农用地土壤环境管理办法（试行）》。2019 年，河南省新野县人民政府印发《农用地土壤环境保护方案》，河南省社旗县人民政府则在 2020 年 7 月印发《社旗县农用地土壤环境保护方案》
	4. 推行污染物排放总量控制制度	部分地区实施	2015 年，农业部印发了《到 2020 年化肥使用量零增长行动方案》和《到 2020 年农药使用量零增长行动方案》。浙江省三门县印发《2019 年三门县农业农村局“肥药双控”实施方案》
	5. 强化土壤环境影响评价	部分地区实施	2018 年，生态环境部发布《环境影响评价技术导则 土壤环境（试行）》
	6. 完善农产品产地环境质量评价标准	部分地区实施	2017 年，环境保护部、农业部联合制定《农用地土壤环境质量类别划分技术指南（试行）》
	7. 加强区域农业生产环境安全、可持续发展能力的评估与考核	方案制定未完成	—

不同分区	政策内容	实施情况	示例
农产品主产区	8. 建立全国粮食主产县土壤环境质量管理信息系统	方案制定未完成	—
重点开发区	1. 推动建立城市环境功能分区管理制度	方案制定未完成	—
	2. 划定城市生态保护红线	部分地区实施	—
	3. 深化主要污染物排放总量控制	方案制定未完成	—
	4. 深化环境影响评价制度	持续推进	2016 年，环境保护部印发《“十三五”环境影响评价改革实施方案》
	5. 加强环境综合整治	持续推进	—
	6. 建立区域环境风险评估和风险防控制度	部分地区实施	2018 年，环境保护部印发《行政区域突发环境事件风险评估推荐方法》
优化开发区	1. 划定城市生态保护红线和最小生态安全距离	部分地区实施	2014 年启动了最小生态安全距离试点工作，全国只有 4 个市（县）列入试点
	2. 推进城市总体规划环境影响评价和人群健康风险评估	持续推进	2019 年，生态环境部修订印发了《规划环境影响评价技术导则　总纲》（HJ 130—2019）
	3. 探索环境健康损害赔偿机制	方案制定未完成	—
	4. 编制实施城市环境总体规划	部分地区实施	—

不同分区	政策内容	实施情况	示例
优化开发区	5. 严格污染物排放总量控制制度	持续推进	—
	6. 建立绩效标杆和领跑者制度	部分地区实施	2018 年，河北省环境保护厅办公室印发《重点行业环保“领跑者”申报遴选工作实施细则》。2019 年，天津市生态环境局印发《天津市环境保护企业“领跑者”制度实施办法（试行）》
	7. 推行环保负面清单制度	部分地区实施	2016 年，厦门市环境保护局印发《厦门市建设项目环保审批准入特别限制措施（环保负面清单）》
	8. 加强土壤环境保护工作	持续推进	2016 年，环境保护部公布《污染地块土壤环境管理办法（试行）》

3.4 “十四五”时期主体功能区生态环境政策

《中华人民共和国国民经济和社会发展第十四个五年规划和 2035 年远景目标纲要》（以下简称《“十四五”规划纲要》）提出完善和落实主体功能区制度，立足资源环境承载能力，发挥各地区比较优势，促进各类要素合理流动和高效集聚，推动形成主体功能明显、优势互补、高质量发展的国土空间开发保护新格局。高晓路等（2019）基于“十四五”生态环境管理在精细化管理、环境监管效率提升和生态环境安全等方面提出相关建议。

在回顾“十一五”到“十四五”期间主体功能区战略的形成与发展，以及相关要求和主要内容的基础上，梳理并总结主体功能区生态环境政策的贯彻落实情况，最后进一步细化主体功能区划分，制定差异化政策和相应指标要求，并按照“十四五”规划纲要提出的主体功能定位划分政策单元，对重点开发地区、生态脆弱地区、能源资源富集地区等制定差异化政策，分类精准施策。

3.4.1 构建指标体系，加强生态环境分区管治

以“规划分区”作为主体功能区生态环境分区管治的空间载体，提出不同空间的环境管治目标等相关内容，建立“功能—质量—排放—标准—管控—治理—

评估”生态环境分区管治体系。

城市化地区重点管治饮用水水源地、大气污染、水污染、污染地块、环境基础设施提升布局和产业结构优化等，以环境质量持续提升、污染物排放得到控制、人居环境得到有效保障作为城市化地区的环境管治目标。

农产品主产区重点管治耕地土壤环境质量、农业面源污染、畜禽养殖污染、农村环境整治等，以农业面源污染得到有效控制、土壤环境质量得到有效改善和土壤得到有效修复等作为农产品主产区的环境管治目标。

生态功能区重点管治生态保护红线、各类自然保护地、生态建设与修复工程、矿产资源开发等，以扩大绿色生态空间、增强生态系统稳定性、保障生态安全、切实保护生物多样性、生态修复得到加强作为环境管治目标（表 3-3）。

表 3-3　生态环境分区管治的目标指标体系

分区	环境管治目标	目标指标
城市化地区	环境质量持续提升	环境指数
	污染物排放得到控制	环境污染指数
	人居环境得到有效保障	垃圾处理和资源化利用
		污水集中处理
		环保投资情况
农产品主产区	农业面源污染得到有效控制	土壤面源污染
		污染物排放总量控制
	土壤环境质量得到有效改善	土壤环境质量
	土壤得到有效修复	土壤修复情况
生态功能区	扩大绿色生态空间	生态用地比率
	增强生态系统稳定性，保障生态安全	生态系统稳定性
	切实保护生物多样性	生物多样性指数
	生态修复得到加强	生态修复效果指数

3.4.2　完善配套政策，制定出台主体功能区生态环境管理的实施意见

为贯彻落实国家主体功能区战略，结合城市化地区、农产品主产区和生态功

能区划分，进一步完善主体功能区生态环境政策。本研究制定了生态环境功能区划指南，分别针对城市化地区、农产品主产区、生态功能区制定要点，指导省级、地市级、县级区划编制工作。明确不同区域生态环境功能定位及分区生态环境质量要求，确定相应的生态环境控制目标、标准和管控要求。融合环境影响评价、排污许可、生态补偿、污染物排放等标准及总量控制等制度，开展生态环境分区管治综合试点，明确城市化地区、农产品主产区、生态功能区的生态环境控制目标、标准和管控要求，制定不同区域生态环境保护工作，开展基于市县的主体功能区生态环境保护政策实施效果评估，研究出台关于贯彻落实主体功能区生态环境保护政策的实施意见。

第4章

主体功能区生态环境保护的理论研究

4.1 我国主体功能区生态保护的理论探索

4.1.1 我国空间规划研究进展

（1）20世纪80年代至90年代初期：空间规划体系的初步建构探索

1982年，党的十二大提出“计划经济为主、市场调节为辅”的总体经济发展框架，此后中国的市场化改革不断推进。这一时期总体上是对计划体制实行渐进式改革，是国家指令性计划范围不断缩小、市场调节范围不断扩大的过程。与之相对应的是国家行政系统也在进行适应性调整，但是总体上落后于经济、社会的改革步伐，自上而下的管控体系依然非常强势。

这一时期，也是中国空间规划体系摸索建构的过程，总体上延续的是计划经济时代的国家宏观调控模式。1978年改革开放后，中央决定学习西欧国家的国土整治工作经验，开始探索宏观层面的国土规划和区域规划的工作，并由计划部门牵头编制，将国民经济发展计划通过国土规划、区域规划予以空间体现。在城市规划的编制与实施过程中，要求必须与国家宏观的指导计划密切结合，使计划项目做到布局合理，保证主观能力与客观需求的平衡。1987年开始编制的土地利用规划体系没有明确充分的法律保障，没有清晰界定与其他规划之间的法律关系，因而当时并没有起到有效的约束和管控作用。这个时期的空间规划体系具有很强的自上而下的特征，尽管在编制理念和方法等方面仍存在一定问题，但是其管理部门层级相对清晰、易于协调，也初步建构了从国家（全国国土规划）到地区（地区性国土规划）再到地方（城市总体规划）的空间规划体系。

当时的空间规划对构建国家国土综合开发格局、指导城市建设等都起到了不可忽视的作用。例如，在宏观层面，《全国国土总体规划纲要》对全国东、中、西三大经济带进行划分，将沿海和沿长江作为一级"时字形"开发轴线，把沿海的长三角、珠三角、京津唐、辽中南、山东半岛、闽东南地区，以及长江中游的武汉周围、上游的重庆—宜昌一带均列为综合开发的重点地区，不仅影响了整个20世纪80年代的国家总体空间开发格局，至今也具有重要的现实意义。在中观层面，截至1988年年底，全国的城市总体规划全部完成，深圳、珠海等建设任务相对较重的沿海开放城市，还进一步编制了详细规划和各种专项规划。这一时期各省（区、市）的诸多城市按照批准的规划进行城市建设，绝大多数的实施情况令人满意。

（2）1990—2000年：城市规划成为空间规划体系的主体

1993年，党的十四届三中全会确立了建立社会主义市场经济体制的改革目标，我国开始形成全面对外开放格局，外向型经济快速增长。1994年，分税制改革则标志着中央权力的下放，对地方的管制趋于放松，这构成了1990年年初中国经济社会发展的最主要特征。中国自上而下都选择了增长型政策体制，追求功利化、短期化增长为目标，地方之间的竞争日趋激烈。

全球化、市场化和分权化极大地改变了中央和地方政府间传统的治理结构，建立起了以地方（城市）为主体的空间规划体系，城市规划成为适应市场化和全球化环境、服务城市增长的重要治理工具。1990年4月1日，《中华人民共和国城市规划法》正式实施，该法的实施形成了一套由城镇体系规划、城市总体规划、分区规划、控制性详细规划、修建性详细规划构建起来的法定空间规划体系，表明以城市为中心的系统完整的空间规划体系初步形成。

20世纪90年代后期，面对城市空间日益激烈的扩张，中央政府开始把控制建设用地、规范城市建设作为宏观调控的重要目标。1999年1月1日《中华人民共和国土地管理法》（1998修订）实施，该法使土地利用规划与城市规划的关系发生了根本性的变化，土地利用规划对于城市规划的刚性约束明显增强。而在国家计委（1998年更名为国家发展改革委）领导下的各层级计划部门仍然拥有很强的宏观调控能力，城市规划需服务于计划部门的项目落地任务。不难发现，尽管此时已经基本建立了以城市规划为主体的空间规划体系，但是各种规划之间的矛盾已经开始显现，实际上背后体现的是中央与地方、地区及部门之间的权力矛盾。

（3）2000—2017 年：多规冲突的空间规划体系时代

2001 年我国加入世界贸易组织（WTO），标志着我国开始深度参与全球化经济体系。面对前一时期经济社会发展中暴露出的粗放、不可持续等突出问题，党的十六届三中全会提出坚持以人为本，树立全面、协调可持续的科学发展观。在市场化、全球化日益加深的背景下，以及 2008 年国际金融危机的爆发，2000 年以来中央政府不断加强宏观调控与管制能力，党的十八届三中全会更是明确提出推进国家治理体系和治理能力现代化。自此，拉开了全面深化改革的序幕。

空间规划作为加强宏观调控的重要抓手得到中央政府的高度重视，这一时期尤其是各类区域性的空间规划实施水平得到了极大提高，“一带一路”“京津冀协同发展”“长江经济带”三大国家战略规划，以及珠三角、长三角等众多经济区、城市群协调发展规划相继完成，许多区域通过规划被上升为“国家战略区域”。这一时期各个部门出于话语权、资源分配权等权力争夺的需要，纷纷推出各自的空间规划。“十一五”期间发改部门在国家层面、省域层面创造并推进主体功能区规划，以此作为本部门参与空间治理的重要抓手，并希望其成为各类空间规划的前提和基础。住建、国土部门则分别通过强化城乡规划、土地利用规划来维护自己的权力。与此同时，环保部门又推出了生态环境规划、生态红线规划等新的空间规划类型。各种规划之间对象交叉错位、深度参差不齐，技术规范与标准相互冲突。各部门规划的不断扩张，暴露出各部门对空间规划管理权限的争夺。

（4）2018 年至今：重塑国家空间规划体系

从总体发展历程来看，我国的空间规划体系经历了从“一规”（国家经济与社会发展计划）到“三规”（国民经济和社会发展规划、城乡规划、土地利用规划）再到“多规”的演变过程，呈现出纵横交错的结构性矛盾，尚未形成完善、统一、有序的空间规划体系。面对多种空间规划之间日益加深的交叉与冲突，党的十八届三中全会首次提出建立国家空间规划体系的要求。2014 年后，发改、住建、国土等部委在全国各自开展“多规合一”或“省级空间规划”试点，试图探索完善省、市、县空间规划体系，建立规划协调机制。通过试点城市以及一些城市的积极主动探索，涌现出了广州省云浮市“三规合一”、上海市“两规合一”、福建省厦门市“多规合一”、海南省“省规委会”等具有一定示范性的方案，为推动我国空间规划体系的完善奠定了有益的工作基础。刘翠霞等（2017）重点分析不同地域、不同部门牵头组织开展的“多规合一”试点实践模式，从实施规划编制、规划审批、规划管理 3 个维度提出“多规合一”编制和推进空间规划体制改革创新。张维宸等（2017）梳理国家和省部层面“多规合一”的历程，提出完善“一张图”管到底的管理体制。肖金成（2018）指出，编制国土规划和区域规划应以主体功能区规划为依据，编制土地利用规划、城镇体系规划、环境保护规划等应以主体功能区规划、国土规划为依据，对市县层面“多规合一”的空间规划应以主体功能区规划、国土规划、区域规划为依据。

2018 年 3 月，在全国“两会”上万众瞩目的国家机构改革方案出炉，该方案以原国土资源部为主体，将分散在多个部门的空间规划职能全部划归到新组建的自然资源部，建构国家空间规划体系，统一行使对国土空间的用途管制，着力解决空间规划重叠等问题。在可预见的将来，新的空间规划体系将以资源环境的保护和管控为核心，重构不同层级政府事权，成为对地方发展的重要规制手段。生态环境空间是生态环境管理的基础，无论是生态环境质量标准还是污染物排放标准以及环境监督管理和执法监督，都需要落地。

2019 年 5 月，中共中央、国务院印发《关于建立国土空间规划体系并监督实施的若干意见》明确提出，科学有序统筹布局生态、农业、城镇等功能空间，划定生态保护红线、永久基本农田、城镇开发边界等空间管控边界，标志着国土空间规划体系建设进入实践阶段。刘冬荣等（2019）研究认为，要使“三区三线”成为保障空间规划体系刚性传导和有效管制的核心工具，需要实行分级分类差异化管控，并通过建立管控法律基础、健全刚弹结合机制等一系列措施强化管控。蒋洪强（2019）指出生态环境空间管控要立足于现有的空间管控基础和国土空间管控生产、生活、生态（“三生”）空间改革方向。加快建立基于“一区（生态环境功能分区）和五分区（生态、水、大气、土壤、近岸海域）”以及“三线一单”的区域生态环境空间划分和管控制度，制定“一区五分区”和“三线一单”的空间规划方案、技术规范、实施机制和标准体系。魏伟等（2019）研究认为，主体功能区作为“过去”已基本形成的规划制度，未来应作为规划编制的战略背景；国土空间规划作为“当前”最核心的空间优化手段，是未来国家规划体系的重要组成部分；“三生”空间承载着百姓对“未来”城市发展的美好愿景，是规划实施的空间载体和优化目标。

4.1.2 生态环境分区管治体系

4.1.2.1 生态环境分区管治的定位与目标

生态环境分区管治是构建现代化生态环境治理体系的重要举措，是对区域生态环境保护与治理等作出的总体部署与统筹安排，对涉及产业结构优化、城镇空间布局、重大基础设施建设、资源开发利用等各类活动具有指导和管控作用。江河等（2019）研究并总结，我国生态空间分区管治侧重保护要素内容的控制和原则性规定。

以生态环境功能为基础，综合考虑对生态、水、大气、土壤等生态环境要素的重点保护与管控区域，确定生态、农业、城镇等不同空间生态环境重点管治单元，并提出相应的管治目标与要求。

4.1.2.2 生态环境分区管治的原则

（1）统筹协调，因地制宜

统筹考虑与国家、省级、市县国土空间规划的衔接，协调生态、水、大气、土壤等生态环境要素之间的相互关系，根据各地生态环境现状与问题，建立适宜的生态环境综合评价指标体系。

（2）突出重点，逐级贯彻

从国家到地方，自上而下开展生态环境分区管治，落实全国生态环境分区管治战略要求，以国土空间规划为基础，明确区域生态环境的主导功能，确定行政区域范围内生态环境重点管治单元。

（3）精准落地，分类管理

针对不同的生态环境管治单元，从修复治理要求、环境基础服务设施布局、生态环境健康维护、生态环境风险防范等方面，提出分级差异化的分区导向性生态环境管理要求，突出重点区域、行业和污染物，将管治目标、管治要求等落实到重点管治单元上。

4.1.2.3　生态环境分区管治的框架与方案

纪涛等（2017）提出建立健全统一衔接的空间规划体系，提升国家国土空间治理能力和效率是我国深化体制改革的一项重点任务。在未来国家空间管治大局中，科学合理的空间类型与空间单元划分必将成为最基础、最关键的工作，唯此才能更精准地锚定空间管治对象，采取更精细化的管治措施。

基于不同区域主体功能区定位，通过环境功能识别与分析，研究建立以环境功能优化为导向的生态环境分区管治体系，提出生态环境分区管治体系的框架思路、分区模式、目标指标、环境保护和治理管理的重点、政策措施保障等技术方法。

根据生态、农业、城镇三类空间，制定不同空间差异化的生态环境保护政策，编制空间管治方案。

对于生态空间，需提高生态系统服务功能，加强优质生态产品供给能力，实现区域绿色生态发展为主的高质量发展，维护生态安全。韩永伟等（2010）提出，科学评估生态服务功能是管理者制定相关政策的基础，对维护区域生态安全、支撑经济社会可持续发展具有重要意义。健全生态保护优先的绩效考核机制，重点考核生态空间规模质量、县域生态环境质量、生态产品价值等指标。

编制生态空间管治方案时需加强生态空间环境保护。按照生态功能极重要、生态环境极敏感的要求，需要实施最严格的管控制度，科学划定并严守生态保护红线，建设和完善生态保护红线综合监测网络与监管平台，建立生态保护红线生态补偿制度，实施生态保护红线的保护与修复，建立生态保护红线常态化执法机制。侍昊等（2015）基于生态保护红线的管理提出了生态系统管理的概念框架。按照最大限度保护生态安全、构建生态屏障的要求，划定生态空间，制定生态空间的生态环境清单，并推动生态空间生态环境的清单式管理。制定生态空间规模质量标准体系，推动空间功能的转化、回归和质量提升。制定优质生态产品质量标准，探索建立主体功能区生态产品供给能力评估指标体系，加大政策扶持力度，将提供更多的优质生态产品作为美丽中国建设工作的重要任务。

对于农业空间，需着力保护耕地土壤环境，支持绿色现代化农业的高质量发展，确保农产品供给和质量安全，加强农业面源污染治理与农村环境综合整治，改善农村人居环境。完善农产品产地环境质量评价标准，重点考核农业生产环境安全、土壤环境质量安全和可持续发展的能力。

编制农业空间管治方案时需加强农业空间生态环境保护。统筹考虑农业生产资源布局和条件，科学合理划定永久基本农田，统筹考虑农业生产生活，划定农业空间。制定永久基本农田土壤环境质量提升方案，建立土壤环境风险区的重点监管与修复制度。制定农业空间生态环境清单。鼓励符合条件已腾退置换出的工矿建设用地转化为农业（生态）空间，开展土地复垦整治。

对于城镇空间，需加强资源节约集约利用，引导城市群集约紧凑、绿色低碳的高质量发展，扩大绿色生态空间，大幅降低污染物排放强度，减少工业化、城镇化对生态环境的影响，改善人居环境质量。健全集约化发展优先的绩效考核评价机制，强化对城镇空间资源消耗、产业结构和环境治理的绿色发展的转变方式和能力的评价与考核。

编制城镇空间管治方案时需加强城镇空间生态环境保护。按照资源环境承载能力的状况和开发强度的控制要求，兼顾城镇布局和功能优化的弹性需要，从严划定城镇开发边界和城镇空间。制定城镇空间生态环境保护清单，将生态环境清单纳入地方党委和政府综合决策。根据不同城市分区并组团，制定设计分区、分级、分项的环境管控措施。严格执行环境影响评价和排污许可制度，建立健全环境风险评估和预警、环境应急处置、突发环境事件事后评估、生态恢复机制。

4.1.2.4 生态环境分区管治的配套政策与管理系统

吴冰等（2017）强调，各层级生态用地的规划和管理缺乏系统性，导致各个尺度生态用地并不能够真正发挥其连续完整的生态效益。只有通过生态环境空间分级管控，才能确保各尺度下的生态环境空间充分发挥其生态服务功能，同时为经济社会发展、土地利用、城乡总体规划的生态空间管控提供依据。各级党委、政府应对生态环境空间管控统筹规划和组织领导，建立健全主要领导负总责的领导体制和协调机制，建立配套政策与管理系统。生态环境分区管治的配套政策包括清单体系（生态环境清单）、标准体系（空间规模质量）、监测体系、绩效评价与政绩考核等方面。管理系统包括监控网络、数据台账系统、环境信息公开平台等。

清单体系：对于生态环境空间管治要建立差异化的环境保护清单管理制度，并形成具有不同生态特征和防治要求的分区分类管控、分级分项施策，提升生态治理的效率。通过建立权力清单、责任清单、负面清单，落实企业、政府、公众的生态环境保护责任，明晰环境保护职责体系，成为实现精细化环境治理和依法治理的有效手段。

标准体系：对于空间的规模质量要建立评价标准体系，促进空间功能的回归、提升、转换。

监测体系：积极运用大数据和人工智能等新技术，定期开展生态保护红线、生态环境质量、生态产品供给能力监测评估及生态环境承载能力预警分析。

绩效评价与政绩考核：要建立健全实施考核奖惩机制，建设差异化生态环境质量和管治工作绩效考核体系建设，将评估结果纳入地方各级人民政府政绩考核。建立健全职责明晰、分工合理的环境保护责任体系，对违反生态空间管控要求、造成生态破坏的部门、地方、单位和有关责任人员，依法依规追究责任，构成犯罪的将依法追究刑事责任。加强法制和标准体系保障，在相关生态环境保护法律法规修订中纳入针对生态空间管控的规定，加强与生态空间管控要求相适应的环境监管执法能力建设，实施常态化环境监管和执法。

4.2 国外生态环境分区管治体系研究

行政体系、法规体系和运行体系共同构成了空间规划体系的主要内容。国外在空间规划运行体系构建的过程中往往形成了与运行体系相适应的法规体系，保障了空间规划体系的有效运行。从不同角度划分的空间规划体系类型不同。从规划运作时所处的法律和行政制度的分类（或体系）角度，通过对欧洲 5 个规划体系的研究，确定了两大类型——盎格鲁-撒克逊体系和大陆体系。在西欧法律体系类型的基础上，将规划体系划分为 4 类：北欧类规划体系（丹麦、芬兰和瑞典）、不列颠类规划体系（爱尔兰和英国）、日耳曼类规划体系（奥地利和德国）和拿破仑一世类规划体系（比利时、法国、意大利、卢森堡、荷兰、葡萄牙和西班牙）。在综合运用法系背景覆盖的政策议题、规划的范围、中央和地方政府之间的相对管辖权等 6 个变量进行考量的基础上，《欧盟空间规划体系和政策纲要》划分了 4 种理想类型，即综合性、土地利用法规、区域经济和城市化。法里诺斯 • 达西通过对国家结构的精细分析证明，越来越多的国家试图采取全面综合的方案。从规划编制和实施方式的角度，空间规划体系大体可以分为两类：一类是控制型的规划体系，规划执行以技术过程为主；另一类是指导型的规划体系，规划执行更多地体现为政治行为。两种规划体系各有长短，都在朝着互补和相互借鉴的方向发展。按照政体进行划分，空间规划体系可分为三种类型：一是中央集权国家的空间规划体系（以日本为代表）；二是联邦制国家的空间规划体系（以德国为代表）；三是联盟和邦联国家的空间规划体系（以欧盟为代表）。从国家和地方主导程度出发，划分为三种不同的空间规划体系类型：一是国家规划主导类型。例如，法国将全部国土划分为城市地区、城乡混合区、乡村地区和山区、滨海地区 4 种政策区，制定差别化的政策，部门制定包括经济、住房、交通和公共服务等在内的专项政策，空间规划体系是国土开发综合政策的载体。二是国家和地方互动类型。例如，德国的国家空间规划只制定原则和理念，与地方规划的形成相互协商，具有辅助性作用，使国家空间规划与地方规划上下一致、相互衔接。三是地方规划主导类型。例如，英国在国家层面上没有空间规划，只有一些部门政策和技术规范或指南对地方规划起指导作用，地方规划具有较大的自主权。

4.2.1 德国空间规划研究进展

德国主要是通过空间规划的实施来实现其空间的管治，德国是世界上最早进行空间规划的国家之一，有关空间规划的法律最早可以追溯到 1900 年的《萨克森建筑法》，1960 年颁布了《联邦建筑法》，1965 年又通过了《联邦空间规划法》，1971 年颁布了《城市建设促进法》，20 世纪 70 年代，各州都颁布了相应的空间规划法，并据此编制了州级空间规划（规划期 15～20 年）。1987 年《联邦建筑法》与《城市建设促进法》合并调整为《建设法典》，目前空间规划的职责、内容和编制原则都由《空间规划法》和《建设法典》确定。德国空间规划分为 4 个层级，即联邦级、州级、地区级（莱茵—美茵区等）、市乡镇级，市乡镇级规划又分为土地利用规划（准备性的建设指导规划）和建设规划（强制性的建设指导规划）。20 世纪 90 年代中期，德国开展了关于可持续空间发展的理论讨论，在 1998 年颁布的《联邦空间规划法》中明确提出，空间规划的主要理念之一是使社会和发展对空间的需要与国土空间的生态功能相协调，并达到长久且大范围内平衡空间的发展秩序，从而保证空间的可持续发展。2006 年 6 月 30 日，德国通过并采纳了德国空间发展的理念与战略方案，这一方案成为德国空间规划的最新指导方针，其提出的三大理念，即增长与创新、保障公共服务以及保护资源、塑造文化景观，为德国城市和地区提供了一个共同发展的战略。孙斌栋等（2007）发现在联邦政体架构下，德国空间规划运行管理的重心位于州级及其以下层次，并形成了一个综合且合乎逻辑的体系框架。

4.2.1.1　德国空间规划体系

德国的空间规划分为控制性规划和建设指导性规划。控制性规划又分为欧洲层次、德国联邦层次、州层次以及区域层次。各层次规划的制定需要经过反复征求意见和修改。从纵向关系来看，低层次规划一般要服从高层次规划基本目标的要求，而高层次规划则以低层次规划作为自己的依据、补充和具体化，做到国家与地方、宏观与微观的高度结合。因此，在上级规划层面上存在自上而下和自下而上两个信息流。联邦政府通过设置空间规划体系的总体框架和政策来保证州、地区和地方规划的整体连贯性，而州、地区等通过统一的价值诉求影响联邦的规划引导和愿景，通过自上而下的引导与自下而上的反馈形成协调的规划衔接机制。欧洲层次的规划指的是欧洲空间发展设计（EUREK）提出的与欧洲空间发展设计相应的行动计划。在德国联邦层面上的上级规划指的是空间规划及其基本原则，并通过空间规划实现联邦区域范围的空间发展。联邦州层面上的空间规划一般是通过制订州发展计划实施，州发展计划负责规划和实施州的空间发展策略；区域规划负责为空间规划和州规划制定区域目标，从而保证规划区域和对空间具有的重要意义（图 4-1）。

在建设指导性规划的层面上存在两个层次的规划，即土地利用规划和建筑规划，这两个规划都是建立在行政管辖范围内的。其中，制定建筑规划需要依照土地利用规划。而土地利用规划是通过建筑规划调整行政管辖区内的土地利用和房地产使用实现城市建设利用的可持续性目标。这两个规划的制定需要通过《建设法典》《建筑利用条例》“州建筑条例”的相应条款进行法律约束。

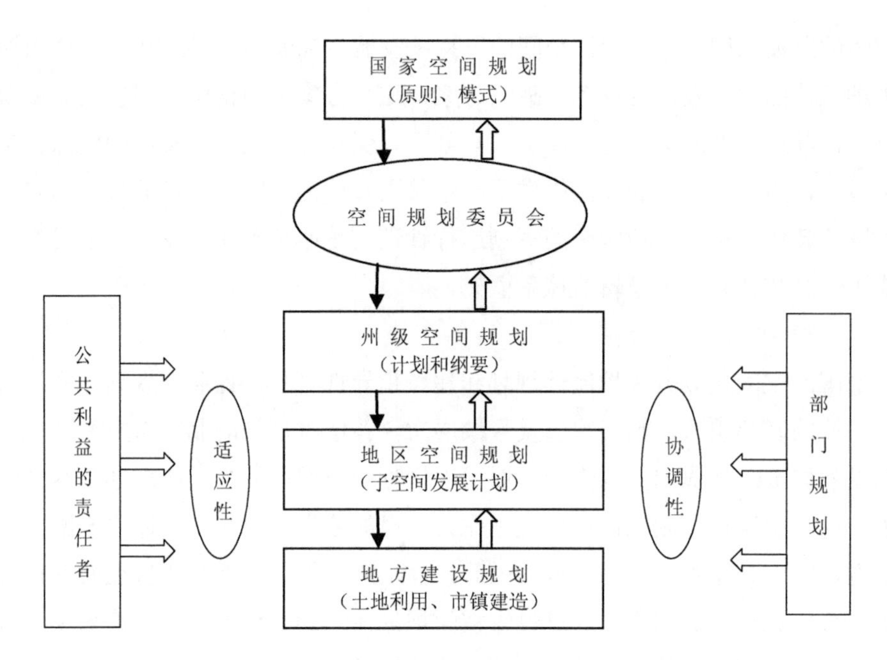

图 4-1 德国空间规划体系

（1）联邦级规划

德国联邦政府自两德统一以来发布了 3 个联邦级空间规划文件，1993 年发布了《空间规划政策指导框架》，2006 年发布了第一个《德国空间发展理念和行动战略》，2016 年发布了第二个《德国空间发展理念和行动战略》。除空间规划政策性文件之外，联邦政府还定期编制《空间规划报告》，对空间发展状况进行说明。几次较新的《空间规划报告》分别于 2000 年、2005 年、2011 年和 2017 年发布，报告一般分为空间发展和空间规划两个部分。

《德国空间发展理念和行动战略》（2016 年）共有 4 个部分：第 1 部分为增强竞争力，内容包括继续发展大都会地区，强化空间之间的协作和网络化，支持结构虚弱地区的发展，保证基础设施的连接；第 2 部分为确保公共服务，包括继续采用中心地体系，扩大协作，确保人口稀少的乡村地区的公共服务，保障通达性；第 3 部分为调控空间利用和可持续发展，包括使土地利用矛盾最小化，建立大尺度的开敞空间带，塑造文化景观，减少土地占用，可持续地调控矿藏利用和其他地下空间的利用，海岸带和海洋空间的可持续利用；第 4 部分为气候变化和能源革命，包括使空间结构适应气候变化，可再生能源及其网络的扩展。

（2）州级规划

州级空间规划称为“州发展规划”，各州根据本州的空间规划法律编制“州发展规划”。

“州发展规划”的职责是按照《空间规划法》的主导理念和原则，通过综合性的上位空间规划、具有空间意义的规划、措施之间的协调和参与编制联邦空间规划，在欧盟以及更大的空间内为本州的发展作出贡献，并对单项空间功能和空间利用采取预防措施（《黑森州规划法》第 1 条）。

“州发展规划”的内容包括空间结构和居民点结构，阐述州域的中心地体系（城镇体系）、工业发展重点、减负分流地点以及发展轴；开敞空间结构和开敞空间的保护；基础设施的发展；自然生存基础的保护和发展。其中，自然生存基础的保护和发展包括自然和景观、水资源（地下水、地表水）、气候、大气质量和防止噪声、农业和林业、原料安全、能源、水源供给和污水处理、垃圾处理。

（3）地区规划

地区级规划的定位是在遵守“州发展规划”规定的条件下阐述关于规划区域发展的空间规划的决定。其表述方式是文本和 1∶10 万比例尺的图件（《黑森州规划法》第 9 条第 1 款）。

地区规划的内容包含“州发展规划”中涉及本地区的目标，其中包括关于具有跨地域意义的决定：①中心地体系；②居民点结构，包括住宅用地和工业用地以及满足其他相关用地需求的地区；③跨地区交通线和基础设施；④自然保护区和景观保护区；⑤林区以及造林区；⑥农业土地利用区；⑦地区性的绿带、气候保护区和防洪滞洪区；⑧原料矿产保障区或开采区；⑨文物保护设施（《黑森州规划法》第 9 条第 4 款）。

地区规划会议决定地区规划的编制和修改，地区行政官署的高级规划局作为地区规划会议的办事机构具体负责地区规划的编制。依据《黑森州规划法》第22条第1款的规定，地区规划会议的成员有县政府、州辖市、5万以上人口的乡镇在南黑森规划区是法兰克福/莱茵—美茵居民点密集区规划协会、在北黑森规划区则是卡塞尔地区规划协会。地区规划每8年修编一次（《黑森州规划法》第10条第7款）。地区规划由州政府批准。

（4）市乡镇级规划

市乡镇级规划主要是建设指导规划。依据《建设法典》第1条的规定，建设指导规划的职责是在镇域内按照本法典的标准对土地建筑方面和其他方面的利用进行准备和引导。建设指导规划的目标是确保城市建设的可持续发展。

建设指导规划包括土地利用规划（准备性的建设指导规划）和建设规划（强制性的建设指导规划）。其中，土地利用规划的内容是根据可预计的市乡镇需求由计划中的城市建设发展得出的土地利用类型在整个镇域的主要特点表述在土地利用规划中，建设规划重点关注容积率、建筑密度和建设项目等相关依据。建设指导规划应适应空间规划的目标。

4.2.1.2 德国空间管治的法律体系

德国的空间治理有效实施，得益于德国的空间规划制度，德国在百年发展历程中建立了一整套的规划法律法规，对维护空间的公共利益，保障居民的基本权益起到了关键性作用。与英国早期在城市规划中关注解决城市公共卫生等技术问题不同，德国的城市治理更关注于城建事务中的执法管理。其特色主要围绕土地利用问题，以法典化的形式建立了一套详尽的法律框架系统，针对各项相关城市建设与开发活动，从内容到形式都分别作出了明确规定。

德国具有完善的空间规划法律体系，该体系自上而下与各层级规划职能和空间用地管理任务相对应，即法律体系层级与规划层级、任务尺度完全呈现对应关系。以法律为编制基础的综合性空间规划主要分为3个层面，即联邦空间发展规划、联邦州州域规划以及市镇一级的建设规划。相应于空间规划的法律基础也分为3个层次，即第一（最高）层次为国家（联邦）层次，主要法律依据有《空间规划法》（ROG）。第二为联邦州层次，各州政府根据各州具体情况订立法律，比如，北莱茵-威斯特法伦州层次有“州规划法”及其实施规定。第三为市镇层次，主要法律依据为《建设法典》等，每层次空间规划具有相应的法律支持。同时，注重法律之间的衔接。

德国的空间规划体系是基于联邦、联邦州和地方政府 3 个层级互动构建起来的，这 3 个层级在各自的领域发挥着关键性作用。联邦州政府和地方政府分别在“跨地区规划”和“地方性规划”中发挥着主导性作用，而联邦政府则同构立法方面的优先地位对整个空间规划的制度体系进行调控。

根据德国宪法（基本法）的规定，城市的规划建设属于地方自治事务的范畴，由各个城市根据自身需要独立制定，而上级政府监督地方制定相关规划的权限受到一定限制，其法律依据主要是《建设法典》。“跨地区规划”属于区域规划、州域规划乃至空间规划的措施，致力于引导国家、联邦州和各个区域层面的空间发展事务，其法律依据主要是联邦政府制定的《空间规划法》和各个联邦州制定的州域规划法。

为了确保整个空间规划体系的正常运行，要求不同层级的空间规划措施相互协调，使“地方性规划”和“跨地区规划”能够有效衔接起来。州域规划是由各个联邦州的立法部门基于空间规划的原则和目标的进一步具体化。按照《建设法典》的要求，建设指导规划应与空间秩序规划和州域规划的规划目标相协调（《建设法典》第 1 条）。

除《建设法典》和《空间秩序法》作为直接引导德国空间发展的法律之外，各级行政部门还以相关法律为基础，制定了一系列的规范和标准，对空间发展等方面事务进行了管理。此外，还有大量与空间发展密切相关的专业规划，其法律基础建立在各不相同但是又相互关联的法律法规之上。其中，包括《联邦排放控制法》《农业生产法》《自然保护区用地法》《长途道路法》《铁路法》《磁悬浮铁路规划法》《联邦水路法》《航空法》《原子能法》《客运法》《联邦森林法》《循环经济与固体废物处理法》《环境基本法》《环境影响评估法》《土地整治法》《水资源法》《联邦矿业法》《土壤保护法》，以及欧盟的《野生动植物栖息地指令》等。在《空间秩序法》和《建设法典》中对于协调上述法律法规都有相关的规定（表 4-1，图 4-2）。

表 4-1 德国空间规划与法律依据

权限划分	行政区域层次		法律基础	规划任务
战略指导性规划	联邦		联邦宪法、 联邦空间规划法	制定联邦全国空间协调发展的原则和方向以及纲领性和总体性的远景； 协调全国专业部门规划
	州	州域规划	空间规划法、空间规划条例、州空间规划法	协调各州的空间规划； 制定州空间协调发展的原则和目标； 协调州的专业部门规划； 规定各区域的发展方向和任务； 审查和批准区域规划
		区域规划	州空间规划法	制定区域空间协调发展的具体目标； 制定各城镇的发展方向和任务； 审查城镇规划
建筑控制性规划	地方	预备性土地	建设法典、建设利用条例、州建设利用条例	调整城镇行政小区内的土地利用； 调整各项建设使用，实现城市建设的可持续发展目标
		建设规划		

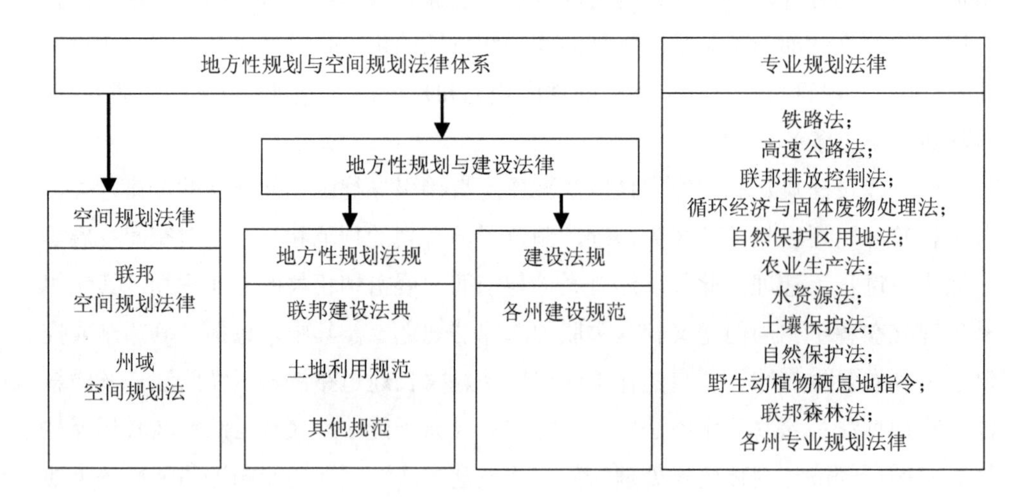

图 4-2 德国的空间发展法规体系

4.2.1.3 德国空间规划监管

不同层次的政府机构为空间监管提供了相应的法律保障措施，联邦政府通过建设法典，而在州层面则通过规划法规，在地方层面进一步制定适合本地区的建设利用条例保障措施。为了保障发展规划的后续实施，除了法律层面的保障以外，还提出了一系列的保障性措施，包括传统的约束性工具（规范性工具以及规划工具）、程序性技术型工具（如空间结构诱导工具、威慑工具、调控工具、财政工具、空间组织工具等）以及非正式规划工具，主要是通过制定针对空间结构脆弱地区的特殊性咨询方案来强化规划的落实。此外，还包括区域综合项目实施管理，通过加强项目管理、区域营销、区域管理政策等措施来实现。

重点监管环境指标体系，参考欧盟战略环评指令的要求进行监管，实施评价。环境指标监管通过以下步骤来实施：首先提出规划要求，保证城市发展与城市秩序，制定出建造规划的概念与竞赛，通过小组交流获取信息，由行政当局与公共利益的执行者交换关于规划带来的环境影响，然后制定决议，理出规划鉴定检验清单。初期，对公众参与、探讨环境兼容性和针对规划探讨出的异议进行鉴定和评价，制定相关环境报告的论证书。通过与行政当局和公共利益参与者的协调斡旋，作出公式性的决议。下一步进行建造规划草案的公开解释，带有环境报告的论证书，概括总结相关意见，总结汇编提出的相关建议，并进行意见鉴定和出台立法决议。对相关城市作出的重大决议进行公示，并进行环境监督。欧洲大部分国家在环境影响评价阶段没有作出相应的技术导则，主要是参考欧盟战略环评指令的要求进行评价，论述及评价的内容包括计划规划的主要目标以及与相关计划或规划的关系、环境现状及零方案下的环境演变趋势、预计被规划区域的环境特征、与计划或规划相关的环境问题，特别是与重要环境区域相关的环境问题、与计划或规划相关的环境目标，以及这些环境目标和环境考量如何体现在计划与规划中。计划或规划可能造成的环境影响包括生物多样性、人类健康、土壤、水、大气、气候、文化遗产、景观等方面。防止“减轻和补偿负面环境影响的措施”。

4.2.1.4 德国生态空间管治基本原则

德国实行的空间管治是空间规划在具体地域上的落实，空间规划对于空间发展具有重要意义。20 世纪 90 年代，德国把环境保护写入基本法，指出“国家应本着对后代负责的精神来保护自然的生存基础条件”。因此，空间管制本着对未来世代负责的态度、对人的自由发展、对保护和发展自然生存的基础，为经济发展创造区位前提条件，长时期、开放地保持空间用途构建的可能性，强化部分空间所具有特别的多样性，建立平衡的生活环境，为欧共体以及欧洲较大空间创造前提条件。为实现上述空间管治任务必须遵循如下原则：

1）在联邦德国的空间内必须平衡发展建设空间及自由空间结构，必须在建成区和非建成区范围内保护自然资源的功能性，在每个部分空间内努力实现均衡的经济、基础设施、社会、生态以及文化环境，强调实现区域平衡发展，在全国提供同等的生活环境。

2）保持全部空间的分散式建设结构及其功能完善的中心和城市区域的多样性，居民区建设活动必须在空间上集中进行，并以功能完善的中心地系统为导向，对废弃建成区的土地再利用必须优先占用自由空间。

3）维持和发展大空间性以及交叉性的自由空间结构，保护或者重建自由空间的土壤、水资源、动植物世界以及气候的功能，在顾及生态功能的条件下保证对自然空间经济和社会性利用。

4）基础设施必须与建成区和自由空间结构协调一致，必须通过覆盖全区域的、具有功能的技术性供应和排放基础设施保证为居民提供基础供应，社会性的基础设施必须优先并入中心地点。

5）保证密集空间的居住、生产和服务，建成区的发展必须以交通系统的结合为导向，并且保护自由空间。通过构建交通网络以及获得有效的交通枢纽来提升公共交通的吸引力，绿化范围作为自由空间体的一个元素必须予以保护，以减少对环境的影响。

6）作为生存和经济空间的农村空间需针对其自身的特点予以发展，作为部分空间发展承载者的农村空间的中心地点需得到支持，农村空间的生态功能也必须从其自身对全部空间的意义上予以维护。

7）保护、养护和发展自然景观以及水和森林。为此必须考虑生态圈联合体的要求。对于自然物品，特别是水和土壤，必须节约和保护性地使用，必须保护地下水资源。对自然资源所造成的破坏必须予以平衡。对于持续不再使用的土地应该维持或者重建土壤的功能。在保护和发展生态功能及与景观相关的用途时也必须注意相应的交互作用。对于预防性的洪水防护必须在堤岸和内地进行，在内地首先通过保护或者退还草地、保留地以及具有淹没危险的地区来实现。必须保护居民，防止噪声污染并保持空气的洁净。

8）获取或者保证空间前提条件，以保证结构性和有效率的农业经济分支能够得到与竞争相适应的发展，与有效的、可持续的林业经济共同致力于保护自然生存的基础、养护和构建自然及景观。必须保护与土地相关的农业经济；必须保持充分用于农业经济和林业的土地面积。在部分空间，必须努力实现农业经济用途和林业用途的土地面积的平衡关系。

9）保证历史和文化之间的联系以及区域的共性。必须保持不断增长的文化景观的重要特征以及文化和自然性纪念物。

10）需要考虑公民和军事防务对空间的要求。

4.2.2　荷兰空间规划研究进展

荷兰规划分为国家—区域（省）—地方（市）三级行政体系。国家层面规划由住房、空间规划与环境部负责，有效地减少了发展与约束之间的冲突，统筹衔接经济发展与生态环境保护的矛盾冲突。核心任务是制定全国的空间发展战略及区域分工等内容，其中，对于环境规划的部分内容主要是制定生态空间划定及生态管制政策等。国家层面的规划期为 30 年，主要制定全国空间和环境的发展目标及纲领，对区域和地方规划层级起到约束性和指导性作用。区域和地方层面的规划主要详细拟定地方的生态管制计划，由省政府和国家政府审查通过后实施。区域层面的规划期为 15 年，由省级政府的规划部门制定，核心是对区域的空间和环境提出较具体的发展目标框架，作为区域规划的指导和约束性原则，其严格程度比国家层面要弱，具有一定的灵活性。地方层面的规划期为 30 年，由市政府的规划部门制定，需要依据国家和区域层面的发展框架，拟定地方的翔实发展计划，再交由省政府和国家政府审查，通过后方可执行。在分析地方发展的可能性后，考虑环境规划要求，进行环境影响评价；然后制定城市分区规划，规定每个分区的土地利用方式和相应的环境标准。地方层次的规划属于操作层，编制更具体，执行更灵活。

荷兰规划整合经历了 3 个阶段，即中央引入阶段、地方调和阶段和地域针对阶段。

1）20 世纪 70 年代，中央政府的控制力还比较强，自上而下地引入环境规划，该时期的环境规划着重于保证人的健康需求，强调技术运用和污染源控制。

虽然中央政府还没有将空间规划与环境规划整合，但地方政府作为空间规划的执行层，认为应对市民的居住环境负责，因此开始在空间规划中考虑环境保护问题。随后，在国家层面的规划吸收了地方政府的规划理念，在其空间规划框架中纳入了更多、更严格的环境标准，用以指导区域和城市规划。规划整合的概念由此确立。

2）20 世纪 80 年代是环境规划和空间规划的调和时期。中央政府意识到严苛的环境标准会阻碍环境与空间规划的整合。因为空间规划受太多束缚时，地方政府可能会失去规划整合的动力，这也将丧失利用空间规划促进环境保护的机会。中央政府开始对规划整合进行分权，在一定程度上放松了对地方空间规划的环境管制。为了防止开发建设破坏环境，荷兰政府制定了环境区划，成为空间规划的指导纲领。例如，1979 年的《噪音控制法案》对环境标准进行空间区划，将可开发的区域和不可开发（敏感）的区域划分出来，并阐释了开发建设侵入到不可开发区域所带来的后果。地方政府在编制和实施空间规划时，根据环境区划的要求，将空间规划部门和其他相关部门的政策方针整合。

3）20 世纪 90 年代以来，规划整合政策的战略导向从减少健康危害转为提高人民的生活质量，空间规划的目标也从管理稀缺资源（如土地）转为提高空间品质。在环境规划和空间规划中对于如何提高生活质量并没有统一的规定，而是针对地域特征，更加灵活地定义。在整合的过程中，环境规划相对约束力较强，而空间规划则较灵活。一般空间规划需要服从环境规划，但也存在环境规划适应空间发展而作出适当调整的可能性。随着城市管治理念的盛行，多利益主体参与规划成为主流。这种参与不再是所有规划内容已确立后的末端参与，而是规划的全过程参与。作为规划整合针对地域问题的探索，政府在全国选取了 8 个试验区。这些试验区都是生态敏感区，面临城市发展与环境保护的双重压力。经过 20 年的建设，政府已取得了经验。目前，政府已形成一个政策草案——环境法案，用以指导未来荷兰空间规划与环境规划的整合。

4）进入 21 世纪，荷兰要求空间规划向更灵活、更综合、更刺激的经济发展方向变革。2000 年前后，荷兰国家行政政策科学委员会提出了新的国家发展方向，政府不应该通过法规来控制发展，而应该积极地促进发展。第五次《国家空间规划》报告之后的“空间备忘录草案（2004）”提出的核心概念就是“创造发展空间，下放一切可以下放的，集中一切需要集中的”。2008 年之后的改革可以说是颠覆性的。①2008 年，对《空间规划法》作了重大修编，“国家重大规划决策报告”被“结构愿景”替代，赋予了国家级和省级政府直接干预地方的“介入性用地规划”权力。②2010 年，荷兰住房、空间规划与环境部正式解体，空间规划从部委名称中消失，职能被合并到新的基础设施和环境部，后者于 2012 年颁布了新的《国家级基础设施和空间愿景规划》，简化了与国家利益直接相关政策的清单，取消了上级对下级规划的审批。③2011 年至今，新的《环境和空间规划法》和“环境愿景/规划”，彻底的改革将同时实现多法合一、多规合一、多证合一，替代三级政府传统的结构愿景和地方的土地利用规划（表 4-2）。

表 4-2　荷兰空间规划的演变

等级	主要规划文件			法定性质	
	1965—2007 年	2008—2017 年	2018 年至现在	1965—2007 年	2008—2017 年
国家级	国家重大规划决策报告（包含国家空间规划报告）	结构规划	环境愿景	选择性编制；指导性；非法定（部分政策为法定）	硬性：非法定
	总体行政条例	介入性用地规划或项目规划		选择性：法定	选择性：法定
	国家水资源管理规划			硬性：法定	
省级	战略空间规划	结构规划	环境愿景	选择性：非法定	硬性：非法定
	管理条例	环境条例：环境政策规划		选择性：法定	硬性：法定
	水资源管理条例	水资源规划		硬性：法定	选择性：法定
	乡村土地调整规划	介入性用地规划或项目规划		硬性：法定	选择性：法定
市级	结构规划	结构规划	环境愿景	选择性：非法定	硬性：非法定
	土地利用规划	土地利用管理	环境规划	硬性：法定	硬性：法定
	重大项目豁免权	项目规划		选择性：法定	选择性：法定
	水评估规划			硬性：非法定	
水务管理局	水资源管理规划：防洪涝灾害规划			硬性：非法定	

4.2.2.1 规划整合政策工具

荷兰的规划整合工具可分为目标导向型工具和过程导向型工具。目标导向型工具以制定目标为出发点，通常多项数据评估规划的空间和环境；过程导向型工具则关注规划过程，促进空间规划过程更多考虑环境标准，并促进多利益主体在规划中达成共识。在实践中，这两类工具经常配合使用。一般有 3 种方式：空间规划与环境政策、城市与环境法、生活质量与环境政策。空间规划与环境政策是自上而下型政策方式。中央政府通过一系列灵活的规划政策在区域及地方层面解决环境问题。这一政策方式允许地方根据自身发展的实际情况可以满足在一定程度上超出环境标准要求的空间规划，超出的程度视空间功能而定。

城市与环境法也是自上而下型政策方式。它是针对荷兰实施紧凑城市战略后而建立的。在 20 世纪 90 年代实施紧凑城市策略后，荷兰的各个城市陷入公共交通出行难以替代小汽车出行、功能集聚带来污染集聚、个体偏好与公共利益难以协调以及地方政府与上级政府难以协调等困境。为了解决这些问题，荷兰政府颁布了城市与环境法，认为地方层面是负责平衡环境与空间规划的核心层面。地方政府使用城市与环境法需要经过 3 个步骤：①确定空间规划中可能对环境造成污染的内容；②证明在实践中尝试解决污染问题但以失败告终的；③依据城市与环境法对原有环境规划进行修改，达到空间规划可以施行的程度。地方政府经过 3 个步骤修改的空间规划只需要省级政府批准即可生效，但不能与中央政府制定的总体框架相抵触。

生活质量与环境政策是自下而上型政策方式。该政策突出自由裁量权，中央政府制定最低环境标准，将环境标准引入规划中，给规划以参考，而留给市政府更多的是自由裁量权，便于提高城市质量。这一政策适用于空间规划所受环境限制较少的地区。通常空间规划会与环境保护产生冲突，所以生活质量与环境政策这种方式应用不是太多，主要是用来协助城市与环境法的第 3 个步骤进行，弥补自上而下政策的不足。

4.2.2.2 《环境和空间规划法》——多法合一

新的《环境和空间规划法》是荷兰政府继 2008 年《空间规划法》重大修编后又一项果敢的改革提案。新的《环境和空间规划法》将合并且简化目前关于空间、住宅、交通、自然环境以及水资源管理等方面的 35 部法案（包括 2008 年修订完成的《空间规划法》）和 240 部法规。中央政府改革的意图是着眼于可持续发展，协同全社会之力共同创造安全、健康的物质空间和良好的环境质量，实现对空间的有效管控、利用和发展。因此大幅简化决策程序，松绑政府干预，简政放权，更好地激发市场的主体性和主动性，促进社会经济的良性发展。

新法从 2011 年启动编制。2016 年 3 月，草案通过议会审核通过。这个过程充分体现了荷兰民主协商的传统体制特色，中央政府广泛收集各方意见，反复推敲修改。2016 年 3 月投票通过了新法，自此，各种证件也将多证合一为“环境许可证”，以提高项目工程的启动速度。

4.2.2.3 环境愿景/规划——多规合一

2015 年开始，国家和地方政府的空间规划开始尝试一种新的规划类型——“环境愿景/规划”，在国家级层面叫作“环境愿景”，在地方层面称为“环境规划”，分别替代原来的结构愿景和土地利用规划。《环境和空间规划法》规定在国家级层面和省级层面必须编制“环境愿景”，地方上则自愿。省级政府层面的环境愿景主要是多部门、多领域管理条例（空间、环境、地表水、地下资源、开放空间景观）的多规合一，为地方层级的环境规划作出引导（表 4-3）。

表 4-3 《环境和空间规划法》整合的法律法规

完全整合的法律法规		
空间规划法	环境法一般规定	开采法
交通和运输规划法	基础设施轨迹法	道路拓宽法
物业限制法	危机与复苏法	土壤保护法
噪声扰民法	城市与环境手段暂行法	气味扰民和牲畜饲养法
洗浴场所和游泳设施的卫生和安全法		—
部分整合的法律法规		
环境管理法	历史建筑和文化遗迹法	水法
自然保护法	矿业法	住房法

省级政府也可以根据自己的意愿在新法要求的范围外添加被整合的政策领域。为节省管理资源，新法废除了地方上现行强制编制的“结构规划”。新规划类型顺应新法的主旨，强调整合空间规划以及交通、自然环境、水务、土壤等多项部门规划相关内容，将规划和管理条例合并，实现一级政府规划管理蓝

本，以减少管理上的问题。对于多个结构的城市，新法允许地方政府制定多个环境规划。不要求各政府层级规划间保持严格的等级关系和一致性。中央政府希望各级政府以互相信任为基础，共同完成环境愿景/规划的战略目标，而环境愿景/规划里所遵循的部门政策和规划往往是统筹上下级规划关系最直接的方式，这包括生态边界、安全防御、水务管理、重大交通基础设施等。中央政府一边推进新法的完善和修改，一边尝试在地方政府展开若干主题的试点项目，这些主题包括从公众参与、文化变迁、多规合一以及信息化的角度编制新型的环境愿景/规划。中央政府为每个试点项目各安排一个项目指导和两个专业指导，地方政府则抱着大胆尝试创新的态度作出了自己的探索。周静等（2017）发现荷兰空间规划采用全面整合的手法，构架于各部门规划之上，统筹融合各领域的空间政策和用地安排，是一项综合的协调活动。目前，这些试点项目已经总结出相关的经验供其他城市参考。至少有28个地方政府参与了如何编制新类型规划的讨论和学习过程。政府主导的规划体系改革为荷兰的空间规划提供了一个调整、再生、重新回到社会热点的机会，创造了许多政府机构、学术界和社会团体的活动机会，在一定程度上也活跃了城市经济（图4-3）。

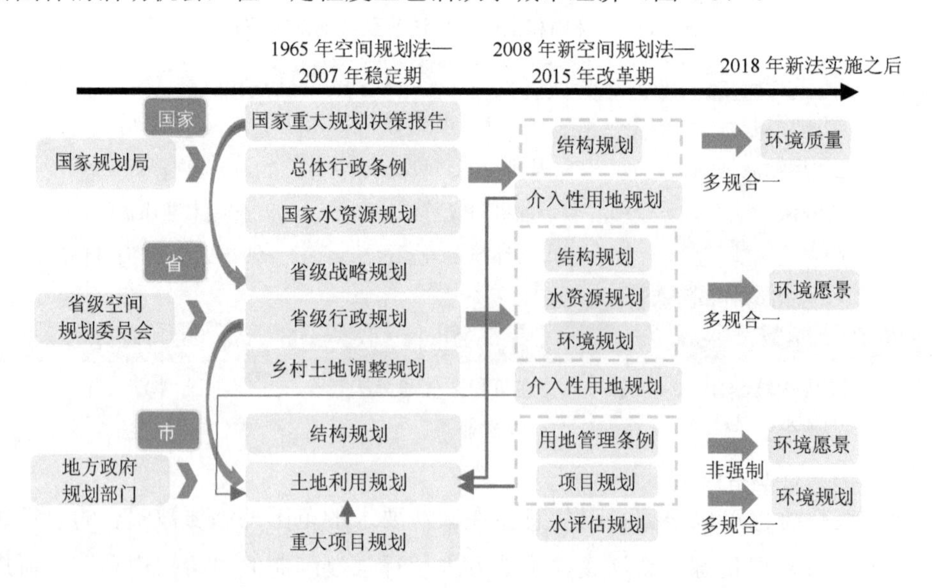

图4-3 3个阶段荷兰空间规划体系主要规划类型演变

资料来源：周静和沈迟（2017）。

4.2.3 英国空间规划研究进展

1909 年，英国颁布了世界上第一部城市规划法——《住房与城市规划诸法》，第二次世界大战后颁布的《城乡规划法 1947》标志着英国以“发展规划”为核心的空间规划体系的建立。此后，英国的规划体系主要包括规划框架（a framework of plans）和开发控制/管理（development control/management）两部分内容。随着经济社会的发展、行政区划的变更和政党的更替，为应对不同时期的问题与矛盾，英国的规划体系在结构和内容上经过了多次调整，并与其行政体系对应，在长期的自我发展中不断完善（表 4-4）。

表 4-4 英国规划立法的背景与空间规划体系结构的演变

时期	规划背景	规划法案	空间体系特征与影响	规划体系结构
1947—1968 年	第二次世界大战后的大规模城市建设出现了城市蔓延的现象	《城乡规划法 1947》	规定了土地开发权的国有化；确定了城市规划的法律地位；奠定了英国现代城乡规划体系的基础	一级体系（发展规划）
1968—1990 年	城市建设的扩张和人口的大量增长带来诸多城市问题，使单一的发展规划无法满足地区联合发展的需求	《城乡规划法 1968》《城乡规划法 1971》	以统筹区域住房开发和土地使用为目标的结构规划的制定，成为在国家层面进行空间规划的起点	二级体系（结构规划+地方规划）
1990—2004 年	在保守党执政期间，英国受到“新自由主义”的影响，权力极大程度被下放到地方，而地方政府被赋予了更多的权力	《城乡规划法 1990》《规划补偿法 1991》《区域发展机构法 1998》	双轨制进一步完善规划体系：大都市区编制单一发展规划，非大都市区维持原有的二级规划体系。地方政府的权力不断扩大；设立区域议会，开始重视区域层面空间规划，在《区域规划指南》的指导下进行	一级体系（单一发展规划）；二级体系（结构规划+地方规划）
2004—2010 年	随着产业全球化和资源环境恶化、人地矛盾突出，全球化和可持续发展成为国家重点关注的核心议题	《规划和强制收购法 2004》《城乡（区域规划）（英格兰）条例 2004》	规划体系重大变革：区域空间战略取代结构规划，且首次具有法定地位；地方发展框架取代地方规划，包含一系列核心政策和相关文件	三级体系（国家规划政策指南和声明+区域空间战略+地方发展框架）

时期	规划背景	规划法案	空间体系特征与影响	规划体系结构
2010 年至今	2007 年全球金融危机后，英国国民经济持续低迷，产业发展疲劳繁杂的规划程序被认为是经济衰退的原因，迫切需要进行改革	《地方化法案 2011》《国家规划政策框架 2012》	重新简化规划体系，以《国家规划政策框架》明确了规划的目标，指导了所有形式的开发活动，并对国家经济、环境和社会等议题作出安排；地方层面的规划决策权进一步强化；传统的区域空间规划制度则被彻底取代	二级体系（国家规划政策规划指南和声明+地方规划和邻里规划）

4.2.3.1 英国空间规划体系框架

2004 年，《规划和强制收购法》颁布后，英格兰的空间规划体系继续与其行政体系相对应，划分为国家级、区域级、市镇级 3 个层次，取代原有的双轨制空间规划体系，成为首次包含区域层次规划的法定规划体系，规划发展的目标和政策在自上而下的结构中不断细化和落实（图 4-4）。

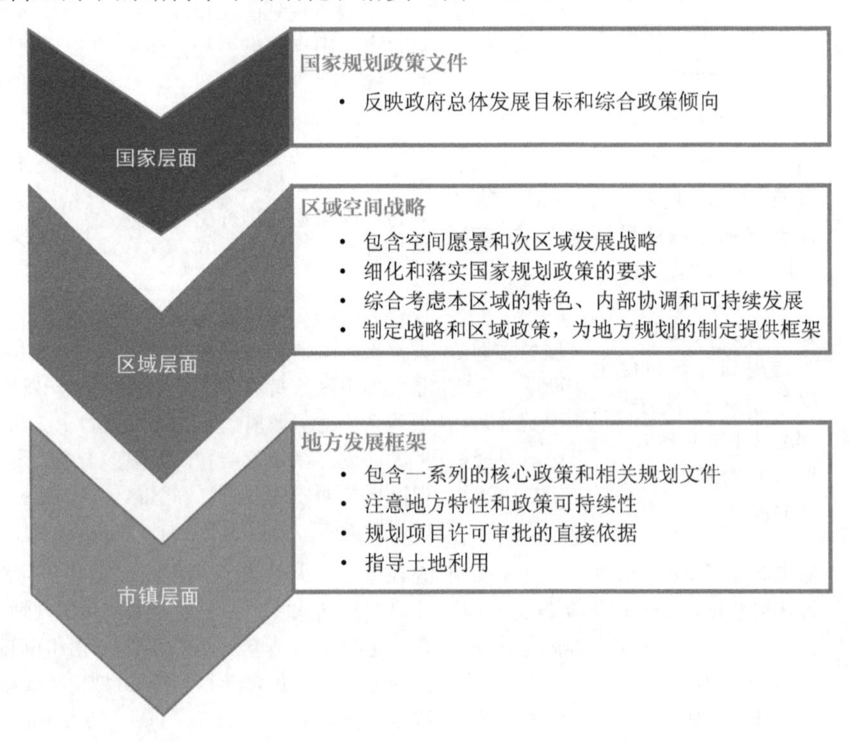

图 4-4 2004 年英格兰空间规划体系框架和主要内容

《规划和强制收购法》正式将区域空间战略和地方发展框架确立为法定规划，标志着英国在区域层面进行空间规划的正式确立。3 年的过渡期被设定为以帮助各编制主体适应空间规划体系的重大变革。结合行政区划及经济社会的联系度，英国政府将英格兰划分为 9 个区域，由各区域议会设立的区域规划机构负责编制区域空间战略，经由国务大臣批准发布后，区域规划机构负责对区域空间战略内容进行持续复查和修编，并在实施过程中对其进行动态监督。区域空间战略旨在衔接国家和地方的规划政策，为区域未来 15～20 年的空间发展制定战略规划，尤其是解决跨区域但不属于地方发展框架的问题，因此，被视为一种促进空间协调、实现区域可持续发展的整合性空间政策工具。

4.2.3.2　英国空间规划体系内容与修编程序

区域空间战略的核心是针对本区域的空间发展编制的空间愿景和实现此愿景的区域发展规划，以及多个亚区域（sub-region）战略和方案。因此，具有地方特色的多样性、跨行政边界的连贯性和贯穿行政体系上下的统一性。在涉及经济、住宅、生态、文化等 17 个方面的空间发展议题的区域战略专题研究成果的基础上，区域空间战略依据各区域发展背景及一系列可参考的国家政策和法规进行编制，从而确保其战略和政策为跨地方行政边界的空间发展作出合理安排和有效实施，并为地方发展框架中的文件和具体政策的制定提供了指导。

区域空间战略以可持续发展和区域空间协调为目标，在各类战略专题研究的基础上进行编制。每个区域空间战略都需包括该区域的空间愿景（spatial vision）。如何为实现可持续发展作出贡献，结合国家政策指引和本区域的具体发展情况提出发展策略，针对跨地方、郡、区等行政边界的区域和亚区域问题提出策略，明确具体的实施战略计划和期限，明确各地方在发展框架中的地区和单位的住房数据，确保保护和优化环境的优先性，并确定绿带的规模；制定与区域空间战略目标一致的区域交通战略，明确投资（尤其是基础设施方面的投资）和保障机制以支持地方的开发，明确该区域废弃物的处置计划，保证其内容与其他区域可持续发展框架和相关、相邻区域的区域空间战略保持一致并给予支持等。

区域空间战略的编制和修编过程具有前瞻性和连续性，并注重公众参与和评议，在分析、制定、调整和修编的过程中不断完善。整个过程一般持续两年半左右，由区域规划机构牵头并负责，与政府区域办公室和社区等其他利益相关者合作推进。

其中，“可持续性评价报告”是区域空间战略编制和修订的必要环节，可持续性评价是根据经济、社会、环境的发展目标制定一系列的决策标准和相应的详细指标，对区域空间战略中的政策和安排进行评估。评估结果直接影响区域空间战略的内容，其咨询建议则作为监督实施和下次修订的依据。

4.2.4 日本空间规划研究进展

日本是亚洲最早开展空间规划的国家，早在 1940 年就通过了“国土规划编制纲要”。1946 年提出“复兴国土规划纲要”，并在此基础上于 1950 年颁布了《国土综合开发法》，在促进日本社会经济可持续发展中发挥着重要作用。进入 21 世纪，《国土综合开发法》修改为《国家空间规划法》。

1950 年，日本颁布了《国土综合开发法》，该法立足于国土自然条件，从经济、社会、文化政策的综合角度进行国土综合利用、开发、保护，以达到产业的合理配置和社会福利的提高，是国家和地方公共团体实施的综合性、基础性规划。规划包括国家、都道府县、市町村和特定地区 4 个类型。

依据《国土综合开发法》，1962 年以前，日本主要是编制特定地域（首都圈、东北、九州等）综合开发规划；1962 年以后，针对社会经济形势的变化，日本先后编制了 5 次各具特色的“全国综合开发规划”（简称“全综”）。其中，“一全综”（1962—1969 年）和“二全综”（1969—1977 年）在经济高速增长背景下分别采用据点开发方式和大项目开发方式，旨在实现国民经济倍增计划，以及促进均衡发展和创造多样化环境。“三全综”（1977—1987 年）在经济低增长和环境问题突出背景下，倡导定居圈开发方式，旨在改善居住综合环境。“四全综”（1987—1998 年）在全球化和信息化的背景下采用交通网络开放方式，旨在构建多极分散型国土开发构架。“五全综”（1998—2008 年）在泡沫经济瓦解和价值多样化背景下，主题改为“泡沫世纪伟大的国土蓝图——促进区域自立及创造美丽国土”，提出社区营造战略，倡导参与和合作开发，形成多轴国土结构，属于过渡期的规划。

2000 年，日本进行大部制改革，国土厅业务并入国土交通省国土规划局。2005 年颁布《国家空间规划法》，取代了过去的《国土综合开发法》。新法的目的是通过编制国家空间战略并采用其他手段，结合国土利用规划法的相关措施，服务于社会和经济目标，使国民在当前和未来达到生活富裕和心理安宁。基本理念包括适应人口、产业在内的社会与经济结构变迁、发展地区特点的自生能力、改善科技水平以提升国际竞争力、确保国民生活安全、保护环境并对全球环境作出贡献。在《国家空间规划法》的背景下，国家尊重地方政府的自主决策，同时地方政府应能够自觉处理好国家与地方的关系。

根据《国家空间规划法》，2008 年，日本内阁首次通过了国家空间规划，内容分为 3 部分十四章，提出与东亚无缝链接、形成可持续国土、形成弹性和韧性国土、形成美丽国土、依靠新公众促进区域发展 5 个规划目标。2015 年，第二次编制国家空间规划，提出建设安全富裕国家、提升经济活力、强化国际作用等规划目标。

日本空间规划法变化特点为日本的两次空间规划法都是针对不同的社会、经济、环境等发展阶段的空间问题，对空间规划的目标、内容、编制和实施管理等方面作出了规定。

规划目标和内容：全力推动经济开发转型升级科学发展，提升品质意识。针对日本的内在特征和外部环境，《国家空间规划法》调整了国土资源开发中心主义的理念，将过去以大规模项目开发为主导转为以改善环境、提升生活品质、提高地方活力开发内主导。规划目的由促进国土资源“利用、开发、保护”变为促进国土资源“利用、整治、保护”。在内容方面，一是除了城市和乡村之外，开始重视山区、渔村等不同类型区域的发展，丰富了区域建设的内容；二是将地震灾害纳入规划，强化了防灾减灾；三是将改善生活环境和建设美丽景观作为规划的重要主题；四是将海岸开发和保护纳入规划主题。

规划之间纵向关系：简化空间规划体系，突出政策导向。《国家空间规划法》将国家、区域、都道府县、市町村 4 个层级的空间规划体系简化为全国规划和区域规划 2 个层级。全国规划的主要内容是空间发展的基本方针、目标和全国性政策措施。区域规划（包含 2 个以上都道府县的规划）主要内容包括制定区域空间发展的基本方针、目标和区域重大政策措施等。区域规划在听取公众意见并经区域审议会通过后，再由国土交通大臣最终决定通过。

规划之间横向关系：加强与相关法律的协调，体现综合性。《国家空间规划法》强化了与相关法律的协调性。如规划的实施措施应与《国土利用规划法》（1974 年）衔接。规划内容中的海域使用和保护事项应与《专属经济区和大陆架法》（1996 年）协调。编制国家规划时，国土交通省省长应依据《地方自治法》（1947 年）听取都道府县和指定城市的意见。国家规划评估应与《政府政策评估法》（2001 年）衔接。《国家空间规划法》的颁布引发了《东北开发促进法》《九州地方开发促进法》《四国地方开发促进法》《北陆地方开发促进法》《中部地方开发促进法》的废止，并对《国土利用规划法》《首都圈整治法》《近畿圈整治法》《中部圈整治法》进行了相应的修订。

中央和地方关系：指导转为合作，强化地方活力。《国家空间规划法》推进地方分权化，重视提升地方自主与活力，加强地方参与的广度和深度。编制主体由原来以中央政府为主导向中央和地方合作转变。编制国家规划时强调相关行政部门、省级政府的参与及合作，编制区域规划时则强调相关行政部门、市级政府的参与和合作。

ZHONGPIAN JISHU YINGYONG PIAN

中篇 技术应用篇

第5章 主体功能区空间规模与质量量化评价关键技术研究

为完善主体功能区战略，党中央提出要按照陆海统筹原则，科学划定生态空间、农业空间、城镇空间和生态保护红线、永久基本农田、城镇开发边界的空间格局。在此基础上，更明确提出要“按照生态功能极重要、生态环境极敏感、需要实施最严格管控的要求”。空间容易因功能型规划而导致空间功能单一与局限，所以提升空间规模和质量是解决局限问题的重要路径。提升规模，就是直接扩大某种功能空间的面积，主要路径：一是空间开发，对既有空间进行功能型利用和开发；二是空间功能回归，强制剔除非规划性或非科学性功能，实现空间最佳功能的回归；三是空间功能转换，为满足现实需要并在条件允许的情况下，将既有的某种功能性空间转化为更能满足需要的功能性空间。提升质量，是在既定空间面积不变的情况下，通过扩展或提升空间的使用效度或效能来实现实质性提升。一是空间功能优化，根据空间特点，赋予最佳的安排，避免空间资源的无效配置或过度配置；二是空间布局优化，合理布局并充分利用好最能发挥功能性的最佳位置；三是空间功能复合，使同一空间承载可兼容性的多种功能，并且这种复合性的功能承载不会带来空间内彼此功能的削减。

5.1 空间规模的含义

在本研究中，城镇空间是指以提供工业品和服务产品为主体功能的空间，包括城市建设空间（城市和建制镇的建成区）和工矿建设空间（独立于城市建成区之外的独立工矿区）。根据土地利用覆被数据，将交通用地、居住地、工业用地和采矿场归为城镇空间（表 5-1）。

表 5-1 城镇空间土地利用分类体系及归类依据

空间类型	类别名称	归类依据
城镇空间	交通用地	宽度大于 30 m 的道路，不包括相应站场用地（机场、车站）和防护林带
	居住地	城市、镇、村等聚居区
	工业用地	独立于城镇居住区外的或主体为工业和服务功能的区域，包括独立工厂、大型工业园区、服务设施
	采矿场	土地覆被、岩石或土质的物质被人类活动或机械搬离后的状态，包括采石、河流采沙、采矿、采油等。其包括大型露天垃圾填埋场，不包括垃圾处理厂、采矿场附近的矿石/石料加工厂，也不包括废弃的采矿/石场地

农业空间是以提供农产品为主体功能的空间，包括农业生产空间和农村生活空间。农业生产空间主要是耕地，包括园地和其他农用地等。农村生活空间为农村居民点和农村其他建设空间，包括农村公共设施和公共服务用地。耕地、园地等兼有生态功能，但其主体功能是提供农产品，所以应该定义为农业空间。根据土地利用覆被数据，将乔木园地、旱地、水田和灌木园地归为农业空间（表 5-2）。

表 5-2 农业空间土地利用分类体系及归类依据

空间类型	类别名称	归类依据
农业空间	乔木园地	指种植以采集果、叶、根、干、茎、汁等为主的集约经营的多年乔木植被的土地，包括果园、桑树、橡胶、乔木苗圃等园地，高度在 3 m 以上
	旱地	种植旱季作物的耕地，包括有固定灌溉设施与灌溉设施的耕地和种植旱生作物、菜地、药材、草本果园（如西瓜）等土地，也包括人工种植和经营的饲料、草皮等土地，但不包括草原上的割草地
	水田	有水源保证和灌溉设施，筑有田埂（坎），可以蓄水，一般年份能正常灌溉，用以种植水稻或水生作物的耕地，包括莲藕等。在多类作物轮作中，只要有一季节为水稻或水生作物，则视为水田
	灌木园地	指种植以采集果、叶、根、干、茎、汁等为主的集约经营的多年生灌木、木质藤本植被的土地，包括茶园、灌木苗圃、葡萄园等，高度在 0.3～5 m

生态空间是指以提供生态产品或生态服务为主体功能的空间。从提供生态产品数量的多少来划分，生态空间又可以分为绿色生态空间和其他生态空间两类。绿色生态空间主要是指林地、水面、湿地、内海，其中有些是人工建设的如人工林、水库等，更多的是自然存在的如河流、湖泊、森林等。其他生态空间主要是指沙地、裸地、盐碱地等自然存在的自然空间。林地、草地、水面虽然兼有农业生产功能，可以提供部分林产品、牧产品和水产品，但其主体功能应该是生态，若偏重其农业生产功能，就可能损害其生态功能，因此，林地、草地、水面等应定义为生态空间。根据土地利用覆被数据，将常绿乔木绿地、常绿针叶林、常绿针叶灌木林、常绿阔叶林、常绿阔叶灌木林、水库/坑塘、河流、湖泊、灌木绿地、稀疏林、稀疏灌木林、草丛、草本沼泽、落叶阔叶林、落叶阔叶灌木林、裸土、裸岩、针阔混交林和草本绿地归为生态空间。

5.2 生态空间规模质量量化评价技术方法

生态空间规模质量的量化评价可以采用最小生态空间、适宜生态空间、最优生态空间 3 种测算方法计算，并按低、中、高生态空间面积与已知划定生态空间面积对比的方式进行评价。

5.2.1 最小生态空间面积核算方法

从不同维度的生态产品分析，最小生态用地是保证区域和国家在某种生态产品供给能力最低警戒规模所需要的生态空间，一旦突破，必定会造成区域生态问题甚至灾难（表 5-3）。

表 5-3 不同类型生态产品主要类型界定

维度	空间种类	产品内涵	需求导向
生态重要性	水源涵养空间	涵养水源能力与数量	国民经济、生态、其他
	防风固沙空间	减少风蚀所导致的土壤侵蚀数量和强度	生态、其他
	水土保持空间	减少水蚀所导致的土壤侵蚀数量和强度	生态、其他
	生物多样性维护空间	珍稀濒危和特有动植物的分布密度和数量	生态、其他

维度	空间种类	产品内涵	需求导向
生态敏感性	水土流失敏感性空间	降低或减少以水动力为主的土壤侵蚀规模和数量	生态、其他
	土地沙化敏感性空间	降低或减少以风动力为主的土壤侵蚀规模和数量	生态、其他
	石漠化敏感性空间	降低或减少碳酸盐裸露的土壤侵蚀规模和数量	生态、其他
	盐渍化敏感性空间	降低或减少溶解性盐分土壤表层积累规模和数量	生态、其他

从不同类型生态红线空间的形态和功能定义，其本质意义即为区域最小生态用地，即经过GIS空间分析比对现状条件下各级自然保护核心区、重要生态功能核心区、极度敏感和脆弱区以及湿地、草原、森林等重要自然生态用地和生态空间类型与分布，未经人为扣除、插花，空间完整性与功能完整性实现一致对应的最小生态用地（表5-4～表5-6）。

表5-4 生态红线划定技术规程中模型法

生态功能	计算公式	备注
水源涵养（生态产品：截留、渗透、蓄积数量）	$\mathrm{TQ}=\sum_{i=1}^{j}(P_i-R_i-\mathrm{ET}_i)\times A_i\times 10^3$	TQ——总水源涵养量，m^3； P_i——降水量，mm； R_i——地表径流量，mm； ET_i——蒸散发，mm； A_i——第i种生态系统适宜生态用地面积； i——研究区第i类生态系统； j——研究区生态系统类型数
水土保持（生态产品：最小化的水蚀导致土壤侵蚀量）	$A_c=A_p-A_r=R\times K\times L\times S\times(1-C)$	A_c——水土保持量，t/（$hm^2\cdot a$）； A_p——潜在土壤侵蚀量； A_r——实际适宜土壤侵蚀量； R——降雨侵蚀力因子，（MJ·mm）/（$hm^2\cdot h\cdot a$）； K——土壤可蚀性因子，（$t\cdot hm^2\cdot h$）/（$hm^2\cdot MJ\cdot mm$）； L、S——地形因子，L为坡长因子，S为坡度因子； C——植被覆盖因子

生态功能	计算公式	备注
防风固沙（生态产品：最小化的风蚀所导致的土壤侵蚀量）	$\mathrm{SR} = S_{\mathrm{L滞}} - S_{\mathrm{L}}$ $S_{\mathrm{L}} = \frac{2 \cdot z}{S^2} Q_{\max} \cdot \mathrm{e}^{-(z/S)^2}$ $S = 150.71(\mathrm{WF} \times \mathrm{EF} \times \mathrm{SCF} \times K' \times C)^{-0.3711}$ $Q_{\max} = 109.8(\mathrm{WF} \times \mathrm{EF} \times \mathrm{SCF} \times K' \times C)$	—
生态多样性维护（生态产品：珍稀濒危和特有动植物的分布丰富程度）	物种分布模型（species distribution models，SDMs）	—

表 5-5　生态红线划定技术规程中 NPP 法

生态功能	计算公式	备注
水源涵养（生态产品：最低服务能力指数）	$\mathrm{WR} = \mathrm{NPP}_{\mathrm{mean}} \times F_{\mathrm{sic}} \times F_{\mathrm{pre}} \times (1 - F_{\mathrm{slo}})$	WR——区域生态空间设定水源涵养服务适宜适中能力指数； $\mathrm{NPP}_{\mathrm{mean}}$——多年植被净初级生产力平均值； F_{sic}——土壤渗流因子； F_{pre}——多年平均降水量因子； F_{slo}——坡度因子
水土保持（生态产品：最低服务能力指数）	$S_{\mathrm{pro}} = \mathrm{NPP}_{\mathrm{mean}} \times (1 - K) \times (1 - F_{\mathrm{slo}})$	S_{pro}——区域水土保持服务能力指数； $\mathrm{NPP}_{\mathrm{mean}}$——多年植被净初级生产力平均值； K——土壤可蚀性因子； F_{slo}——坡度因子
防风固沙（生态产品：最低服务能力指数）	$S_{\mathrm{ws}} = \mathrm{NPP}_{\mathrm{mean}} \times K \times F_{\mathrm{q}} \times D$	S_{ws}——防风固沙服务能力指数； $\mathrm{NPP}_{\mathrm{mean}}$——多年植被净初级生产力平均值； K——土壤可蚀性因子； F_{q}——多年平均气候侵蚀力； D——地表粗糙度因子
生态多样性维护（生态产品：最低服务能力指数）	$S_{\mathrm{bio}} = \mathrm{NPP}_{\mathrm{mean}} \times F_{\mathrm{pre}} \times F_{\mathrm{tem}} \times (1 - F_{\mathrm{alt}})$	S_{bio}——生物多样性维护服务能力指数； $\mathrm{NPP}_{\mathrm{mean}}$——多年植被净初级生产力平均值； F_{pre}——多年平均降水量因子； F_{tem}——多年平均气温； F_{alt}——海拔因子

表 5-6 生态红线划定技术规程中生态敏感评估法

生态功能	计算公式	备注
水土流失（生态产品：最大敏感度的最小流失量）	$SS_i=\sqrt[4]{R_i\times K_i\times LS_i\times C_i}$	SS_i——i空间单元水土流失敏感性指数； R_i——评估因子（包括降雨侵蚀力）； K_i——土壤可蚀性； LS_i——坡长坡度； C_i——植被覆盖
土地沙化（生态产品：最大敏感度的最小流失量）	$D_i=\sqrt[4]{I_i\times W_i\times K_i\times C_i}$	D_i——i评估区域土地沙漠化敏感性指数； I_i——评估因子（包括评估区域干燥度指数）； W_i——起沙风天数； K_i——土壤质地； C_i——植被覆盖敏感性等级值
石漠化（生态产品：最大敏感度的最小流失量）	$S_i=\sqrt[3]{D_i\times P_i\times C_i}$	S_i——i评估区域石漠化敏感性指数； D_i——评估因子（包括区域碳酸盐出露面积百分比）； P_i——地形坡度； C_i——植被覆盖度
盐渍化（最小面积）	$S_i=\sqrt[4]{I_i\times M_i\times D_i\times K_i}$	S_i——i评估区域盐渍化敏感性指数； I_i——评估因子（包括区域蒸发量/降水量）； M_i——地下水矿化度； D_i——地下水埋深； K_i——土壤质地的敏感性等级值

上述空间分析技术专业模型是最小生态用地空间划定过程中生态产品供给最小规模与需求之间的关系曲线。实际上，最小生态空间面积与分布实际结果大于生态红线空间面积，因此，在上述模型应用中，基于最小阻力模型法空间分析，在与实际生态用地类型的比对中，必须坚持以下技术原则。

（1）双完整性原则

以保证区域和国家生态产品供给安全和空间格局安全为目标，将 GIS 空间分析结果结合实地生态用地类型，进行人工定性判定，确定最小生态用地空间。辅助资源环境承载能力和国土空间开发适宜性评价，按生态系统服务功能（以下简称生态功能）重要性、生态环境敏感性识别最小生态用地空间范围，并落实到地块，确保最小生态空间实现生态功能与空间边界完整。

（2）双整体性原则

最小生态用地空间划定结果，应充分考量自然生态系统在空间分布上的整体性和功能输出的系统性，结合山水林田湖草生命共同体的联动机制，确定最小生态用地空间边界，注重跨行政区边界的有序衔接。

（3）双协调性原则

在生态红线划定的基础上，确保最小生态用地（空间）在规模和空间界线范围内，对实际需要调整的建设用地和农业用地部分进行用途转移和变更，做好与建设用地空间和农业用地空间的双协调。

（4）双管控原则

最小生态用地（空间）原则上按生态红线管理要求进行。在空间规模方面，确保生态功能不降低、生态产品供给能力不下降，最小生态用地空间面积规模不缩小、空间性质不改变。在空间界线方面，按照生态红线管理规定，最小生态用地范围原则上不能调整，因国家重大基础设施、重大民生保障项目建设等需要调整的，由省级政府组织论证，提出调整方案，经自然资源部、生态环境部、国家发展改革委会同有关部门提出审核意见后，报国务院批准。

5.2.2 适宜生态空间面积核算方法

5.2.2.1 水源涵养适宜生态空间面积核算

（1）基本思路

水源涵养适宜生态用地面积是保证具有水源涵养功能的生态空间实现适宜水资源涵养量对应的用地面积。适宜水资源涵养量是根据区域自然本底状态，综合区域经济社会发展对水资源需求规模变化而确定的，因此，水源涵养适宜生态用地面积也是随着时代的变化而调整的。

水源涵养适宜生态用地面积的确定，要充分考量现状条件下水源涵养地的特有结构及其与水的相互作用，综合考量涵养地对降水进行截留、渗透、蓄积的能力，重点评估缓和地表径流、补充地下水、减缓河流流量的季节波动、滞洪补枯、保证水质等方面的影响因子，以植被面积作为核算目标，确定水源涵养适宜生态用地面积评估方法。

（2）核算模型

$$A_{i_{\mathrm{mid}}}=\mathrm{TQ}_{i_{\mathrm{mid}}}/\left[\left(P_i-R_i-\mathrm{ET}_i\right)\times10^3\right] \tag{5-1}$$

$$\mathrm{TQ}_{\mathrm{mid}}=\sum_{i=1}^{j}\mathrm{TQ}_{i_{\mathrm{mid}}}$$

且 $\mathrm{TQ}_{\mathrm{mid}}=\mathrm{mid}\sum(\mathrm{TQ}_{经济}+\mathrm{TQ}_{生态}+\mathrm{TQ}_{其他})$

$$A_{\mathrm{mid}}=\sum_{i=1}^{j}A_{i_{\mathrm{mid}}}$$

式中，$\mathrm{TQ}_{\mathrm{mid}}$——区域适宜总水源涵养量，$m^3$；

$\mathrm{TQ}_{i_{\mathrm{mid}}}$——第 i 种生态系统所分摊的适宜总水源涵养量；

P_i——降水量，mm；

R_i——地表径流量，mm；

ET_i——蒸散发，mm；

$A_{i_{\mathrm{mid}}}$——第 i 种生态系统适宜生态用地面积，m^2；

i——研究区第 i 类生态系统；

j——研究区生态系统类型数；

A_{mid}——区域适宜生态用地面积，m^2。

（3）相关参数选取

①降水量因子。根据气象数据计算出区域所有气象站点的多年平均降水量。

②地表径流因子。用降水量乘以地表径流系数获得，计算公式如下：

$$R=P\times\alpha \tag{5-2}$$

式中，R——地表径流量，mm；

P——多年平均降水量，mm；

α——平均地表径流系数，如表 5-7 所示。

③蒸散发因子。根据国家生态系统观测研究网络科技资源服务系统网站提供的产品数据。

④最小水资源需求量。根据区域国民经济发展、生态需求等各方面需求进行综合测算。

表 5-7 各类型生态系统地表径流系数均值

生态系统类型 1	生态系统类型 2	平均地表径流系数α/%
森林	常绿阔叶林	2.67
	常绿针叶林	3.02
	针阔混交林	2.29
	落叶阔叶林	1.33
	落叶针叶林	0.88
	稀疏林	19.20
灌丛	常绿阔叶灌丛	4.26
	落叶阔叶灌丛	4.17
	针叶灌丛	4.17
	稀疏灌丛	19.20
草地	草甸	8.20
	草原	4.78
	草丛	9.37
	稀疏草地	18.27
湿地	湿地	0.00

5.2.2.2 水土保持适宜生态空间面积核算

（1）基本思路

水土保持适宜生态用地面积是实现区域适宜土壤侵蚀量所需要的适宜生态植被覆盖面积。区域内不同生态系统（如森林、草地等）通过其结构与过程可以减少水蚀所导致的土壤侵蚀量，根据区域生态保护和环境建设基本需要和确定的适宜化土壤侵蚀量即为区域提供的生态产品，也是生态系统提供的重要调节服务功能。

适宜化土壤侵蚀量与区域气候、土壤、地形和植被有关，在气候、土壤、地形等要素不可改变的前提下，植被因素决定着区域土壤侵蚀规模的大小，即决定水土保持量。

水土保持量为潜在土壤侵蚀量与实际土壤侵蚀量的差值，为使得水土保持量适宜必须使实际侵蚀量实现适宜规模，作为区域生态产品。

（2）核算模型

$$C = 1 - \frac{A_p - A_{r_{\mathrm{mid}}}}{R \cdot K \cdot L \cdot S} \tag{5-3}$$

式中，A_p——潜在土壤侵蚀量；

$A_{r_{\mathrm{mid}}}$——实际适宜土壤侵蚀量；

R——降雨侵蚀力因子，MJ·mm/（hm^2·h·a）；

K——土壤可蚀性因子，t·hm^2·h/（hm^2·MJ·mm）；

L、S——地形因子，L 为坡长因子，S 为坡度因子；

C——实现适宜土壤侵蚀量下的植被覆盖因子。

推算出适宜植被覆盖面积，作为适宜生态用地面积。

（3）相关参数选取

为保持系统工作的完整性和连贯性，根据《生态红线划定指南》（环办生态〔2017〕48 号）中相关参数和计算方法，确定上述适宜生态用地面积计算的主要参数。

①降雨侵蚀力因子。是指降雨引发土壤侵蚀的潜在能力，通过多年平均年降雨侵蚀力因子反映，计算公式如下：

$$R = \sum_{k=1}^{24} \overline{R}_{半月k} \tag{5-4}$$

$$\overline{R}_{半月k} = \frac{1}{n} \sum_{i=1}^{n} \sum_{j=0}^{m} \left(\alpha \cdot P_{i,j,k}^{1.7265} \right) \tag{5-5}$$

式中，R——多年平均年降雨侵蚀力，MJ·mm/（hm^2·h·a）；

$R_{半月k}$——第 k 个半月的降雨侵蚀力，MJ·mm/（hm^2·h·a）；

k——24 个 15 天，k=1，2，…，24；

i——所用降雨资料的年份，i=1，2，…，n；

j——第 i 年第 k 个半月侵蚀性降雨日的天数，j=1，2，…，m；

$P_{i,j,k}$——第 i 年第 k 个半月第 j 个侵蚀性日降水量，mm，可以根据全国范围内气象站点多年的逐日降水量资料，通过差值获得，或者直接采用国家气象局的逐日降水量数据；

α——参数，暖季时α=0.393 7，冷季时α=0.310 1。

②土壤可蚀性因子。指土壤颗粒被水力分离和搬运的难易程度，主要与土壤质地、有机质含量、土体结构、渗透性等土壤理化性质有关，计算公式如下：

$$K=(-0.01383+0.51575K_{\mathrm{EPIC}})\times 0.1317 \tag{5-6}$$

$$\begin{aligned}K_{\mathrm{EPIC}}=&\{0.2+0.3\exp[-0.0256m_{\mathrm{s}}(1-m_{\mathrm{silt}}/100)]\}\times[m_{\mathrm{silt}}/(m_{\mathrm{c}}+m_{\mathrm{silt}})]^{0.3}\times\\&\{1-0.25\mathrm{orgC}/[\mathrm{orgC}+\exp(3.72-2.95\mathrm{orgC})]\}\times\\&\{1-0.7(1-m_{\mathrm{s}}/100)/\{(1-m_{\mathrm{s}}/100)+\exp[-5.51+22.9(1-m_{\mathrm{s}}/100)]\}\}\end{aligned} \tag{5-7}$$

式中，K_{EPIC}——修正前的土壤可蚀性因子；

K——修正后的土壤可蚀性因子；

m_{c}、m_{silt}、m_{s}和orgC——分别为黏粒（<0.002 mm）、粉粒（0.002～0.05 mm）、砂粒（0.05～2 mm）和有机碳的百分比含量，%，数据来源于中国1∶100万土壤数据库。

在Excel表格中，利用上述公式计算K值，然后以土壤类型图为工作底图，在ArcGIS中将K值连接（Join）到底图上。

③地形因子L、S。L表示坡长因子，S表示坡度因子，是反映地形对土壤侵蚀影响的两个因子。在评估中，可以应用地形起伏度，即地面一定距离范围内最大高差，作为区域土壤侵蚀评估的地形指标。选择高程数据集，在Spatial Analyst下使用Neighborhood Statistics，设置Statistic Type为最大值和最小值，即得到高程数据集的最大值和最小值，然后在Spatial Analyst下使用栅格计算器Raster Calculator，公式为（最大值-最小值），获取地形起伏度，即地形因子栅格图。

5.2.2.3 防风固沙适宜生态用地面积核算

（1）基本思路

防风固沙适宜生态用地面积是实现区域实际风蚀量，达到适宜防风固沙量所需要的生态用地面积。区域防风固沙功能实现程度主要与风速、降雨、温度、土壤、地形和植被等因素密切相关，在风速、降雨、温度、土壤状况、地形等要素不可改变的情形下，植被面积和覆盖程度成为决定防风固沙量的重要因素。以适宜防风固沙量为区域生态产品，通过确定适宜实际风蚀量，核算植被生态用地面积适宜值。

（2）核算模型

$$C = \frac{\sqrt[0.6289]{\dfrac{S_L}{e \times 1.4571}}}{WF \times EF \times SCF \times K'} \tag{5-8}$$

式中，S_L——实际风力侵蚀量，t/（km^2·a）；

WF——气候因子；

K'——地表糙度因子；

EF——土壤可蚀因子；

SCF——土壤结皮因子；

C——最小风力侵蚀量下的植被覆盖因子。

核算过程中，通过确定适宜的 S_L 确定 C。

$$C = e^{a_i(SC)}$$

式中，SC——植被覆盖度；

a_i——不同植被类型的系数，分别为林地0.153 5，草地0.115 1，灌丛0.092 1，裸地 0.076 8，沙地 0.065 8，农田 0.043 8。通过 C 值计算出 SC，得到适宜生态用地面积。

本模型推算是基于下列典型方程进行的：

$$S_L = \frac{2Z}{S^2} Q_{max} \cdot e^{-(Z/S)^2}$$

$$S = 150.71(WF \times EF \times SCF \times K' \times C)^{-0.3711} \tag{5-9}$$

$$Q_{max} = 109.8(WF \times EF \times SCF \times K' \times C)$$

在实际测算中，往往利用网格栅格法进行推算，对于实际风蚀出现距离 S 与最大风蚀出现距离 Z 取等值进行计算。

（3）相关参数选取

为保持系统工作完整性和连贯性，根据《生态红线划定指南》（环办生态〔2017〕48 号）中相关参数含义和计算方法，确定上述最小生态用地面积计算主要参数。

①气候因子。

$$\mathrm{WF}=W_f\times\frac{\rho}{g}\times\mathrm{SW}\times\mathrm{SD} \tag{5-10}$$

式中，WF——气候因子，用 12 个月 WF 总和得到多年年均 WF；

W_f——各月多年平均风力因子；

ρ——空气密度；

g——重力加速度；

SW——各月多年平均土壤湿度因子，量纲一；

SD——雪盖因子，量纲一。

②土壤可蚀因子。

$$\mathrm{EF}=\frac{29.09+0.31\mathrm{sa}+0.17\mathrm{si}+0.33(\mathrm{sa}/\mathrm{cl})-2.59\mathrm{OM}-0.95\mathrm{CaCO_3}}{100} \tag{5-11}$$

式中，sa——土壤粗砂含量（0.2～2 mm），%；

si——土壤粉砂含量，%；

cl——土壤黏粒含量，%；

OM——土壤有机质含量，%；

$CaCO_3$——碳酸钙含量，%，可不予考虑。

③土壤结皮因子。

$$\mathrm{SCF}=\frac{1}{1+0.006\,6(\mathrm{cl})^2+0.021(\mathrm{OM})^2} \tag{5-12}$$

式中，cl——土壤黏粒含量，%；

OM——土壤有机质含量，%。

④地表糙度因子。

$$K'=\mathrm{e}^{(1.86K_r-2.41K_r^{0.934}-0.127Crr)} \tag{5-13}$$

$$K_r=0.2\cdot\frac{(\Delta H)^2}{L} \tag{5-14}$$

式中，K_r——土垄糙度，以 Smith-Carson 方程加以计算，cm；

Crr——随机糙度因子，取 0，cm；

L——地势起伏参数；

ΔH——距离 L 范围内的海拔高程差。

5.2.2.4 生物多样性适宜生态用地面积核算

（1）基本思路

维护区域生物多样性是实现区域生态系统在维持基因、物种、生态系统多样性等方面的重要生态产品。区域生物多样性维护功能与珍稀濒危和特有动植物的分布丰富程度密切相关，为实现其种群密度不降低，以国家一级、二级保护物种和其他具有重要保护价值的物种（含旗舰物种）作为生物多样性保护重点，开展适宜生态用地面积核算。

（2）核算模型

$$C_m = \sum_{i=1}^{j} D_{i,\text{mid}} \tag{5-15}$$

式中，$D_{i,\text{mid}}$——某种物种区域内分布的适中警戒密度所分布的范围面积值；

C_m——区域内所有保护物种种群密度警戒值对应的分布范围的面积。

（3）空间范围取值

某个物种适中分布密度和空间范围确定采用模型法和实地调查法进行核算。

模型法主要包括逻辑斯蒂回归和随机森林（random forest）模型等。

调查法一般可随机选择某物种出现的区域范围，计算物种分布密度和概率，通过采用实地调查监测数据进行模拟运算，预测物种在这些预测点的分布概率。在生成若干样本点表示物种分布的概率后，通过空间插值法可以生成等值线图，保证物种分布的概率，确定物种生境适宜度的最小空间范围和面积。

5.2.3 最优生态空间面积核算方法

最优生态用地空间是指在完全确定生态红线安全和最小生态空间与功能完整的前提下，基本实现重要生态产品稳定供给和适宜生态空间格局稳定，满足“生态-经济-社会-文化-景观”全系统生态产品需求，以适宜生态面积为基本空间范围进行适度拓展，与部分城乡建设空间（含城市、城镇绿地）和农业生产空间部分重合，形成类型全覆盖、高端生态产品供给和生态绝对安全所对应的生态用地空间，是美丽中国绿色版图的终极表达。

5.2.3.1 生态系统服务功能重要性空间——倒扣法

以水源涵养、水土保持、防风固沙、生物多样性维护 4 个生态系统服务功能重要性类型为主要内容，以适宜生态用地空间对应的植被覆盖度所对应的生态空间用地为基本单元，叠合现状条件下土地利用分类，采用扣除城乡建设用地空间、交通等基础设施空间、农业生产空间、特殊用地空间等得到剩余空间，套合适宜生态用地空间范围，进行生态优先保护下空间界线取整，得到区域最优生态用地空间。

$$C_{余} = C_{总} - C_{建} - C_{基} - C_{农} - C_{特} \tag{5-16}$$

$$C_{\max} = f(C_{\mathrm{mid}}, C_{余} | C_{现}) \tag{5-17}$$

式中，$C_{总}$——核算区域国土空间全部；

$C_{建}$——各类城乡建设用地空间集合；

$C_{基}$——各类基础设施建设空间集合；

$C_{农}$——农业生产空间集合；

$C_{特}$——特殊建设空间集合；

$C_{现}$——核算基期国土空间开发保护现状；

C_{mid}——区域适宜生态用地面积；

$C_{\max}$——最优生态用地空间。

5.2.3.2 生态敏感性空间——阶梯提升法

以现状为基础，致力于降低现状敏感度，通过逐步扩展植被覆盖面积，以对应植被率所需的生态空间规模和界线为最优生态用地空间。阶梯提升可以按照三阶梯和五阶梯两种模式开展。

（1）三阶梯提升模式

以水土流失敏感性、土地沙化敏感性、石漠化敏感性级别向不敏感性级别提升一个阶梯。

①水土流失敏感性降低。对于敏感和极敏感两种级别，通过提高植被覆盖度 0.2～0.4 和至少提升 0.2 的植被改良，实现土壤可蚀性在土壤类型不变的前提下，得到可蚀性的降低，并改变土壤理化性质，（叶子、枯落物等）降低降水对地面的直接冲击，使水土流失极敏感性变为敏感性，敏感性变为一般敏感性。对应植

被覆盖度所需要的生态用地空间为最优生态空间，但这一规模和空间边界范畴应大于前述适宜生态用地空间。

表 5-8 水土流失敏感性提升三阶梯络路径

指标	降雨侵蚀力	土壤可蚀性	地形起伏度	植被覆盖度提升
一般敏感	<100	石砾、沙、粗砂土、细砂土、黏土	0～50	≥0.6
敏感	100～600	面砂土、壤土、砂壤土、粉黏土、壤黏土	50～300	0.2～0.6（提高 0.2～0.4）
极敏感	>600	砂粉土、粉土	>300	≤0.2（提高至少 0.2）

②土地沙化敏感性降低。对于敏感和极敏感两种级别，通过至少提升 0.2 植被覆盖度，实现土壤可蚀性在土壤类型不变的前提下，得到可蚀性的降低，可以改变土壤理化性质，降低干燥指数，使极敏感变为敏感，敏感变为一般敏感。对应植被覆盖度所需要的生态用地空间为最优生态空间，但这一规模和空间界线范畴应大于前述适宜生态用地空间。

表 5-9 土地沙化敏感性提升三阶梯络路径

指标	干燥度指数	≥6 m/s 起沙风天数	土壤质地	植被覆盖度提升
一般敏感	≤1.5	≤10	基岩、黏质	≥0.6
敏感	1.5～16.0	10～30	砾质、壤质	0.2～0.6（至少提高 0.2）
极敏感	≥16.0	≥30	沙质	≤0.2（至少提高 0.2）

③石漠化敏感性降低。对于敏感和极敏感两种级别，通过至少提升 0.2 植被覆盖度，实现地表植被覆盖恢复，增加土层厚度，减少人为开发的破坏，恢复陡坡植被，降低碳酸岩水土流失敏感性，降低地形坡度侵蚀流失敏感度，使极敏感变为敏感，敏感变为一般敏感。对应植被覆盖度所需要的生态用地空间为最优生态空间，但这一规模和空间边界范畴应大于前述适宜生态用地空间。

表 5-10　石漠化敏感性提升三阶梯络路径

指　标	碳酸岩出露面积百分比/%	地形坡度/（°）	植被覆盖度提升
一般敏感	≤30	≤8	≥0.6
敏感	30～70	8～25	0.2～0.6（至少提高 0.2）
极敏感	≥70	≥25	≤0.2（至少提高 0.2）

（2）五阶梯提升模式

①水土流失敏感性降低。植被覆盖度提高，使得水土流失敏感性降低至少实现 2 个阶梯的下降，其所对应植被覆盖度的生态用地空间面积和边界，即为最优生态用地面积和范围（表 5-11）。

表 5-11　水土流失敏感性提升五阶梯络路径

类型	降雨侵蚀力	土壤可蚀性	坡度/（°）	植被覆盖度/%	植被提升幅度/%
不敏感	<25	<0.27	0～8	≥80	—
轻度敏感	25～100	0.27～0.42	8～15	60～80	提升至少 10
中度敏感	100～400	0.42～0.52	15～25	40～60	提升至少 20
高度敏感	400～600	0.52～0.62	25～35	20～40	提升至少 20
极敏感	>600	>0.62	>35	≤20	提升至少 40

②土地沙化敏感性降低。基本思路同五阶梯下水土流失敏感性降低（表 5-12）。

表 5-12　土地沙化敏感性提升五阶梯络路径

类型	干燥度指数	≥6 m/s 起沙风天数	土壤质地	植被覆盖度/%	植被提升幅度/%
不敏感	≤1.0	≤5	基岩	≥80	—
轻度敏感	1.0～1.5	5～10	黏质	60～80	提升至少 10
中度敏感	1.5～4.0	10～20	砾质	40～60	提升至少 20
高度敏感	4.0～16.0	20～30	壤质	20～40	提升至少 20
极敏感	≥16.0	≥30	沙质	≤20	提升至少 40

③土地石漠化敏感性降低。基本思路同五阶梯下水土流失敏感性降低（表 5-13）。

表 5-13　土地石漠化敏感性提升五阶梯络路径

类型	碳酸盐出露面积百分比/%	坡度/（°）	植被覆盖度/%	植被提升幅度/%
不敏感	≤10	≤5	≥80	—
轻度敏感	10～30	5～8	60～80	提升至少 10
中度敏感	30～50	8～15	40～60	提升至少 20
高度敏感	50～70	15～25	20～40	提升至少 20
极敏感	≥70	≥25	≤20	提升至少 40

5.3　典型区域“三生”空间规模质量分析

以贵州省黔西南州望谟县为研究区，分析望谟县生态环境的空间结构特征如图 5-1 所示。

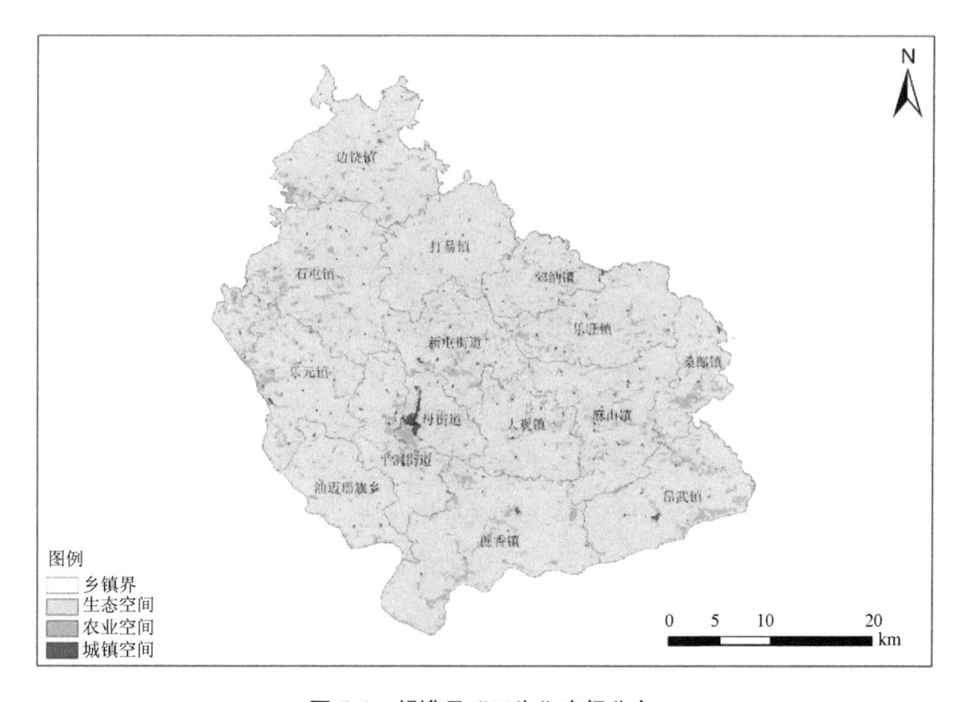

图 5-1　望谟县“三生”空间分布

望谟县位于贵州省南部，黔西南州东部。东与罗甸县接壤，南与广西乐业县隔红水河相望，西与贞丰、册亨两县以北盘江为界，北与紫云、镇宁两县毗邻。全县国土面积为 3 018 km^2，辖 12 个乡镇 3 个街道，总人口为 32.6 万人，居住着布依族、苗族、瑶族等 19 个民族，少数民族人口占全县总人口的 80.2%，是典型的少数民族聚居县。境内河流属珠江流域西江水系，全长大于 10 km 的河流有 31 条，流域面积大于 20 km^2 的河流有 13 条。望谟县作为国家重点生态功能县和珠江上游重要生态屏障，森林覆盖率达 67.31%，拥有先天的自然环境优势。

2010 年，望谟县生态空间、农业空间、城镇空间的面积分别为 2 594.77 km^2、407.29 km^2 和 15.94 km^2，分别占全县总面积的 85.98%、13.50%和 0.53%。从空间分布来看，望谟县生态空间分布最广，农业空间零星交错于生态空间中，城镇空间主要分布于王母街道。

5.3.1 望谟县生态空间分布格局

在望谟县国土空间范围开展生态功能重要性评估，确定水源涵养、生物多样性维护、水土保持等生态功能重要区域。

科学评估的主要步骤包括确定基本评估单元、选择评估类型与方法、数据准备、模型运算、评估分级。

（1）确定基本评估单元

根据生态评估参数的数据可获取性，统一数据精度要求，评估的基本空间单元设为网格 250 m×250 m。评估工作运行环境采用地理信息系统软件。

（2）选择评估类型与方法

根据望谟县生态环境特征和主要生态问题，确定水源涵养、水土保持和生物多样性维护 3 种生态功能，并结合数据条件，选取适宜的评估方法。

其中，水源涵养服务功能评估选取水量平衡法，水土保持服务功能评估选取通用水土流失方程，生物多样性维护服务功能评估选取净初级生产力（NPP）定量评估法。

（3）数据准备

根据评估方法，搜集评估所需的各类数据，如基础地理信息数据、土地利用现状数据、气象观测数据（降水、气温、湿度等）、地形地貌数据、遥感影像、地表参量［归一化植被指数（NDVI）、植被 NPP 等］、生态系统类型与分布数据、土壤类型与质地数据等。评估的基础数据类型为栅格数据，非栅格数据应进行预处理，统一转换为便于空间计算的网格化栅格数据。

（4）模型运算

根据评估公式，在地理信息系统软件中输入评估所需的各项参数，计算生态系统服务功能重要性。

（5）评估分级

针对生态功能重要性评估，通过模型计算得到不同类型生态系统服务值（如水源涵养量）栅格图。在地理信息系统软件中，运用栅格计算器，输入公式“Int（［某一功能的栅格数据］/［某一功能栅格数据的最大值］×100）”，得到归一化后的生态系统服务值栅格图。导出栅格数据属性表，属性表记录了每一个栅格的生态系统服务值，将服务值按从高到低的顺序排列，计算累加服务值。将累加服务值占生态系统服务总值比例的 50%与 80%所对应的栅格值，作为生态系统服务功能评估分级的分界点，利用地理信息系统软件的重分类工具，将水源涵养服务功能重要性分为 3 级，即极重要、重要和一般重要，如图 5-2 所示。

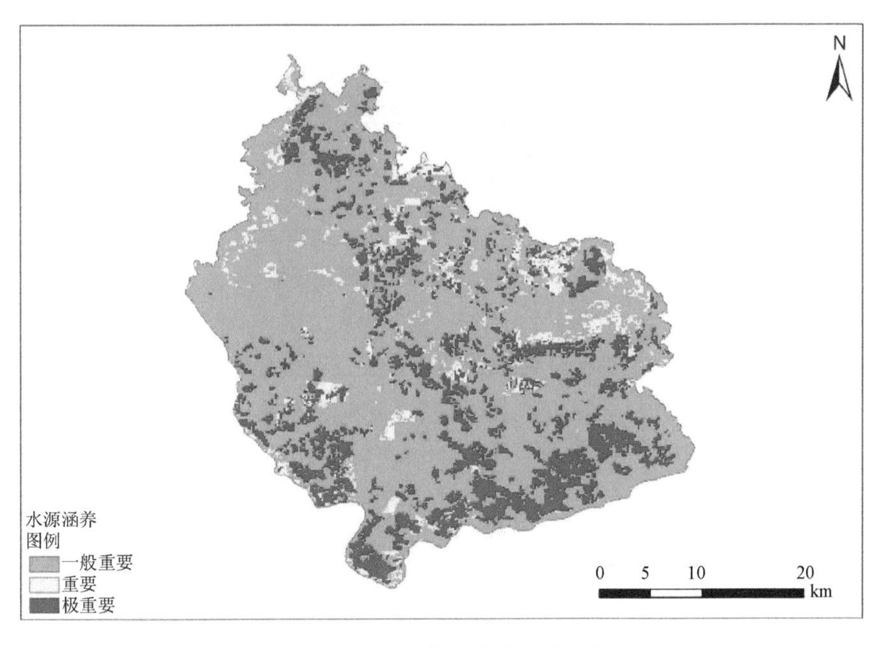

图 5-2　水源涵养功能重要性评估

根据全县生态系统水源涵养功能重要性评估结果，全县水源涵养极重要区面积为 569.90 万 km^2，占全县总面积的 18.88%；重要区面积为 192.63 万 km^2，占全县面积的 6.38%；一般重要区面积为 2 255.47 万 km^2，占全县面积的 74.73%。

根据全县生态系统水土保持功能重要性评估结果，全县水土保持极重要区面积为 1 195.59 万 km^2，占全县面积的 39.62%；重要区面积为 1 404.22 万 km^2，占全县总面积的 46.53%；一般重要区面积为 418.19 万 km^2，占全县总面积的 13.86%。

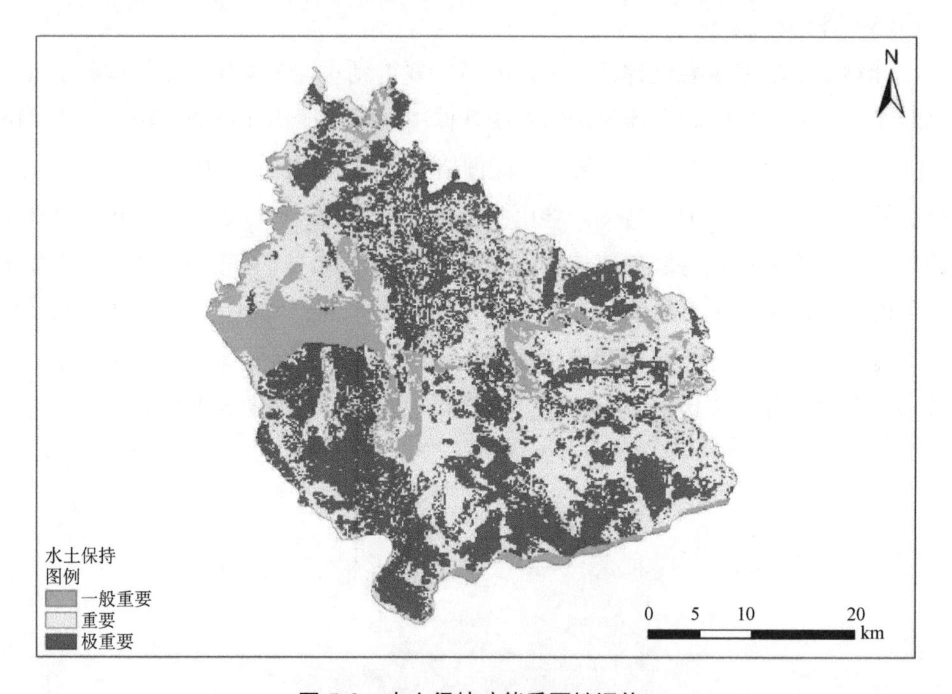

图 5-3 水土保持功能重要性评估

根据全县生态系统生物多样性维护功能重要性的评估结果，全县生物多样性维护极重要区面积为 1 679.14 万 km^2，占全县总面积的 55.64%；重要区面积为 279.29 万 km^2，占全县总面积的 9.25%；一般重要区面积为 1 059.57 万 km^2，占全县总面积的 35.11%。

望谟县资源环境承载能力较低，不具备大规模、高强度工业化城镇化开发的条件，增强生态产品供给能力是其国土空间开发的重要任务，其最优生态空间为生态功能重要与极重要的区域，面积为 2 621.13 km^2，占全县总面积的 86.85%。

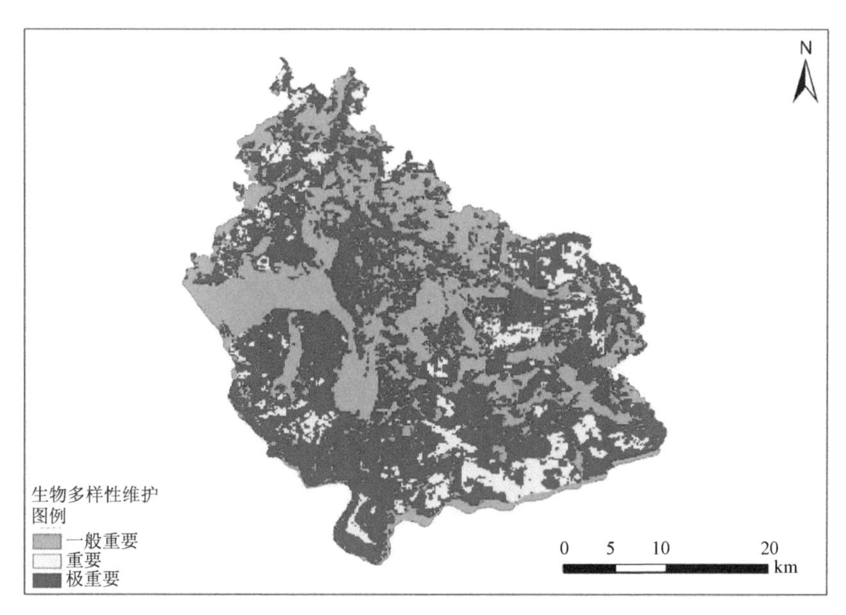

图 5-4　生物多样性维护功能重要性评估

5.3.2　望谟县“三区三线”划定综合匹配研究

望谟县作为国家重点生态功能县和珠江上游重要生态屏障，其生态功能十分重要，关系珠江流域生态安全，需要在国土空间开发中限制进行大规模、高强度工业化、城镇化开发，切实加强空间管控，以保持并提高其生态产品供给能力。

望谟县生态保护红线面积为 1 430.78 km^2，占全县总面积的 47.41%，有 411 个红线斑块，主要由林地、灌木、草地和湿地等生态用地构成。其中，农业用地约为 88.49 km^2，占生态保护红线总面积的 6.18%，斑块数约为 3.92 万个。从农业用地斑块面积的构成来看，大于 0.1 km^2 的有 19 个斑块，占斑块总数的 0.05%；介于 0.05～0.1 km^2 的有 81 个斑块，占斑块总数的 0.21%；介于 0.01～0.05 km^2 的有 1 440 个斑块，占斑块总数的 3.67%；小于 0.01 km^2 的有 37 687 个斑块，占斑块总数的 96.07%。可以看出，农业用地的斑块分布面积普遍较小且非常破碎，即与生态用地之间紧密联系。为保证生态保护红线的系统性与完整性，使生态用地能够最大限度地提高生态系统功能，发挥生态系统服务价值，其不可避免地要与农业用地发生重叠，这是生态用地与农业用地既紧密联系又存在矛盾冲突之处。

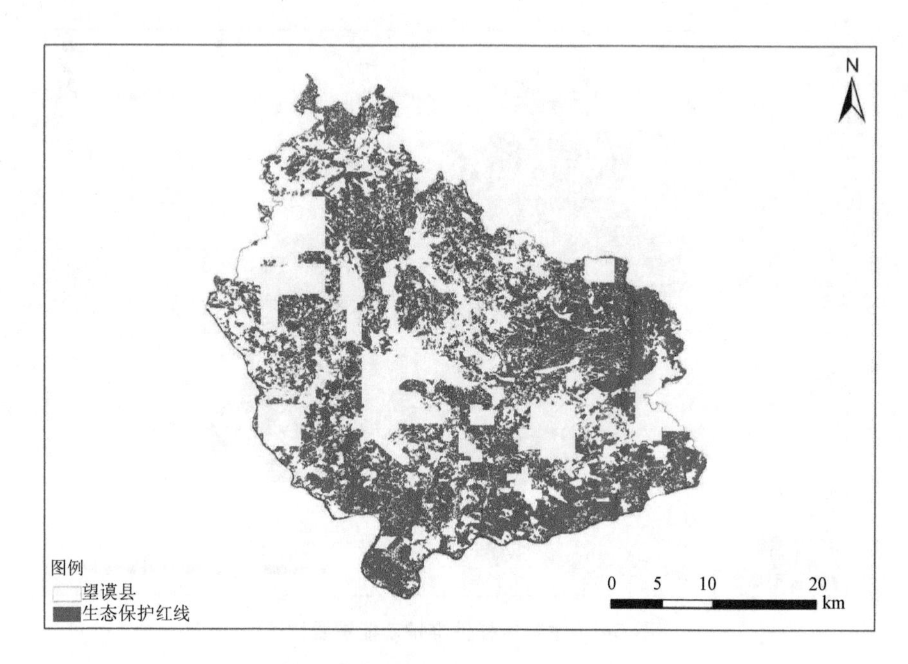

图 5-5 望谟县生态保护红线分布

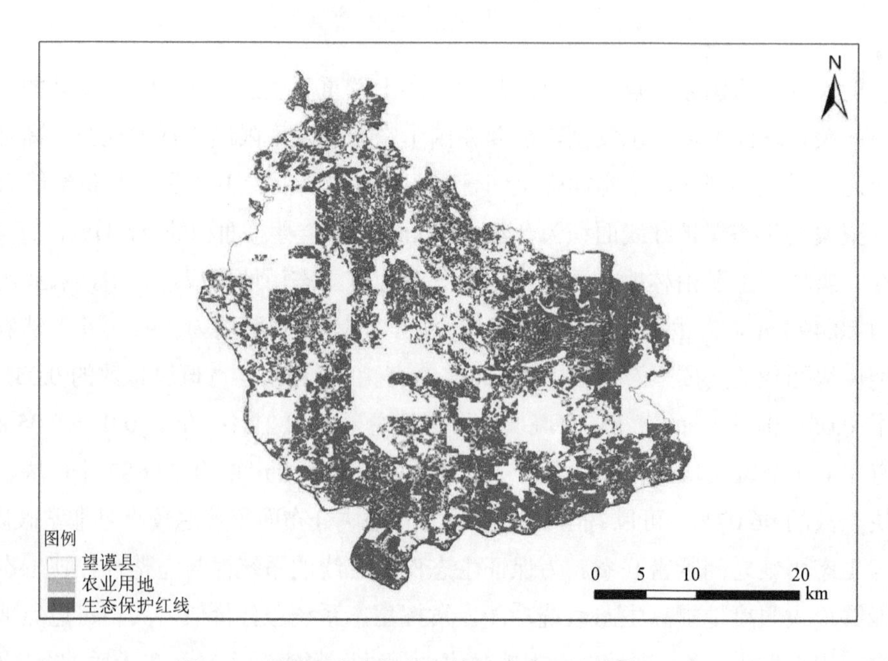

图 5-6 望谟县生态保护红线与农业用地重叠及分布

从城镇建设用地来看，存在的问题相对小一些。在生态保护红线中城镇建设用地面积为 6.56 km^2，占比约为 0.46%，斑块数约为 8 121 个。从城镇建设用地斑块面积的构成来看，大于 0.1 km^2 的有 1 个斑块，占斑块总数的 0.01%；介于 0.05～0.1 km^2 的有 4 个斑块，占斑块总数的 0.05%；介于 0.01～0.05 km^2 的有 59 个斑块，占斑块总数的 0.73%；介于 0.005～0.01 km^2 的有 153 个斑块，占斑块总数的 1.88%；介于 0.001～0.005 km^2 的有 1 013 个斑块，占斑块总数的 12.47%；小于 0.001 km^2 的有 6 891 个斑块，占斑块总数的 84.85%。可以看出，城镇用地的分布对农业用地在总面积和单个斑块面积以及斑块个数上都相对较小。生态保护红线中剔除了大部分与城镇建设用地相重叠的区域，并进行了相应避让。但对于一些零星分布的居名点、村落、构筑物等为了考虑保护整体性，予以保留。对于未来的城市规划区域，虽然已与生态保护红线进行了多次对接，但由于部分城镇开发边界尚未具体落实，存在数据不准确、边界不明晰等问题，因此，生态用地与城镇建设用地，特别是规划的建设用地之间难免会存在矛盾与冲突的地方。

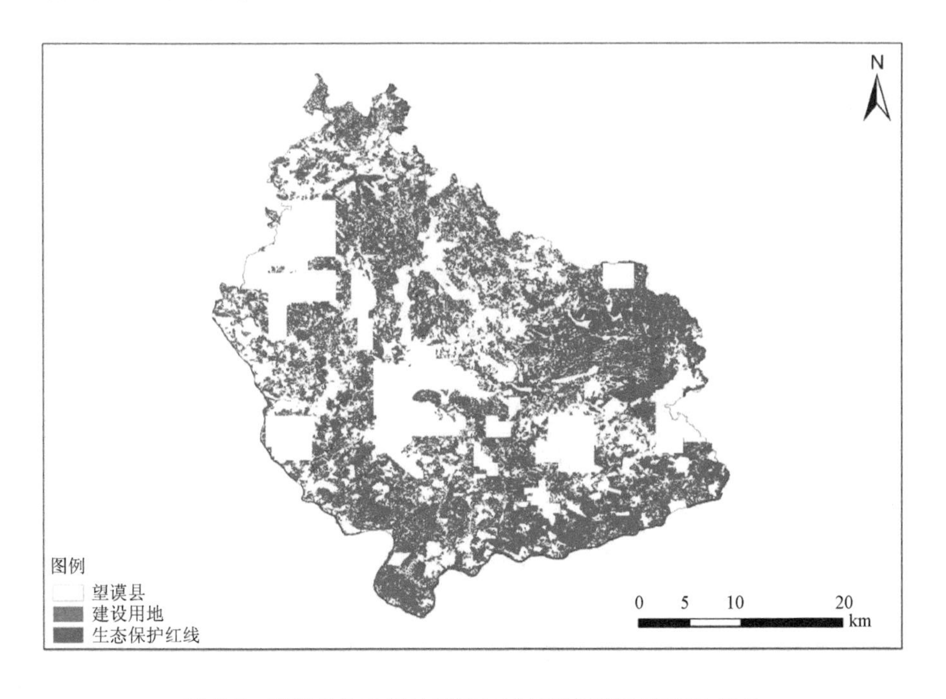

图 5-7 望谟县生态保护红线与城镇建设用地重叠及分布

第6章 主体功能区生态功能提升技术研究

主体功能区规划将国土空间划分为优化开发区、重点开发区、限制开发区和禁止开发区；生态功能区划和环境功能区划分别提出了生态功能、环境功能分类体系，为主体功能区生态环境功能分类及评估奠定了基础。以主体功能区规划确定的主体功能区类型及其功能定位、发展方向等为基础，依据生态功能区划和环境功能区划建立的生态功能、环境功能分类体系，确定不同类型主体功能区的生态环境功能。随着全国主体功能区的推进实施，特别是国家空间规划体系的健全完善，以主体功能区定位为基础的生态环境空间管治技术和生态管理需要逐步精细化，实施基于主体功能区的生态环境功能评价。

6.1 主体功能区的生态环境功能

6.1.1 优化开发区、重点开发区生态环境功能

优化开发区和重点开发区都属于城市化地区，以提供工业品和服务产品为主体功能，开发内容总体上相同，开发强度和开发方式不同。其中，优化开发区是经济比较发达、人口比较密集、开发强度较高、资源环境问题更加突出，从而应该优化进行工业化城镇化开发的城市化地区；重点开发区是有一定经济基础、资源环境承载能力较强、发展潜力较大、集聚人口和经济的条件较好，从而应该重点进行工业化城镇化开发的城市化地区。

表 6-1 发展方向和开发原则

领域	优化开发区	重点开发区
空间	减少工矿建设空间和农村生活空间，适当扩大服务业、交通、城市居住、公共设施空间，扩大绿色生态空间。控制城市蔓延扩张、工业遍地开花和开发区过度分散	适度扩大先进制造业空间，扩大服务业、交通和城市居住等建设空间，减少农村生活空间，扩大绿色生态空间
城镇	进一步健全城镇体系，促进城市集约紧凑发展，围绕区域中心城市明确各城市的功能定位和产业分工，推进城市间的功能互补和经济联系，提高区域的整体竞争力	扩大城市规模，尽快形成辐射带动力强的中心城市，发展壮大其他城市，推动形成分工协作、优势互补、集约高效的城市群
人口	合理控制特大城市主城区的人口规模，增强周边地区和其他城市吸纳外来人口的能力，引导人口均衡、集聚分布	完善城市基础设施和公共服务，进一步提高城市的人口承载能力，城市规划和建设应预留吸纳外来人口的空间
产业	推动产业结构向高端、高效、高附加值转变，增强高新技术产业、现代服务业、先进制造业对经济增长的带动作用。发展都市型农业、节水农业和绿色有机农业；积极发展节能、节地、环保的先进制造业，大力发展拥有自主知识产权的高新技术产业，加快发展现代服务业，尽快形成服务经济为主的产业结构。积极发展科技含量和附加值高的海洋产业	增强农业发展能力，加强优质粮食生产基地建设，稳定粮食生产能力。发展新兴产业，运用高新技术改造传统产业，全面加快发展服务业，增强产业配套能力，促进产业集群发展。合理开发并有效保护能源和矿产资源，将资源优势转化为经济优势
发展	率先实现经济发展方式的根本性转变。研究与试验发展经费支出占地区生产总值的比重明显高于全国平均水平。大力提高清洁能源比重，扩大循环经济规模，广泛应用低碳技术，大幅降低二氧化碳排放强度，能源和水资源消耗以及污染物排放等标准达到或接近国际先进水平，全部实现垃圾无害化处理和污水达标排放。加强区域环境监管，建立健全区域污染联防联治机制	确保发展质量和效益，工业园区和开发区的规划建设应遵循循环经济的理念，大力提高清洁生产水平，减少主要污染物排放，降低资源消耗和二氧化碳排放强度
基础设施	优化交通、能源、水利、通信、环保、防灾等基础设施的布局和建设，提高基础设施区域一体化和同城化	统筹规划建设交通、能源、水利、通信、环保、防灾等基础设施，构建完善、高效、区域一体、城乡统筹的基础设施网络

领域	优化开发区	重点开发区
生态环境	把恢复生态、保护环境作为必须实现的约束性目标。严格控制开发强度，加大生态环境保护投入，加强环境治理和生态修复，净化水系、提高水质，切实严格保护耕地以及水面、湿地、林地、草地和文化自然遗产，保护好城市之间的绿色开敞空间，改善人居环境	事先做好生态环境、基本农田等保护规划，减少工业化、城镇化对生态环境的影响，避免出现土地过多占用、水资源过度开发和生态环境压力过大等问题，努力提高环境质量

优化开发区、重点开发区的发展方向和开发原则包括空间、城镇、人口、产业、发展、基础设施、生态环境等领域，对生态环境保护提出一系列要求。其中，空间领域要求减少农村生活空间、扩大绿色生态空间等；产业领域要求发展都市型农业、节水农业和绿色有机农业，积极发展节能、节地、环保的先进制造业，合理开发并有效保护能源和矿产资源，将资源优势转化为经济优势；发展领域要求减少主要污染物排放，降低能源、水资源消耗和二氧化碳排放强度；生态环境领域要求优化开发区把恢复生态、保护环境作为必须实现的约束性目标，严格控制开发强度，加强环境治理和生态修复，净化水质、提高水质等，同时要求重点开发区减少工业化城镇化对生态环境的影响，努力提高环境质量。全国环境功能区划中，优化开发区、重点开发区被划入聚居环境维护区。该类区域是我国环境承载能力最强，同时也是城镇化和工业化快速发展的地区，其环境功能偏向于维护人群环境健康方面，以支撑人口和产业聚集为主。

综上所述，从生态系统服务功能分类来看，优化开发区、重点开发区的生态环境功能属于人居保障功能类型，满足人类居住和城镇建设需要；从环境功能分类看，优化开发区、重点开发区的生态环境功能属于维护人群环境健康类型，保障与人体直接接触的各环境要素的健康，如空气的干净、饮水的清洁、食品的卫生等，即维护人群环境健康。

优化开发区、重点开发区的生态环境功能，是指区域资源环境和生态系统为支持工业化、城镇化开发，支撑人口和产业聚集，满足人民生态环境需要等所提供的生态环境服务，包括净化环境污染、提供能源资源和保障生态系统服务。

◆ 净化环境污染：指净化生产、生活污染物，保持和改善环境质量，支持工业化城镇化开发、支撑人口和产业聚集、满足人民优美生态环境需要。

◆ 提供能源资源：指提供能源、水资源、土地资源等，支持工业化城镇化开发、支撑人口和产业聚集，满足居民生活的能源资源需求。

◆ 保障生态系统服务：包括生态系统调节功能、供给功能、支持功能和文化功能，支撑自然资源可持续供给和环境系统可持续净化，为人口和产业聚集、工业化城镇化开发、生态环境质量改善等提供生态保障。

6.1.2 限制开发区生态环境功能

根据主体功能区规划，限制开发区包括限制开发的农产品主产区和限制开发的重点生态功能区。其中，限制开发的农产品主产区，是指具备较好的农业生产条件，以提供农产品为主体功能，提供生态产品、服务产品和工业品为其他功能，需要在国土空间开发中限制大规模、高强度工业化、城镇化开发，以保持并提高农产品生产能力；限制开发的重点生态功能区，是指生态系统十分重要，关系全国或较大范围区域的生态安全，目前生态系统有所退化，需要在国土空间开发中限制大规模、高强度工业化、城镇化开发，以保持并提高生态产品供给能力的区域。总体上，限制开发的农产品主产区和重点生态功能区均限制进行大规模、高强度工业化、城镇化开发，分别以提供农产品和生态产品为主体功能。

在环境功能区划中，限制开发的农产品主产区和重点生态功能区分别被划为食物环境安全保障区、生态功能保育区，其环境功能偏向于全力保障自然生态安全。其中，食物环境安全保障区的环境服务功能以支撑农牧产品的产出为主，要求优先保护耕地土壤环境，严控重金属类污染物和挥发性有机污染物等有毒物质的排放，预防产地环境中的有害物质通过生物富集进入食物产品中；生态功能保育区要求维持并提高水源涵养、水土保持、防风固沙、维持生物多样性等生态调节功能。在生态功能区划中，农产品主产区的生态功能属于对生态系统服务功能的产品提供；重点生态功能区的生态功能属于生态系统服务功能的生态调节，主要包括水源涵养、生物多样性保护、土壤保持、防风固沙、洪水调蓄等维持生态平衡、保障全国和区域生态安全等方面的功能。

农产品主产区的生态环境功能，是指区域资源环境和生态系统为支撑农产品产出和环境安全等所提供的生态环境服务，包括供给自然资源、净化环境污染和保障生态系统服务。

◆ 供给自然资源：指提供耕地资源、森林资源、草地资源、水域等自然资源，支持农、牧、林、渔产品的产出。

◆ 净化环境污染：指净化生产、生活污染物，保持和改善环境质量，保证和改善农产品产地的环境质量和保障农产品质量安全，满足农产品产地居民生态环境的需要。

◆ 保障生态系统服务：主要包括生态系统的土壤保持和防风固沙等功能，为保持土壤肥力、草地林地耕地保护以及农产品产出等提供生态保障。

重点生态功能区的生态环境功能，是指以区域资源环境和生态系统为支撑，在全国和区域生态安全保障中所提供的生态环境服务，以生态调节功能为主，包括水源涵养、土壤保持、防风固沙和生物多样性维护。

◆ 水源涵养：指河流、湖泊的主要水源补给区和源头区的生态系统调节、改善水源流量和水质的能力及作用。

◆ 土壤保持：指生态系统减少水土流失的能力及其生态效益。

◆ 防风固沙：指生态系统预防土地沙化、降低沙尘暴危害的能力和作用。

◆ 生物多样性维护：指区域资源环境和生态系统为野生动植物物种的生长、发育等提供生境，保障典型生态系统稳定性的能力和生态效益。

6.1.3 禁止开发区生态环境功能

根据主体功能区规划，禁止开发区是指有代表性的自然生态系统、珍稀濒危野生动植物物种的天然集中分布地、有特殊价值的自然遗迹所在地和文化遗址等，需要在国土空间开发中禁止进行工业化、城镇化开发的重点生态功能区。在国家层面禁止开发区包括国家级自然保护区、世界文化自然遗产、国家级风景名胜区、国家森林公园和国家地质公园，并要求今后新设立的国家级自然保护区、世界文化自然遗产、国家级风景名胜区、国家森林公园、国家地质公园自动进入国家禁止开发区名录；省级层面的禁止开发区包括省级及以下各级各类自然文化资源保护区域、重要水源地以及其他省级人民政府根据需要确定的禁止开发区。《全国主体功能区规划》明确国家禁止开发区的功能定位是我国保护自然文化资源的重要区域、珍稀动植物基因资源保护地，要求国家禁止开发区要依据法律法规规定和相关规划实施强制性保护，严格控制人为因素对自然生态和文化自然遗产原真性、完整性的干扰，严禁不符合主体功能区定位的各类开发活动，引导人口逐步有序转移，实现污染物“零排放”，提高环境质量。

在环境功能区划中，禁止开发区属于自然生态保留区的自然文化资源保护区，是我国珍稀、濒危野生动植物物种的天然集中分布区域，汇集了我国有代表性的自然生态系统和自然遗迹，具有极其重大的科学文化价值，是我国保护自然文化资源的重要区域，珍稀动植物基因资源保护地。

可以看出，禁止开发区拥有珍稀濒危野生动植物物种、代表性的自然系统、具有特殊价值的自然遗迹和文化遗址等。其中，点状分布的国家禁止开发区是“两屏三带”为主体的生态安全战略格局的重要组成。因此，禁止开发区在我国生物多样性保护、自然文化资源保护、生态安全保障等方面居于重要地位。

禁止开发区生态环境功能，是指区域资源环境和生态系统为保护生物多样性、保护自然文化资源、保障生态安全等所提供的生态环境服务，包括生物多样性保护和自然文化资源保护。

◆ 生物多样性保护：指区域资源环境和生态系统为珍稀、濒危野生动物植物物种的生长和发育等提供生境，保护珍稀动植物基因资源、保障典型生态系统稳定性的能力和生态效益。

◆ 自然文化资源保护：指区域资源环境和生态系统通过净化污染、调节气候等保护自然遗迹、文化遗迹等自然文化资源的能力。

6.2 主体功能区生态环境功能评价方法体系

主体功能区的生态环境功能评价的重点是主导生态环境功能，也就是依据主导生态环境功能对其生态环境状况“保护”程度的评估。因此，从两个层面构建评价体系。

一是基于主导生态环境功能的评价。无论是重点生态功能区，还是优化开发区、重点开发区，落地或具象到市县层面，都应该有其主导生态环境的功能，基于主导生态环境功能的评价就是区域开发和保护与其生态环境状况的适配性/适宜性，其中，重点生态功能区主要考虑生物丰度指数、植被覆盖指数、水网密度指数和土地胁迫指数，优化开发区、重点开发区主要考虑土地胁迫指数、污染负荷指数等。

二是对其生态环境状况进行评价。根据《生态环境状况评价技术规范》（HJ 192—2015），在生物丰度指数、植被覆盖指数、水网密度指数、土地胁迫指数、污染负荷指数、环境限制指数等指标评价的基础上，评估生态环境状况指数。

6.2.1 评价方法

按照《生态环境状况评价技术规范》（HJ 192—2015），我国建立了生态环境状况指数常态化评价制度。生态环境状况指数反映了各地区的生态环境状况，但无法突出各主体功能区的主导生态环境功能。因此，对于主体功能区生态环境功能评价需要综合考虑主导功能指数和生态环境状况指数，构建基于主导功能指数和生态环境状况指数的主体功能区的生态环境功能指数。

（1）生态环境功能指数

参考环境功能区划技术指南，采用乘积评分法来评价生态环境功能指数。相比加法评分法，乘积评分法能将不同量纲、无法直接相加的变量综合在一起。生态环境功能指数 A 的计算方法如下：

$$A = Z \cdot P \tag{6-1}$$

式中，Z——区域主导功能指数；

P——区域生态环境状况指数。

（2）赋权及计算

采用组合赋权法，将层次分析法和熵权法相结合，确定指标权重，计算公式如下：

$$W = \alpha \times K + (1-\alpha) \times H \tag{6-2}$$

式中，K——基于 AHP 方法得到的权重系数；

H——基于熵权法得到的权重系数；

W——综合权重。

α 取值是 0～1。当 α =1 和 α =0 时，分别对应于 AHP 法和熵权法。对 α 如何合理地取值，有很多讨论。本研究拟结合实际情况，取 α =0.5。

6.2.1.1 主导功能指数

（1）重点生态功能区主导功能指数

主导功能指数用来计算各地区的主导生态环境功能。重点生态功能区的主导生态环境功能共分为 4 类。根据《生态环境状况评价技术规范》（HJ 192—2015），确定每一类主导生态环境功能评价指标的计算方法拟借鉴。针对多个主导功能，仅分析重点生态功能区的非常重要功能，并以最大的功能为主。各重点生态功能区的主导生态环境功能计算方法如下：

主导生态环境功能 Z_e= max{水源涵养、防风固沙、水土保持、生物多样性维护}

（2）优化开发区、重点开发区主导功能指数

优化开发区的主导环境功能为人居保障功能，主导功能评价指标包括 3 个分指标：人均 GDP、建成区面积和总人口数。对于不同层级的城市，本研究设定为 3 个等级的人居保障功能。以建成区面积为例，首都北京建成区面积为 1 419.66 km^2，省级与副省级机关所在城市均值为 451.43 km^2，地级机关所在市均值为 95.56 km^2。以建成区人口为例，首都建城区人口数为 1 879.6 万人，省级与副省级机关所在城市均值为 430.65 万人，地级机关所在市均值为 75.22 万人。

6.2.1.2 生态环境状况指数

（1）重点生态功能区生态环境状况评价

从生态资源和生态挑战两方面，选取具有代表性的 6 个指标，即林草覆盖率、环境容量指数、生物丰度指数、水源涵养指数、植被覆盖指数和生态系统脆弱性，开展重点生态功能区生态环境状况评价。

表 6-2 重点生态功能区的生态环境状况评价

目标层	准则层	指标层	指标方向
重点生态功能区生态环境状况（Z_e）	生态资源（B_1）	林草覆盖率（A_{FG}）	正向
		植被覆盖指数（VC）	正向
		水源涵养指数（W_i）	正向
		生物丰度指数（BAI）	正向
	生态挑战（B_2）	环境容量指数（EC）	正向
		生态系统脆弱性（EC_{ev}）	负向

数据来源：RS+GIS+土地利用数据，根据 HJ 192—2015 计算可得。

——林草覆盖率

林草覆盖率（A_{FG}）指域内林地与草地的面积之和占县域土地面积的比例，是衡量研究区内生态环境优劣的重要指标之一；植被覆盖度越高说明生态环境质量越高，对研究区发展的支撑能力越强。林草地的数据主要来自林业局的林业普查数据和农业局的草地、牧场数据，按照生态环境状况技术规范计算模型如下：

$$A_{FG} = \frac{FA + GA}{CLA} \times 100\% \tag{6-3}$$

式中，FA——林地面积；

GA——草地面积；

CLA——县域土地面积。

——环境容量指数

环境容量（EC）包括大气环境容量承载指数（AEC）、水环境容量承载指数（WEC），通过大气和水环境对典型污染物容纳能力反映，表示如下：

$$EC = \max\left\{\left[AEC\left(SO_2\right),\left[WEC\left(COD\right)\right\}\right. \tag{6-4}$$

式中，$AEC(SO_2)$——大气环境容量；

WEC(COD)——水环境容量。

大气环境容量按照式（6-5）计算：

$$AEC\left(SO_2\right) = A \times \left(C_{ki} - C_0\right) \times S_i / \sqrt{S} \tag{6-5}$$

式中，A——地理区域总量控制系数；根据评价区域的地理位置，A 值为 2.94 $km^2 \times 10^4/a$。

C_{ki}——研究区大气环境质量标准中所规定的和第 i 功能区类别一致的相应的年日平均浓度，3 mg/m。

C_0——背景浓度，mg/m^3。在有清洁监测点的区域，以该点的监测数据为污染物的背景浓度，在无条件的区域，背景浓度可以假设为 0。

S_i——第 i 功能区面积，km^2。

S——总量控制总面积，km^2，总量控制总面积是研究区的建成区面积。

水环境容量的计算公式为

$$\mathrm{WEC}(\mathrm{COD}) = Q_i \times (C_i - C_{i0}) + kC_iQ_i \tag{6-6}$$

式中，C_i——第 i 功能区的目标浓度；在重要的水源涵养区，采用地表水一级标准，为 15 mg/L；在一般地区采用地表水三级标准，为 20 mg/L；

C_{i0}——第 i 种污染物的本底浓度，无监测条件的区域，该参数假设为 0；

Q_i——第 i 功能区的可利用地表水资源量；

k——污染物综合降解系数，根据一般河道水质降解系数参考值，选定 COD 的综合降解系数为 0.20 d^{-1}。

——生物丰度指数

生物丰度指数（BAI）是评价区域内生物的贫丰程度，用生物栖息地质量和生物多样性综合表示，利用地理国情数据中地表覆盖数据计算；依据《生态环境状况评价技术规范》（HJ 192—2015），计算方法如下：

$$\mathrm{BAI} = \frac{\mathrm{BI} - \mathrm{HQ}}{2} \tag{6-7}$$

式中，BI——生物多样性指数；

HQ——生境质量指数。

当生物多样性指数没有动态更新数据时，生物丰度指数变化等于生境质量指数的变化，即

$$\begin{aligned}\mathrm{BAI} = A_{\mathrm{bai}} \times 0.35 \times \mathrm{WL} + 0.28 \times \text{水域面积} + 0.11 \times \text{耕地} + \\ 0.04 \times \text{建设用地} + 0.01 \times \frac{\text{未利用地}}{\text{区域面积}}\end{aligned} \tag{6-8}$$

式中，A_{bai}——生物丰度指数的归一化系数，参考值为 511.26。

——水源涵养指数

水源涵养指数（W_i）是表征生态系统的水源涵养状况的指标。按照《生态环境状况评价技术规范》（HJ 192—2015），计算方法如下：

$$W_i = (A_{\mathrm{wci}} \times \mathrm{WD} + 0.35 \times \mathrm{FA} + 0.2 \times \mathrm{GA}) / \mathrm{CLA} \tag{6-9}$$

式中，W_i——水源涵养指数；

WD——水域湿地面积；

FA——森林面积；

GA——草地面积；

CLA——研究区面积；

A_{wci}——归一化系数，参考值为 526.79。

——植被覆盖指数

植被覆盖指数（VC）是生态系统植被覆盖状况的特征指标。植被覆盖指数的计算公式如下：

$$\mathrm{VC} = \mathrm{NDVI}_{\text{区域均值}} = A_{\mathrm{veg}} \times \left(\frac{\sum_{i=1}^{n} p_i}{n} \right) \tag{6-10}$$

式中，n——区域像元数量；

A_{veg}——植被覆盖指数的归一化系数，参考值为 0.012。

筛选研究区植被生长较好月份（5—9 月）像元 NDVI 月最大值均值，采用 MOD13 的 NDVI 数据，空间分辨率为 250 m；

根据研究结果，将植被覆盖度划分为 5 级：极低（VC≤0.2）、低（0.2＜VC≤0.4）、中（0.4＜VC≤0.6）、高（0.6＜VC≤0.8）和极高（0.8＜VC）。

——生态系统脆弱性

生态系统脆弱性（EC_{ev}）的分级采用千米网格的沙漠化脆弱性分级、土壤侵蚀脆弱性分级和石漠化脆弱性分级数据。第一步，根据沙漠化脆弱性、土壤侵蚀脆弱性和石漠化脆弱性分级标准，实现生态环境问题脆弱性单要素分级。第二步，对分级的进行生态环境问题单要素复合。判断脆弱性生态系统出现的千米网格类型是单一型还是复合型。第三步，确定生态系统脆弱性程度，根据其生态环境问题脆弱性程度确定生态系统脆弱性程度；对复合型生态系统脆弱性类型，采用最大限制因素法确定影响生态系统脆弱性的主导因素，根据主导因素确定生态系统脆弱性程度。第四步，确定生态系统脆弱性区域。采用叠置分析法，提取各因素层中的最大值，对千米网格的生态系统脆弱性程度分析结果。

生态系统脆弱性反映研究区生态系统脆弱的程度，计算公式如下：

$$EC_{ev} = \max\{DV, VS, RV, VS\} \tag{6-11}$$

式中，EC_{ev}——生态系统脆弱性；

DV——沙漠化脆弱性；

VS——土壤侵蚀脆弱性；

RV——石漠化脆弱性；

VS——土壤盐渍化脆弱性。

（2）优化开发区生态环境状况评价

从生态资源、环境质量两个方面选取具有代表性的8个指标因子。

——生态资源状况

生态资源主要考虑城市绿地及水域两大系统。城市绿地是以栽植不同类型植物为主的城市用地，对提高城市居民生活质量，推动生态环境建设发挥着不可忽视的作用。建成区绿地率与人均公共绿地面积是衡量城市绿地水平的重要标准。人均公共绿地面积是衡量城市人口规模与城市公园绿地空间规模是否配套的重要指标，代表城市居民平均每个人享有的公园绿地面积，也是衡量城市绿地水平的间接指标，在一定程度上代表着城市绿地产生的社会效益。

表6-3　优化开发区生态环境状况评价指标

目标层	准则层	指标层	指标方向
优化开发区生态环境状况（Y）	生态资源（B_1）	建成区绿地率（C_1）	正向
		人均公共绿地面积（C_2）	正向
		森林覆盖率（C_3）	正向
		水质达标率（C_4）	正向
	环境质量（B_2）	大气SO_2年平均值（C_5）	负向
		空气质量达到或好于2级天数（C_6）	正向
		污水集中处理率（C_7）	正向
		生活垃圾无害化处理率（C_8）	正向

数据来源：地方统计年鉴。

建成区绿地率（A_{GR}）：指城市各类绿地，包括公园绿地、附属绿地、防护绿地、生产绿地和其他绿地。它代表了城市的绿化状况，是衡量城市环境质量的重要指标之一，反映了城市自然环境绿化的发展状况。计算方法如下：

$$A_{GR} = \frac{GRA}{CLA} \times 100\% \tag{6-12}$$

式中，GRA——绿地面积，km^2；

CLA——城镇土地面积，km^2。

人均公共绿地面积（A_{PCGR}）：指在城市区域范围内的公共绿地面积与城市区域常住人口的比例，反映了当前绿化水平是否满足群众生活需要。计算方法如下：

$$A_{PCGR} = \frac{PCR}{UP} \times 100\% \tag{6-13}$$

式中，PCR——城区公园绿地面积；

UP——城镇人口。

森林覆盖率：指林地面积占土地总面积的百分比，表示一个地区拥有森林资源和林地占有的实际状况。森林覆盖率越高，说明森林资源越丰富，生态平衡状况越好，还说明野生动物、植物生活环境越好，人与动物、植物的相处也越和谐。

水质达标率：反映一个国家或地区水域面积占有情况或水资源丰富程度的指标。

——环境质量状况

环境质量状况主要考虑空气质量、水污染及固体垃圾。具体指标含义如下：

大气 SO_2 年平均值：指研究区域所有监测站监测大气中 SO_2 的含量并计算出年平均值。

空气质量达到或好于 2 级天数：指在研究区域内空气质量达到优良以上的监测天数占全年监测总天数的比例。空气质量评价使用 API 法，用污染物日均值评价。计算公式：

空气质量达到或好于 2 级天数=空气质量优良天数/全年监测总天数×100%

污水集中处理率：指城镇生活污水处理厂集中处理的生活污水占城市生活污水排放总量的比例，反映区域所具备的处理生活污水的能力以及对受纳水体的影响程度。

生活垃圾无害化处理率：指城市市区生活垃圾已经过无害化处理的数量与城市市区生活垃圾总量的比例。计算公式：

生活垃圾无害化处理率=生活垃圾无害化处理量/生活垃圾产生总量×100%

6.2.1.3　生态环境功能评价与分级

为增强可比性，利用生态环境功能的变化率，反映各地生态环境功能的状况，以实现各主体功能区之间的横向比较，对生态环境功能进行全面评价。

生态环境功能变化率ϕ的计算公式如下：

$$\phi = \frac{\Delta A}{A} = \frac{\Delta(P \cdot Z)}{P \cdot Z} \tag{6-14}$$

式中，ϕ的取值范围是（−1，1），当$\phi<0$，说明该地区的生态环境功能变差；而当$\phi>0$时，说明该地区的生态环境功能趋好。

对生态环境功能变化程度进行分级，参考《生态环境状况评价技术规范》（HJ 192—2015）对生态环境状况变化和功能变化分别进行分级，分为良好、优秀、轻度退化、重度退化。

表 6-4　典型主体功能区生态环境功能变化分级标准

等级	分级标准	生态环境功能变化
基本稳定	$-0.01<\phi<0.01$	生态环境功能基本稳定
良好	$0.05\leqslant\phi<0.1$	生态环境功能趋好，且变化率较高
优秀	$0.1\leqslant\phi$	生态环境功能趋好，且变化率非常高
轻度退化	$-0.05<\phi<-0.01$	生态环境功能开始变差，且变化率非常有限
重度退化	$\phi\leqslant-0.05$	生态环境功能开始变差，且变化率较高

6.3　典型主体功能区生态环境功能评估与分析

湖北省宜昌市秭归县位于三峡库区水土保持生态功能区，是国家首批重点生态功能区名单中的地区，是国家重要的水源涵养区、长江水环境调节区。其主导生态环境功能是水源涵养功能。

6.3.1 主导功能指数

根据秭归县生态环境基础数据，利用主导功能计算方法，计算了秭归县主导功能指标数据；结合主导功能指标的权重值，计算了秭归县主导功能指数。

表 6-5 秭归县生态环境指标数据

准则层	指标层	2015 年	2018 年
生态资源（B_1）	林草覆盖率（A_{FG}）	0.996 5	1.005 7
	植被覆盖指数（VC）	0.929 4	0.924 3
	水源涵养指数（W_i）	0.937 1	0.906 8
	生物丰度指数（BAI）	0.981 8	0.991 8
生态挑战（B_2）	环境容量指数（EC）	0.921 1	0.936 8
	生态系统脆弱性（EC_{ev}）	1	1

表 6-6 秭归县主导环境功能数据

准则层	指标层	2015 年	2018 年
主导生态功能（Z_e）	水源涵养	0.937 1	0.906 8
	水网密度	0.959 9	0.948 2
	植被密度	0.681 5	0.677 8
	土地胁迫	0.932 2	0.991 0

利用层次分析法，计算了秭归县主导功能指数权重，如表 6-7 所示。

表 6-7 秭归县主导环境功能权重

准则层	指标层	权重
主导生态功能（Z_e）	水源涵养	0.344 6
	水网密度	0.231 5
	植被密度	0.235 7
	土地胁迫	0.188 2

表 6-8 秭归县主导功能指数

准则层	指标层	2015 年	2018 年
主导生态功能（Z_e）	水源涵养	0.881 2	0.878 2

6.3.2 生态环境状况指数

（1）层次分析法确定指标权重

利用层次分析法，确定生态环境状况指标的权重。一致性比例 CR 均小于 0.1，符合一致性检验标准。生态环境状况一级指标、二级指标权重及最终权重如表 6-9 所示，其中，最终权重等于一级指标权重与二级指标权重的乘积。

表 6-9 一级指标、二级指标权重及最终权重（AHP 法）

准则层	权重	二级指标	权重	最终权重
生态资源（B_1）	0.750 0	林草覆盖率（A_{FG}）	0.233 1	0.174 8
		植被覆盖指数（VC）	0.234 2	0.175 7
		水源涵养指数（W_i）	0.387 4	0.290 6
		生物丰度指数（BAI）	0.145 3	0.109 0
生态挑战（B_2）	0.250 0	环境容量指数（EC）	0.666 7	0.166 7
		生态系统脆弱性（EC_{ev}）	0.333 3	0.083 3

（2）熵值法确定指标权重

熵值法是一种客观赋值法，能客观、系统地反映出指标信息熵的有效价值，适合基于多元指标体系进行综合评价。主要步骤包括在数据量纲一的基础上，将各指标同度量化，定义标准化矩阵，公式如下：

$$Y=\left\{y_{ij}\right\}_{m\times n} \tag{6-15}$$

式中，$y_{ij}=Z_{ij}/\sum Z_{ij}$，$0\ll y_{ij}\ll 1$；计算各指标的熵值 e_j 和差异性系数 g_j，其中 $e_j=1/\ln\sum y_{ij}\ln y_{ij}$，$g_j=1-e_j$；计算各指标权重 w_j，$w_j=g_j/\sum g_j$，其中 $0\ll w_{ij}\ll 1$，$\sum w_j=1$。

表 6-10 一级指标、二级指标权重及最终权重（熵值法）

准则层	权重	二级指标	权重	最终权重
生态资源（B_1）	0.686 7	林草覆盖率（A_{FG}）	0.200 6	0.137 8
		植被覆盖指数（VC）	0.297 7	0.204 4
		水源涵养指数（W_i）	0.253 4	0.174 0
		生物丰度指数（BAI）	0.248 3	0.170 5
生态挑战（B_2）	0.313 3	环境容量指数（EC）	0.645 3	0.202 2
		生态系统脆弱性（EC_{ev}）	0.354 7	0.111 1

（3）最终权重及评价结果

秭归县生态环境状况指标的最终权重由 AHP 法和熵值法加权计算得到。

表 6-11 一级指标、二级指标权重及最终权重

准则层	权重	二级指标	最终权重
生态资源（B_1）	0.718 4	林草覆盖率（A_{FG}）	0.156 3
		植被覆盖指数（VC）	0.190 1
		水源涵养指数（W_i）	0.232 3
		生物丰度指数（BAI）	0.139 8
生态挑战（B_2）	0.281 7	环境容量指数（EC）	0.184 4
		生态系统脆弱性（EC_{ev}）	0.097 2

（4）生态环境状况

根据秭归县生态环境基础数据和生态环境状况指标权重，可计算秭归县生态环境状况指数。

表 6-12 秭归县生态环境状况评价结果

	2015 年	2018 年
秭归县生态环境状况（P_e）	0.973 5	0.972 0

6.3.3　评价结果

综合秭归县主导功能指数和生态环境状况指数，可计算生态环境功能指数，如表 6-13 所示。

表 6-13　秭归县生态环境功能评价结果

	2015 年	2018 年
生态环境功能指数	0.857 8	0.853 6

为比较秭归县生态环境功能指数变化，需要计算出生态环境功能指数的变化率ϕ，即

$$\phi = \frac{\Delta A}{A} = \frac{\Delta(P \cdot Z)}{P \cdot Z} = \frac{0.8536 - 0.8578}{0.8578} = -0.48\% \tag{6-16}$$

总体上，秭归县生态环境功能指数评级状况是基本稳定。但生态环境功能指数的变化率$\phi<0$，说明秭归县生态环境功能指数呈降低趋势。

第7章

基于主体功能区生态环境功能的生态环境分区管治技术研究

7.1 生态环境分区管治体系构建研究

7.1.1 我国空间规划主要问题

（1）空间规划体系支撑行政管理不足

我国的空间规划总体上种类繁多、体系庞杂，城乡建设规划、发展规划、土地利用规划等在不同部门主管下自成体系，每一体系又有诸多不同层级、不同深度的具体规划类型。据不完全统计，我国具有法定依据的各类规划有80多种。同时，受条块分割管理体制的制约，各部门将编制规划作为争取权力和利益的一种重要手段，各层级综合性、统筹性的规划也因此难以发展成形，协调性的规划体系难以建立，严重影响政府行政管理效能。

（2）空间规划理论创新较弱

随着经济社会快速发展，我国规划理论方法研究渐渐跟不上步伐。当前采用的规划理论大多系欧美发展的环境目标规划法，通常是依据已有的模式，根据一系列数学化学公式编制出来的，给出的许多削减或建设项目目标，很少考虑规划的经济分析与多元利益人关系，导致规划目标的可接受性和可操作性减弱。环境容量核算、环境经济核算等领域的基础研究未能取得突破性进展，制约了空间规划的发展和深化。

（3）空间规划顶层设计不完善

空间规划与经济社会发展规划并行，需要从战略高度优化空间结构，实现空间均衡，促进人与自然和谐相处。但是，现行规划体系中缺少法定的规划和综合协调部门，而在国家、省、市、县层面的各类空间规划缺乏统筹国土空间全局的顶层设计。各类空间性规划层级日益增多，内容趋同、职责不清、事权错配，影响空间政策的统一性和有效性。由于相关的政策不配套，省级以下行政单元也没有编制主体功能区规划，在实际操作中协调难度较大。

（4）空间规划数据支撑较差

编制一个科学合理的空间规划对于环境数据信息的要求很高，目前环境统计的广度和深度都不尽如人意，制约了空间规划的发展。在空间规划过程中，经常会面临水、大气、土壤等环境资料不足和数据不准确的问题，使得很多具有重要作用的指标缺乏足够的信服力和约束力。同时，对于生态用地构成要素尚未达成部门间的共识，不同部门从各自分区管治重点出发有各自的定义。这不利于形成统一的生态保护空间，增加了“多规合一”的协调工作难度。王晓等（2016）研究发现我国规划编制呈现部门化特征，导致规划编制队伍部门化的倾向。

随着全面深化改革的推进，探索有效且适用的规划和空间治理体系受到高度重视，然而，在不同空间层次下划定的同类型环境管治分区之间存在空间序列与功能上的不一致。针对生态环境保护的空间性规划管理工具的效力较弱，与其他工具缺乏有机衔接。例如，生态功能区划以生态环境特征、生态敏感性和生态服务功能空间分异为基础，将全国、流域或省域划分为生态调节功能区、产品提供功能区、人居保障功能区，侧重于评价区域单元的自然属性，而对资源环境综合承载能力和区域社会经济发展目标的考虑较少；在环境功能区划中有关生态环境的管控政策也较粗略，针对人类生产生活活动最活跃、要素最集中、环境污染和潜在风险最大的城市区域，没有明确保护生态空间的具体指标和管治措施。

7.1.2 生态环境分区管治体系

7.1.2.1 生态环境分区管治的定位与目标

生态环境分区管治是生态文明在空间方面的重大创新、载体和抓手，是推进城乡高质量发展的重要技术手段，是构建现代化生态环境治理体系的重要举措，是对区域生态环境保护与治理等作出的总体部署与统筹安排。生态环境分区管治对产业结构优化、城镇空间布局、重大基础设施建设、资源开发利用等各类活动具有指导和管控作用。刘贵利等（2019）研究提出，应在用途和功能管控的基础上开展更进一步的治理，通过多元（多要素、多空间、多维度、多线路、多角色）对话、多方面协调合作以实现效益最大。

以生态环境功能为基础，综合考虑生态、水、大气、土壤等生态环境要素重点保护与管控区域，确定生态、农业、城镇等不同空间生态环境重点管治单元，并提出相应的管治目标与要求。

7.1.2.2 生态环境分区管治的原则

统筹协调，因地制宜。统筹考虑与国家、省级、市县国土空间规划的衔接，协调生态、水、大气、土壤等生态环境要素之间的相互关系，根据各地生态环境现状与问题，建立适宜的生态环境综合评价指标体系。

突出重点，逐级贯彻。从国家到地方，自上而下开展生态环境分区管治，落实全国生态环境分区管治战略要求，以国土空间规划为基础，明确区域生态环境的主导功能，确定行政区域范围内生态环境重点管治单元。

精准落地，分类管理。针对不同的生态环境管治单元，从修复治理要求、环境基础服务设施布局、生态环境健康维护、生态环境风险防范等方面提出分级差异化的分区导向性生态环境管理要求，突出重点区域、行业和污染物，将管治目标、管治要求等落到重点管治单元上。

7.1.2.3 生态环境分区管治的框架与方案

基于不同区域主体功能区定位，通过环境功能识别与分析，研究建立以环境功能优化为导向的生态环境分区管治体系，提出生态环境分区管治体系的框架思路、分区模式、目标指标、环境保护和治理管理的重点、政策措施保障等技术方法。

根据城镇、农业、生态三类空间制定不同空间差异化的生态环境保护政策，编制空间管治方案。

对于生态空间，需提高生态系统服务功能，加大优质生态产品供给能力，实现以区域绿色生态发展为主的高质量发展，维护生态安全。健全生态保护优先的绩效考核机制，重点考核生态空间规模质量、县域生态环境质量、生态产品价值等指标。

编制生态空间管治方案时需加强生态空间生态环境保护。按照生态功能极重要、生态环境极敏感，需要实施最严格管控的要求，科学划定并严守生态保护红线，建设和完善生态保护红线综合监测网络与监管平台，建立生态保护红线生态补偿制度，实施生态保护红线保护与修复，建立生态保护红线常态化执法机制。按照最大限度保护生态安全、构建生态屏障的要求，划定生态空间，制定生态空间生态环境清单，推动生态空间生态环境清单式管理。制定生态空间规模质量标准体系，推动空间功能的转化、回归和提升。制定优质生态产品质量标准，探索建立主体功能区生态产品供给能力评估指标体系，加大政策扶持力度，将提供更多的优质生态产品作为美丽中国建设工作的重要任务。

制定差异化的考核评估机制，对于生态空间重点考核生态空间规模质量、生态环境质量、生态产品价值等指标。

对于农业空间，需着力保护耕地土壤环境，支持绿色现代化农业的高质量发展，确保农产品供给和质量安全，加强农业面源污染治理与农村环境综合整治，改善农村人居环境。完善农产品产地环境质量评价标准，重点考核农业生产环境安全、土壤环境质量安全和可持续发展能力。

编制农业空间管治方案时需加强农业空间生态环境保护。统筹考虑农业生产资源布局和条件，科学合理划定永久基本农田，统筹考虑农业生产生活，划定农业空间。制定永久基本农田土壤环境质量提升方案，建立土壤环境风险区重点监管与修复制度。制定农业空间生态环境清单。鼓励符合条件的腾退置换出的工矿建设用地转化为农业（生态）空间，开展土地复垦整治。

对于城镇空间，需加强资源节约集约利用，引导城市群集约紧凑、绿色低碳的高质量发展，扩大绿色生态空间，大幅降低污染物排放强度，减少工业化、城镇化对生态环境的影响，改善人居环境质量。健全集约化发展优先的绩效考核评价机制，强化对城镇空间资源消耗、产业结构和环境治理的绿色发展转变方式和能力的评价、考核。

编制城镇空间管治方案时需加强城镇空间生态环境保护。按照资源环境承载能力状况和开发强度控制要求，兼顾城镇布局和功能优化的弹性需要，从严划定城镇开发边界和城镇空间。制定城镇空间生态环境保护清单，将生态环境清单纳入地方党委、政府综合决策。根据不同城市分区和组团，制定设计分区、分级、分项的环境管控措施。严格执行环境影响评价和排污许可制度，建立健全环境风险评估和预警、环境应急处置、突发环境事件事后评估、生态恢复机制。

7.1.2.4 生态环境分区管治的配套政策与管理系统

各级党委、政府应对生态环境空间管控统筹规划和组织领导，建立健全主要领导负总责的领导体制和协调机制，建立配套政策与管理系统。配套政策包括清单体系（生态环境清单）、标准体系（空间规模质量）、监测体系、绩效评价与政绩考核等；管理系统包括监控网络、数据台账系统、环境信息公开平台等。

清单体系：对于生态环境空间管治要建立差异化的环境保护清单管理制度，形成具有不同生态特征和防治要求的生态环境分区，分区分类管控，分级分项施策，提升生态治理的效率。通过建立权力清单、责任清单、负面清单落实企业、政府、公众的生态环境保护责任，明晰环境保护职责体系，成为实现精细化环境治理和依法治理的有效手段。

标准体系：对于空间的规模质量要建立评价标准体系，促进空间功能的回归、提升、转换。

监测体系：积极运用大数据和人工智能等新技术，定期开展生态保护红线、生态环境质量、生态产品供给能力监测评估及生态环境承载能力预警分析。

绩效评价与政绩考核：要建立健全实施考核奖惩机制，建设差异化生态环境质量和管治工作绩效考核体系建设，将评估结果纳入地方各级人民政府政绩考核。建立健全职责明晰、分工合理的环境保护责任体系，对违反生态空间管控要求、造成生态破坏的单位和有关责任人员将依法依规追究责任，构成犯罪的依法追究刑事责任。要加强法制和标准体系保障，在相关生态环境保护法律法规修订中纳入针对生态空间管控的规定，加强与生态空间管控要求相适应的环境监管执法能力建设，实施常态化环境监管和执法。

7.2 与空间规划分级体系相结合的生态环境分区管治重点内容

7.2.1 专项生态环境系统评价与重点管治区块识别

7.2.1.1 专项生态环境系统评价

专项生态环境要素系统评价是以改善生态环境质量为核心，对区域空间生态环境基础状况与功能属性进行的系统评价，具体包括生态、水、大气、土壤等要素，目的在于识别各要素重点管治区块。

利用地理国情普查、土地调查及变更数据，提取森林、湿地、草地等具有自然属性的国土空间。按照《生态保护红线划定指南》，开展区域生态功能重要性评估（水源涵养、水土保持、防风固沙、生物多样性保护）和生态环境敏感性评估（水土流失、土地沙化、石漠化、盐渍化），按照生态功能重要性依次划分为一般重要、重要和极重要 3 个等级，按照生态环境敏感性依次划分为一般敏感、敏感和极敏感 3 个等级，识别生态功能重要、生态环境敏感脆弱区域分布。

参照《“生态保护红线、环境质量底线、资源利用上线和环境准入负面清单”编制技术指南（试行）》开展评价工作。已经完成“生态保护红线、环境质量底线、资源利用上线和环境准入负面清单”编制工作的，可使用相关成果。

7.2.1.2 专项生态环境重点管治区块识别

以专项生态环境系统评价为基础，系统识别各生态环境要素保护与管控空间区块。

（1）自然生态重点管治区块

在生态要素方面，除了生态保护红线外，根据生态服务功能的重要性和生态环境敏感性评估结果，识别生态功能重要、生态环境敏感脆弱区域分布作为重点管控区。

1）生态功能重要性评估

水源涵养是生态系统（如森林、草地等）通过其特有的结构与水源的相互作用，对降水进行截留、渗透、蓄积，并通过蒸散发实现对水流、水循环的调控，主要表现在缓和地表径流、补充地下水、减缓河流流量的季节波动、滞洪补枯、保证水质等方面。以水源涵养量作为生态系统水源涵养功能的评估指标。

采用水量平衡方程来计算水源涵养量，计算公式为

$$TQ = \sum_{i=1}^{j}\left(P_i - R_i - ET_i\right) \times A_i \tag{7-1}$$

式中，TQ——总水源涵养量，m^3；

P_i——降水量，mm；

R_i——地表径流量，mm；

ET_i——蒸散发，mm；

A_i——i 类生态系统面积，km^2；

i——研究区第 i 类生态系统类型；

j——研究区生态系统类型数。

水土保持是生态系统（如森林、草地等）通过其结构与过程减少水蚀所导致的土壤侵蚀的作用，是生态系统提供的重要调节服务之一。水土保持功能主要与气候、土壤、地形和植被有关。以水土保持量，即潜在土壤侵蚀量与实际土壤侵蚀量的差值，作为生态系统水土保持功能的评估指标。

采用修正通用水土流失方程（RUSLE）的水土保持服务模型开展评价，公式如下：

$$A_c = A_p - A_r = R \times K \times L \times S \times \left(1 - C\right) \tag{7-2}$$

式中，A_c——水土保持量，t/（$hm^2 \cdot a$）；

A_p——潜在土壤侵蚀量；

A_r——实际土壤侵蚀量；

R——降雨侵蚀力因子，MJ·mm/（$hm^2 \cdot h \cdot a$）；

K——土壤可蚀性因子，t·hm^2·h/（hm^2·MJ·mm）；

L、S——地形因子，L 为坡长因子，S 为坡度因子；

C——植被覆盖因子。

防风固沙是生态系统（如森林、草地等）通过其结构与过程减少风蚀所导致的土壤侵蚀的作用，是生态系统提供的重要调节服务之一。防风固沙功能主要与风速、降雨、温度、土壤、地形和植被等因素密切相关。以防风固沙量（潜在风

蚀量与实际风蚀量的差值）作为生态系统防风固沙功能的评估指标。

采用修正风蚀方程来计算防风固沙量，公式如下：

$$\mathrm{SR} = S_{L潜} - S_L \tag{7-3}$$

$$S_L = \frac{2 \cdot Z}{S^2} Q_{\max} \cdot \mathrm{e}^{-(Z/S)^2} \tag{7-4}$$

$$S = 150.71\left(\mathrm{WF} \times \mathrm{EF} \times \mathrm{SCF} \times K' \times C\right)^{-0.371\,1} \tag{7-5}$$

$$Q_{\max} = 109.8\left(\mathrm{WF} \times \mathrm{EF} \times \mathrm{SCF} \times K' \times C\right) \tag{7-6}$$

$$S_{L潜} = \frac{2 \cdot Z}{S_{潜}^2} Q_{\max潜} \cdot \mathrm{e}^{-\left(\frac{Z}{S_{潜}}\right)^2} \tag{7-7}$$

$$Q_{\max潜} = 109.8\left(\mathrm{WF} \times \mathrm{EF} \times \mathrm{SCF} \times K'\right) \tag{7-8}$$

$$S_{潜} = 150.71\left(\mathrm{WF} \times \mathrm{EF} \times \mathrm{SCF} \times K'\right)^{-0.371\,1} \tag{7-9}$$

式中，SR ——固沙量，t/（km^2·a）；

$S_{L潜}$ ——潜在风力侵蚀量，t/（km^2·a）；

S_L——实际风力侵蚀量，t/（km^2·a）；

Z——最大风蚀出现距离，m；

$Q_{\max}$——最大转移量，kg/m；

WF——气候因子，kg/m；

EF——土壤可蚀因子；

SCF——土壤结皮因子；

K'——地表糙度因子；

C——植被覆盖因子。

采用 InVEST 模型进行生物多样性维护功能重要性评估。InVEST 模型是由美国斯坦福大学、世界自然基金会和大自然保护协会联合开发的生态系统服务功能评估工具。

InVEST 生物多样性模型结合景观类型敏感性和外界威胁强度，得到生境质量的分布，并根据生境质量的优劣，评估生物多样性维持状况。InVEST 模型假设生境质量好的地区，其生物多样性也较为丰富。生境质量实际上是指生态系统能够提供给物种生存繁衍所需条件的潜力。生境质量用生境质量指数来反映，其计算公式如下：

$$Q_{xj} = H_j \left[1 - \left(\frac{D_{xj}^z}{D_{xj}^z + k^z} \right) \right] \tag{7-10}$$

式中，Q_{xj}——土地利用与土地覆盖（生境类型）j 中栅格 x 的生境质量；

H_j——土地利用与土地覆盖 j 的生境适合性；

D_{xj}——土地利用与土地覆盖（生境类型）j 中栅格 x 所受威胁水平；

k——半饱和常数，通常取 D_{xj} 最大值的一半（模型运行一次获得）；

z——归一化常量，通常取值 2.5。

D_{xj} 通过下式计算获得：

$$D_{xj} = \sum_{r=1}^{R} \sum_{y=1}^{Y_r} \left(w_r \Big/ \sum_{r=1}^{R} w_r \right) r_y i_{rxy} \beta_x S_{jr} \tag{7-11}$$

式中，R——威胁因子；

Y_r——威胁因子所占栅格数；

y——威胁因子 r 栅格图层的栅格数；

w_r——威胁因子的权重，表明某一威胁因子对所有生境的相对破坏力，取值 0～1；

r_y——栅格 y 的威胁因子值（0 或 1）；

i_{rxy}——栅格 y 的威胁因子值 r_y 对生境栅格 x 的威胁水平；

β_x——栅格 x 的可达性水平，取值 0～1，1 表示极容易到达；

S_{jr}——生境类型 j 对威胁因子 r 的敏感性，取值 0～1，该值越接近 1 表示越敏感。

i_{rxy} 通过下式计算得到：

$$i_{rxy} = 1 - \left(d_{xy} / d_{r\max} \right) \tag{7-12}$$

式中，d_{xy}——栅格 x 与栅格 y 之间的直线距离；

$d_{r\max}$——威胁因子 r 的最大影响距离。

2）生态环境敏感性评估

根据土壤侵蚀发生的动力条件，水土流失类型主要有水力侵蚀和风力侵蚀。以风力侵蚀为主带来的水土流失敏感性将在土地沙化敏感性中进行评估，本节主要对以水动力为主的水土流失敏感性进行评估。参照国家环境保护总局发布的《生态功能区划暂行规程》，根据通用水土流失方程的基本原理，选取降水侵蚀力、土壤可蚀性、坡度坡长和地表植被覆盖等指标。将反映各因素对水土流失敏感性的单因子评估数据，用地理信息系统技术进行乘积运算，公式如下：

$$\mathrm{SS}_i = \sqrt[4]{R_i \times K_i \times LS_i \times C_i} \tag{7-13}$$

式中，SS_i——i 空间单元水土流失敏感性指数；

R_i——降雨侵蚀力；

K_i——土壤可蚀性；

LS_i——坡长坡度；

C_i——地表植被覆盖。

石漠化敏感性评估是为了识别容易产生石漠化的区域对人类活动的敏感程度。根据石漠化形成机理，选取碳酸岩出露面积百分比、碳酸岩地形坡度、碳酸岩植被覆盖度 3 个因子构建石漠化敏感性评估指标体系。利用地理信息系统的空间叠加功能，将各单因子敏感性影响分布图进行乘积计算，得到石漠化敏感性等级分布图，公式如下：

$$S_i = \sqrt[3]{D_i \times P_i \times C_i} \tag{7-14}$$

式中，S_i——i 评估区域石漠化敏感性指数；

D_i——i 评估区域碳酸岩出露面积百分比；

P_i——i 评估区域碳酸岩地形坡度；

C_i——i 评估区域碳酸岩植被覆盖度。

盐渍化敏感性主要取决于蒸发量/降水量、地下水矿化度、地下水埋深、土壤质地 4 个因子。利用地理信息系统的空间叠加功能，将各单因子敏感性影响分布图进行乘积运算，得到盐渍化敏感性等级分布图，公式如下：

$$S_i = \sqrt[4]{I_i \times M_i \times D_i \times K_i} \tag{7-15}$$

式中，S_i——i 评估区域盐渍化敏感性指数；

I_i——i 评估区域蒸发量/降水量；

M_i——i 评估区域地下水矿化度；

D_i——i 评估区域地下水埋深；

K_i——i 评估区域土壤质地的敏感性等级值，各地区可根据实际对分级评估标准作相应的调整。

3）生态保护红线划定

已经划定生态保护红线的区域，严格落实生态保护红线方案和管控要求。尚未划定生态保护红线的区域，按照《生态保护红线划定指南》划定。生态保护红线原则上按照禁止开发区的要求进行管理，严禁不符合主体功能定位的各类开发活动，严禁任意改变用途。

根据科学评估结果，将生态要素评价中得到的生态功能极重要区和生态环境极敏感区进行叠加合并，并与以下保护地进行校验，形成了生态保护红线空间叠加图，确保生态保护红线划定范围涵盖国家级和省级禁止开发区，以及其他有必要严格保护的各类保护地。

A. 国家级和省级禁止开发区

——国家公园；

——自然保护区；

——森林公园的生态保育区和核心景观区；

——风景名胜区的核心景区；

——地质公园的地质遗迹保护区；

——世界自然遗产的核心区和缓冲区；

——湿地公园的湿地保育区和恢复重建区；

——饮用水水源地的一级保护区；

——水产种质资源保护区的核心区；

——其他类型禁止开发区的核心保护区域。

对于上述禁止开发区内的其他功能分区，应通过生态评估结果确定纳入生态保护红线的具体范围。位于生态空间以外或人文景观类的禁止开发区，不纳入生态保护红线。

B. 其他各类保护地

除上述禁止开发区外，各地可结合实际情况，根据生态功能的重要性，将有必要实施严格保护的各类保护地纳入生态保护红线范围。主要涵盖极小种群物种分布的栖息地、国家一级公益林、重要湿地（含滨海湿地）、国家级水土流失重点预防区、沙化土地封禁保护区、野生植物集中分布地、自然岸线、雪山冰川、高原冻土等重要生态保护地。

将确定的生态保护红线叠加图，通过边界处理、现状与规划衔接、跨区域协调、上下对接等步骤，确定生态保护红线边界。

采用地理信息系统软件，对叠加图层进行图斑聚合处理，合理扣除独立细小斑块和建设用地、基本农田。边界调整的底图采用第一次全国地理普查数据库或土地利用现状及年度调查监测成果，按照保护需要和开发利用现状，结合以下几类界限勾绘调整生态保护红线边界：

——自然边界，主要是依据地形地貌或生态系统完整性确定的边界，如林线、雪线、流域分界线，以及生态系统分布界线等；

——自然保护区、风景名胜区等各类保护地边界；

——江河、湖库，以及海岸等向陆域（或向海）延伸一定距离的边界；

——地理国情普查、全国土地调查、森林草原湿地荒漠等自然资源调查等明确的地块边界。

将生态保护红线边界与各类规划、区划空间边界及土地利用现状相衔接，综合分析开发建设与生态保护的关系，结合经济社会发展实际，合理确定开发与保护边界，提高生态保护红线划定的合理性和可行性。

根据生态安全格局构建需要，综合考虑区域或流域生态系统的完整性，以地形、地貌、植被、河流水系等自然界限为依据，充分与相邻行政区域生态保护红线划定结果进行衔接与协调，开展跨区域技术对接，确保生态保护红线空间连续，实现跨区域生态系统整体保护。

采取上下结合的方式开展技术对接，广泛征求各市、县级政府意见，修改完善后达成一致意见，确定生态保护红线边界。

4）生态空间划定

基于生态保护红线划定工作成果，依据生态保护的重要性和敏感性评估结果，结合实际情况，将其他限制开发区域和地方在空间保护上有需求的区域作为一般生态空间的备选区域。

按照生态保护红线划定中确定的水源涵养、生物多样性维护、水土保持等生态服务功能重要区域和水土流失生态敏感区域，将其纳入生态空间识别备选范围。

梳理识别国家公园、自然保护区、风景名胜区，县城、乡镇饮用水水源保护区，以及森林公园、地质公园、湿地公园、水产种质资源保护区、文化自然遗产等未纳入生态保护红线，但仍有保护需求的区域，将其作为一般生态空间的备选区域。

根据区域生态保护的实际需求，识别其他具有重要生态保护价值的区域。主要包括自然岸线、生态公益林、极小种群生境、重要湿地和草原、河湖滨岸带敏感区、重要生态林盘、重要的道路及城市生态绿地廊道，以及生态环境主管部门在相关规划环境影响评价文件中提出的明确要求，并且由地方政府批复确定的保护区域。

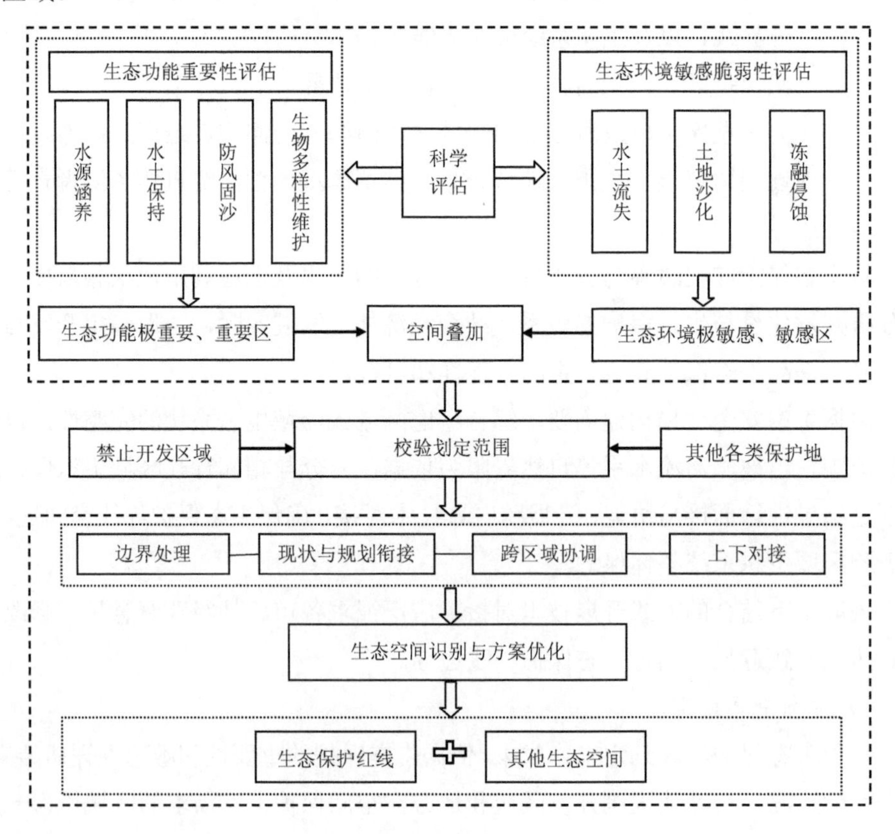

图 7-1　生态保护红线及其他生态空间识别技术路线

通过数据处理、与现状规划衔接、上下对接、跨区域协调等步骤，最终确定生态空间划分方案。其中，现状规划衔接主要以相关部门提供的数据为依据，进行生态空间方案的优化，包括地理国情普查和监测数据对接、土地利用现状及规划对接、道路铁路等基础设施对接、矿产资源开发对接等。上下对接主要以地方政府为主体，依据各地城乡总体规划、土地利用现状及规划、林地变更调查数据及保护利用规划、矿产资源规划等进行，其相关调整建议作为红线优化的参考。

将生态空间分布识别结果、禁止开发区梳理识别结果、地方在空间保护上的需求汇总图层通过叠加分析和综合制图，形成生态空间划分方案。

（2）水生态环境重点管治区块

将水源保护区、湿地保护区、江河源头、珍稀濒危水生生物及重要水产种质资源的产卵场、索饵场、越冬场、洄游通道、河湖周边一定范围的生态缓冲带等水体所属的控制单元作为水环境优先保护区。根据水环境评价和污染源分析结果，将以工业源为主的控制单元、以城镇生活源为主的超标控制单元和以农业源为主的超标控制单元作为水环境重点管控区。

1）水环境分析

参照《重点流域水污染防治“十三五”规划编制技术大纲》，在国家确定的控制单元的基础上，与区域水（环境）功能区衔接，以乡镇街道为最小行政单位细化水环境控制单元。根据地区人口、产业布局情况，将污染重、风险高、开发重的区域细化至乡镇、街道，开发较低的生态保护重点区域可适度放宽至区、县，环境功能相近、问题相似的相邻区域可酌情合并。

评价指标体系：水文单元细化图层、流域矢量边界图层、行政边界矢量图层。

技术方法：基于 DEM 栅格数据（30 m×30 m）耦合河流水网矢量数据，基于 ArcGIS 水文分析工具进行水文单元细化图层。将细化的水文单元，国控、省控断面，流域矢量边界图层与行政边界矢量图层叠加，以最小维持乡镇行政边界完整性为约束条件，形成以水文单元为基础，结合行政边界和大流域边界管理的细化控制单元。

充分收集现有空间管控要求，如主体功能区划、生态功能区划、水功能区划、国土开发利用规划等，分析现有环境空间管控的尺度和精准化要求。分析地表水、地下水、近岸海域（沿海城市）等水环境质量现状和近年变化趋势，识别主要污染因子、特殊污染因子以及水质维护关键制约等因素。根据水文、水质及污染特征，以工业源、城镇生活源、面源、其他污染源等构成的全口径污染源排放清单为基础，分析各控制单元内相关污染源等对水环境质量的影响，确定各控制单元、流域和行政区的主要污染来源。

2）污染负荷模拟估算

以污染源普查数据和排污口排查数据为基础，统计工业源、城镇生活源、面源、其他污染源等构成的污染源排放清单，计算污染负荷，并细分到各控制单元。分析各控制单元内相关污染源与水环境质量关系，确定各控制单元、流域、行政区的主要污染来源。

评价指标体系：化学需氧量、氨氮、总磷等指标负荷。

技术方法：对分点源、面源统计并估算重点控制单元化学需氧量、氨氮、总磷等指标负荷。点源统计基于环境统计数据、污染源普查数据以及水利部门排污口排查数据，以控制单元等为单位，结合地理信息系统将污染负荷落到各个单元。面源污染负荷估算基于环境统计数据通过调查目标区域基础信息，在分析区域水文的基础上，应用面源污染产排污计算方法等成果统计计算；或借助流域土地利用矢量数据、耦合气象降水、地形、土壤等空间信息，建立输出系数模型估算。

3）水污染物环境容量测算

以《全国水环境容量核定技术指南》和《水体达标方案编制技术指南》为主要依据，根据污染源、水文水质特征以及资料、技术条件，选择成熟简便并满足精度要求的方法，建立污染排放与水体水质之间的定量响应关系，测算化学需氧量、氨氮等主要污染物以及存在超标风险的污染因子的环境容量。重点湖库汇水区、总磷超标的控制单元和沿海地区应对总氮、总磷的环境容量进行测算。地方可根据需求增加对其他特征污染物的容量估算。

技术方法：根据水文站实测断面地形、流量、流速长时间序列数据，建立流量（Q）、流速（U）关系。对无资料地区综合采用水文比拟法、等值线图法、降雨径流关系法推求断面流量。在此基础上计算设计水文条件，根据河道水文调整选择零维、一维、二维容量计算模型，建立污染排放与水体水质之间的定量响应关系，通过资料查阅降解系数，计算环境容量。

4）水环境质量改善潜力分析

以水环境质量目标为约束，考虑经济社会发展、产业结构调整、污染控制水平、环境管理水平等因素，构建不同的控制情景，测算存量源污染削减潜力和新增源污染排放量，分析不同区域、不同阶段水环境质量改善潜力。

评价指标体系：经济社会发展水平、污染控制水平。

技术方法：以水环境质量目标为约束，考虑经济社会发展、污染控制水平和环境管理水平，构建不同的控制情景，测算存量源污染削减潜力。

5）水环境管控分区

结合水环境质量、水质目标、污染负荷、水质改善潜力分析成果，完成水环境管控分区，筛选优先管控区和重点管控区。将饮用水水源保护区、湿地保护区、江河源头、珍稀濒危水生生物及重要水产种质资源的产卵场、索饵场、越冬场、洄游通道、河湖及其生态缓冲带等所属的控制单元作为水环境优先保护区。根据水环境评价和污染源分析结果，将以工业源为主的控制单元、以城镇生活源为主的超标控制单元和以农业源为主的超标控制单元作为水环境重点管控区。有地下水超标、超载问题的地区，还需考虑地下水管控要求，而其余区域则作为一般管控区。

评价指标体系：水域功能、水环境质量、主要污染源类型。

技术方法：通过开展现状—目标—潜力的水环境系统解析，完成水环境管控分区，筛选重点管控区域。针对区位特点和水文特征，以自然水系、地形地貌等自然条件为基础，采用 GIS 空间叠图法、顺序划分法、合并法等方法分析区域特征，综合考虑自然水域、人为污染排放和近、远期水质改善要求及发展目标，划分管控区域。

（3）大气环境重点管治区块

将环境空气一类功能区作为大气环境优先保护区。将环境空气二类功能区中的工业集聚等高排放区域、上风向、扩散通道、环流通道等影响空气质量的布局敏感区域、静风或风速较小的弱扩散区域、城镇中心及集中居住、医疗、教育等区域作为大气环境重点管控区。

1）大气环境分析

基于近 5 五年环境空气质量国控、省控等监测站的监测数据，结合卫星遥感资料和城市污染气象数据，分析二氧化硫、二氧化氮、可吸入颗粒物、细颗粒物、臭氧以及一氧化碳的时空分布特征以及近年大气污染特征的演变趋势；识别主要污染因子、特征污染因子及影响大气环境质量改善的关键制约因素，分析识别大气污染面临的主要问题。

基于气象基准站、基本站等主要站点近年来的气象观测数据和气象再分析资料，研究区域风向、风速、温度、湿度、降水等气象特征演变规律及污染气象特征。根据大气环境现状及其演变趋势，重点分析近年气象条件与大气污染之间的相关关系；筛选环境空气严重污染时段的气象条件及天气形势，进一步分析区域不利气象条件发生的时间规律和空间特征。

通过中尺度气象模式 WRF、区域空气质量模式 CMAQ 等，采用“Brute force”方法定量解析外部区域对大气污染的贡献，以及区域间大气污染相互传输的贡献，分析区域污染传输特征，识别大气污染联防联控的重点区域和重点控制行业。对于工业密集区，结合工业企业的分布情况划分出城市上风向、扩散通道和环流通道等布局敏感区域。

利用清华大学 MEIC 数据（V1.3 版，2016 年），结合 2017 年污染源普查数据和环境统计数据等，在对大气污染源进行全面调查的基础上，采用环境保护部已发布的清单编制指南等文件提供的技术方法，建立基准年涵盖固定源、移动源、民用源、农业源等在内，包含颗粒物、二氧化硫、氮氧化物、挥发性有机物及氨等主要大气污染物在基于 GIS 系统的高时间分辨率和高空间分辨率的排放清单。挥发性有机物依据环境空气质量模型所采用的化学反应机制进行物种分配。

分析近年来各类污染源排放颗粒物、二氧化硫、氮氧化物等主要大气污染物排放量的变化趋势；在可获得排放数据的基础上，分析挥发性有机物、氨等排放量的变化情况，确定大气污染防治的重点污染物。利用基准年大气污染源排放清单统计不同行业和污染源污染物排放量，分析不同行业和污染源的排放分担率。定量估算不同排放源和污染物排放对城市环境空气中主要污染物浓度的贡献，确定大气污染物主要来源，筛选重点排放行业和排放源。分析大气污染物排放的空间分布状况，确定排放重点控制区域。评估污染治理技术和治理设施升级改造空间，确定重点污染源减排潜力。

2）大气污染物允许排放量测算

根据典型年气象条件、污染特征及数据资料基础，合理选择模型方法，以环境空气质量目标为约束，测算二氧化硫、氮氧化物、颗粒物、挥发性有机物、氨等主要污染物环境容量，地方可结合实际增加特征污染物环境容量测算。

排放源清单建立。简易模型排放源清单的编制参照《环境影响评价技术导则　大气环境》（HJ 2.2—2008）空气质量模型使用说明中有关排放清单的编制要求。复杂模型应建立多化学组分（包括 SO_2、NO_x、CO、NH_3、EC、OC、PM_{10}、$PM_{2.5}$、VOCs 等，其中 VOCs 依据复杂模型所采用的化学反应机制进行污染物分配）、高空间分辨率（水平嵌套网格内层分辨率不低于 3 km×3 km）、高时间分辨率（反映各类排放源季、月、日、小时变化规律）的排放源清单。

排放源与环境质量响应关系建立。根据选定的空气质量模型要求，输入相应分辨率的地形高程、下垫面特征及环境参数。利用 MM5、WRF 等气象模式为空气质量模型系统提供三维气象要素场软件（水平方向嵌套网格内层分辨率不低于 3 km×3 km，垂直方向边界层内分层不少于 10 层）。利用全球模式或区域模式模拟结果、大气污染物环境背景值或实际监测资料为模型运算初始条件和边界条件，非嵌套网格类型区域内层网格的边界条件可采用模型外层网格污染物浓度模拟结果。收集模拟区域内各类监测数据进行模型结果校验。采用复杂模型内置的敏感性评估模块、源追踪模块、源开关法等模拟建立排放源与环境空气质量之间的对应关系，获得各地区各类污染源最大允许排放量。

基于大气污染源排放清单，考虑到经济社会的发展、产业结构的调整、污染控制水平和环境管理水平等因素，预测不同阶段能源消费量、煤炭消费量、主要工业产品产量、人口、城镇化率和机动车保有量等社会经济参数的变化趋势，以环境质量目标为约束，构建不同措施组合的控制情景，分析测算工业、生活、交通、港口船舶等存量源污染减排潜力和新增源污染排放量，分析不同区域分阶段质量改善潜力。评估在不同控制情景下大气环境质量的改善潜力，构建出工业、交通、生活以及农业等不同污染源治理措施组合的控制情景，进一步建立了各情景下的污染源排放清单。

根据基准年与预测年污染物排放清单，通过空气质量模型模拟在不同情景下污染物排放浓度，并计算相关响应因子（RRF）：

$$RRF_i = C_{mi\,预测年}/C_{mi\,基准年} \tag{7-16}$$

式中，RRF_i——第 i 种污染物的相关响应因子；

$C_{mi\,预测年}$——在预测年污染物排放量情景下的第 i 种污染物的模拟浓度；

$C_{mi\,基准年}$——在基准年污染物排放量情景下的第 i 种污染物的模拟浓度。

通过计算 RRF 与监测点位监测浓度的乘积，得到预测年污染物的预测浓度：

$$C_{i\,预测年}=RRF_i \times C_{oi\,基准年} \tag{7-17}$$

式中，$C_{i\,预测年}$——第 i 种污染物的预测浓度；

$C_{oi\,基准年}$——第 i 种污染物的监测浓度。

将计算得到的污染物预测浓度与大气环境质量底线目标进行对比，判断预测主要污染物允许排放量是否满足底线目标管控要求。

3）大气环境管控分区

将环境空气一类功能区作为大气环境优先保护区。

将环境空气二类功能区中的工业集聚区等高排放区域，上风向、扩散通道、环流通道等影响空气质量的布局敏感区域，静风或风速较小的弱扩散区域，城镇中心及集中居住、医疗、教育等受体敏感区域等作为大气环境重点管控区。

将环境空气二类功能区中的其余区域作为一般管控区。

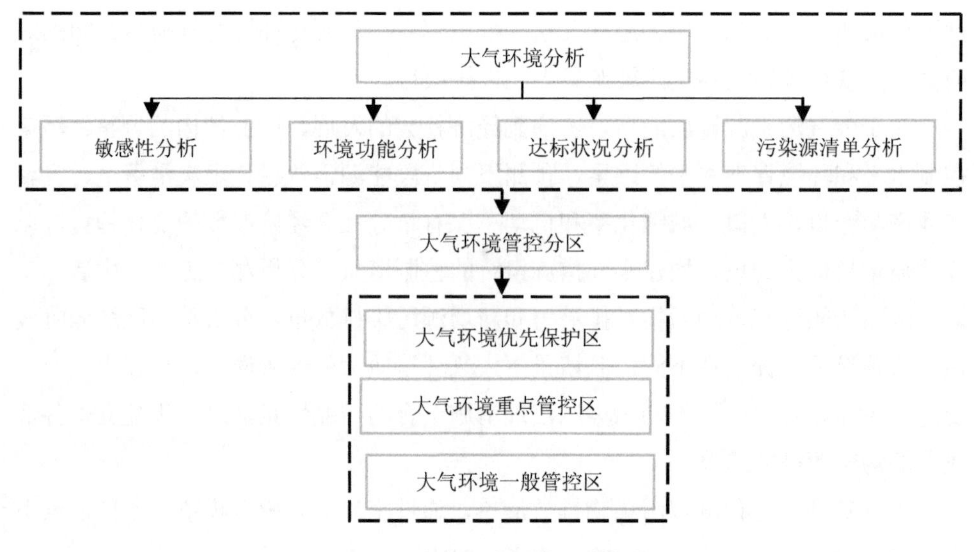

图 7-2　大气环境系统评价路线

（4）土壤环境重点管治区块

依据土壤环境分析结果，参照《农用地土壤环境质量类别划分技术指南》，将农用地划分为优先保护类、安全利用类和严格管控类，将优先保护农用地集中区作为农用地优先保护区，将农用地划分为严格管控类和安全利用类区域作为农用地污染风险重点防控区。

1）土壤环境分析

利用国土、农业、生态环境等部门的土壤环境监测调查数据，结合全国土壤污染状况详查，参照国家有关标准规范，对农用地、建设用地和未利用地的土壤污染状况进行分析评价，确定土壤污染的潜在风险和严重风险区域。

2）农用地土壤环境质量类别划分

对重点关注区域内的耕地，根据土壤污染程度的空间分布，划分土壤环境质量类别评价单元。原则上，对受同一污染源影响，且污染程度相似的，应划为同一评价单元，综合确定耕地的物理边界、地块边界或权属边界等因素。当数据无法支撑评价单元划分时，可根据污染源类型及其影响范围，按照相关规定补充监测数据。污染源类型一般包括灌溉水污染型、大气污染型、固体废物堆存污染型、尾矿库溃坝污染型、洪水泛滥淹没污染型以及污染成因不明型等。

每个评价单元内参与土壤环境质量类别划分的土壤点位数原则上不少于 3 个。从保护农产品质量安全的角度并依据《土壤环境质量　农用地土壤污染风险管控标准（试行）》（GB 15618—2018）以及《食品安全国家标准　食品中污染物限量》（GB 2762—2022）关于农产品重金属污染物指标的规定，选择镉、汞、砷、铅、铬 5 种重金属按照单项污染物划分评价单元类别，然后综合分析判断评价单元的土壤环境质量类别。

农产品质量评价所选取的农作物种类，应以评价单元所在区域内常年主栽农作物为准。农产品质量评价选取的污染物，应与判定该评价单元类别时依据的土壤污染物保持一致。根据《食品安全国家标准　食品中污染物限量》（GB 2762—2022），以及农业部门规定的有关技术方法，对该评价单元内农产品质量超标情况进行评价。

以按土壤污染状况初步划分的土壤环境质量类别为基础，结合农产品质量评价结果，综合确定该评价单元土壤环境质量类别。

为便于耕地土壤环境管理，同一行政区域内类别一致的相邻单元进行整合。当同一单元跨行政边界时，为落实属地责任应按照行政边界对单元进行拆分。

3）建设用地污染风险筛查和分级技术方法

借鉴美国、加拿大、法国等发达国家污染地块风险分级经验，结合我国企业特点和污染地块土壤环境管理实践，基于“污染源—迁移途径—受体”风险三要素，统筹考虑土壤和地下水，构建基于基础信息调查的风险筛查模型和结合初步采样调查的风险分级模型。

在产企业地块的风险筛查指标包含 3 个级别。其中，一级指标包括土壤和地下水 2 项；二级指标包括企业环境风险管理水平、地块污染现状、污染物迁移途径和污染受体 4 项；三级指标包括土壤的 19 项和地下水的 18 项。

收集在产企业地块基础信息资料，分别对土壤和地下水的各项三级指标进行赋值，相应三级指标的分值之和为二级指标（企业环境风险管理水平、地块污染现状、污染物迁移途径和受体）的得分；相应二级指标的分值之和为一级指标（土壤和地下水）的得分；地块风险筛查的总得分可通过式（7-18）由土壤和地下水的一级指标得分计算得到。

$$S=\sqrt{\frac{S_{\mathrm{s}}^2+S_{\mathrm{gw}}^2}{2}} \tag{7-18}$$

式中，S——地块风险筛查总分；

S_{s}——地块土壤得分；

S_{gw}——地块地下水得分。

将地块风险筛查的总分与在产企业地块关注度分级标准进行比较，可得到在产企业地块的关注度。地方生态环境部门可根据本区域在产企业地块风险筛查得分情况，综合考虑地块初步采样调查和土壤环境管理需求，调整地块关注度分级标准。

表 7-1　地块关注度分级标准

地块风险筛查总分	地块关注度分级
$S \geqslant 70$ 分	高度关注地块
40 分 $\leqslant S < 70$ 分	中度关注地块
$S < 40$ 分	低度关注地块

为了确保地块调查信息及其评估结果的可靠性，每个地块的风险筛查结果应进行确定性评估，计算公式如下：

$$C = S_c / S_t \tag{7-19}$$

式中，C——地块风险筛查结果的确定性，%；

S_c——地块风险筛查中确定指标的得分总和；

S_t——地块风险筛查中所有指标的得分总和。

如某个地块确定性评估的结果低于 80%，则说明该地块风险筛查结果的不确定性较大，需要重新收集相关信息，重新进行风险筛查。

在产企业地块的风险分级指标同样包含 3 个级别，但与风险筛查指标略有差异。风险分级的计算方法与风险筛查类似，最后根据风险分级中所有指标的得分确定地块的风险等级。

关闭搬迁企业地块的风险筛查指标包含 3 个级别。其中，一级指标包括土壤和地下水 2 项；二级指标包括污染特性、污染物迁移途径和受体 3 项；三级指标包括土壤的 15 项和地下水的 14 项。

关闭搬迁企业风险筛查与分级的计算方法与在产企业相同。

评价指标体系：

①农用地土壤环境质量类别划分

a. 评价单元（污染物类型、污染程度）

b. 评价单元类别（镉、汞、砷、铅、铬）

c. 单元内农产品质量（土壤污染物）

②建设用地污染风险筛查和分级

a. 在产企业风险筛查与分级

（土壤、地下水）——一级指标

（企业环境风险管理水平、地块污染现状、污染物迁移途径和污染受体）——二级指标

（土壤—19 项、地下水—18 项）——三级指标

b. 关闭搬迁企业风险筛查与分级

（土壤、地下水）——一级指标

（污染特性、污染物迁移途径和受体）——二级指标

（土壤—15 项、地下水—14 项）——三级指标

4）土壤污染风险管控分区

依据土壤环境分析结果，参照农用地土壤环境状况类别划分技术指南，农用地划分为优先保护类、安全利用类和严格管控类，将优先保护类农用地集中区作为农用地优先保护区，将农用地严格管控类和安全利用类区域作为农用地污染风险重点管控区。

筛选涉及有色金属冶炼、石油加工、化工、焦化、电镀、制革等行业生产经营活动和危险废物贮存、利用、处置活动的地块，识别疑似污染地块。基于疑似污染地块环境初步调查结果，建立污染地块名录，确定污染地块风险等级，明确优先管理对象，将污染地块纳入建设用地污染风险重点管控区。

其余区域纳入一般管控区。

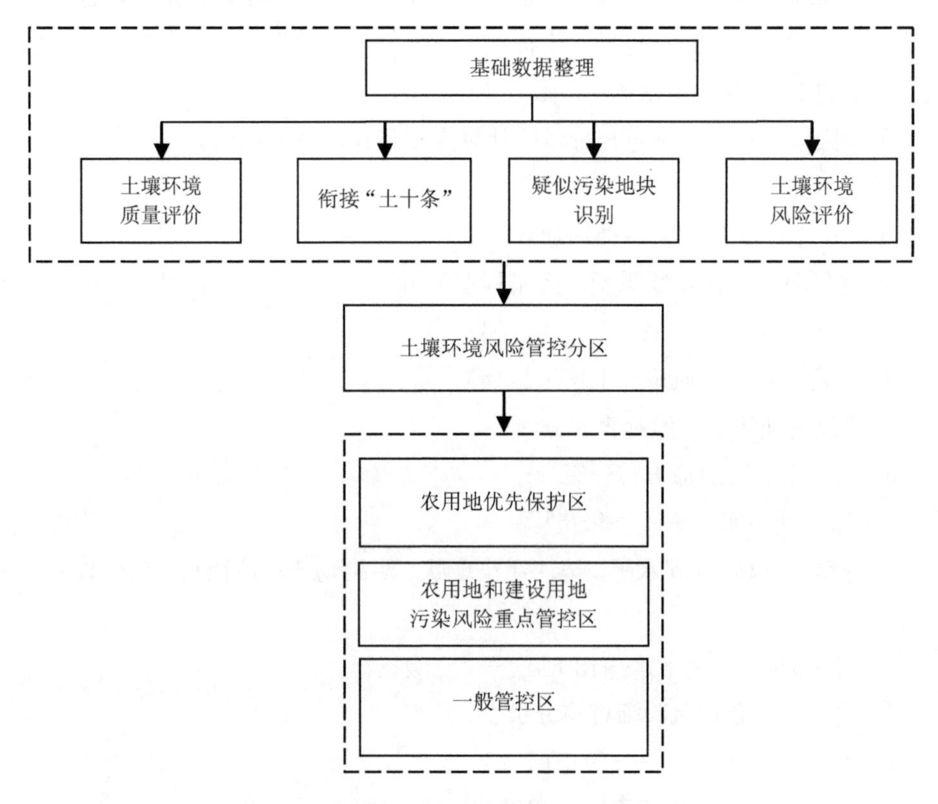

图 7-3　土壤环境风险防控底线确定技术路线

7.2.2　综合生态环境重点管治单元划分

7.2.2.1　统一评价单元

考虑生态环境系统的复杂性，各要素在开展评价时一般选取不同的评价单元，如生态、大气等要素主要选取网格进行评价，水要素主要选取控制单元进行评价，土壤要素主要选取土地利用地块进行评价，在进行生态环境综合评价前需要统一评价单元，调整确定生态环境各要素保护与重点管控空间边界。

7.2.2.2　建立综合指标体系

将生态环境各要素系统评价结果进行空间叠加分析，建立综合指标体系，得到各评价单元生态环境管治叠加分析值。

（1）划分思路

管治区划分要在生态环境要素评价基础上，采用空间叠加分析等方法开展生态环境综合评价，结合不同空间生态环境管治重点，确定生态环境重点管治区分布。

（2）评价方法

$$\mathrm{EEI}_i = 1\,000E_i+100W_i+10A_i+S_i \tag{7-20}$$

式中，EEI_i——生态环境分区管治叠加分析值；

E_i——生态因子指数；

W_i——水因子指数；

A_i——大气因子指数；

S_i——土壤因子指数。

千位数值代表生态要素的重点管治因子，百位数值代表水要素的重点管治因子，十位数值代表大气要素的重点管治因子，个位数值代表土壤要素的重点管治因子。

表 7-2 生态环境分区管治评价

要素层	因子层	指标层	赋值
生态要素	生态保护红线	生态保护红线	1
	非生态保护红线的其他重点管控区	水源涵养	2
		水土保持	
		防风固沙	
		生物多样性保护	
		水土流失	
		土地沙化	
		石漠化	
		盐渍化	
水要素	水环境优先保护区	水源保护区等所属控制单元	1
	水环境重点管控区	以工业源为主的控制单元	2
		以城镇生活源为主的超标控制单元	
		以农业源为主的超标控制单元	
大气要素	大气环境优先保护区	环境空气一类功能区	1
	大气环境重点管控区	高排放区域	2
		布局敏感区域	
		受体敏感区域	
土壤要素	农用地优先保护区	优先保护农用地集中区	1
	农用地污染风险重点防控区	严格管控类区域	2
		安全利用类区域	
	建设用地污染风险重点防控区	污染地块	3

（3）划分方法

根据生态环境综合评价结果，划分不同空间重点管治区。以生态安全保障功能为主的区域内，将千位数值为“1”和“2”的评价单元划分为生态环境重点管治单元；以农产品环境保障功能为主的区域内，将百位数值为“1”和“2”、个位数值为“1”和“2”的评价单元划分为生态环境重点管治单元；以人居环境保障功能为主的区域内，将百位数值为“1”和“2”、十位数值为“1”和“2”、个位数值为“3”的评价单元划分为生态环境重点管治单元。

表 7-3 生态环境重点管治单元确定

功能类型	叠加分析值	是否重点管治单元
生态安全保障	千位数值为“1”	是
	千位数值为“2”	是
	千位数值为其他数值	否
农产品环境保障	百位数值为“1”	是
	百位数值为“2”	是
	个位数值为“1”	是
	个位数值为“2”	是
	百位数值、个位数值为其他数值	否
人居环境保障	百位数值为“1”	是
	百位数值为“2”	是
	十位数值为“1”	是
	十位数值为“2”	是
	个位数值为“3”	是
	百、十、个位数值为其他数值	否

7.2.2.3 生态环境重点管治单元确定

根据各类空间的不同管治重点，确定生态环境重点管治单元。生态空间内重点管治生态因子；农业空间内重点管治水和土壤因子；城镇空间内重点管治水、大气以及土壤因子。

7.2.3 分区管治要点

在生态环境重点管治单元划分的基础上，以维护和改善生态环境为目标，明确不同空间管治重点与要求，提出差异化的管治目标和对策。

7.2.3.1 不同空间生态环境管治重点

分析不同空间主要生态环境问题，确定不同空间生态环境管治重点，并在此基础上制定对策。

7.2.3.2 修复治理要求

基于不同生态环境分区的特点，积极推进制定生态保护重点管控区域修复治理标准，制定农用地、建设用地等区域的土壤环境质量标准。

7.2.3.3 基础服务设施布局

根据生态环境重点管治分区的管控要求，评估基础服务设施建设的生态环境影响程度，明确基础服务设施建设的原则和要求。

7.2.3.4 生态环境健康维护

对于水环境优先保护区、大气环境优先保护区和农用地优先保护区，应建立健全环境与健康监测、调查评估制度。

7.2.3.5 生态环境风险防范

对于水环境重点管控区、大气环境重点管控区、农用地污染风险重点防控区以及建设用地污染风险重点防控区，应提出环境风险防控的管理要求。

生态空间重点管治生态保护红线、各类自然保护地、生态建设与修复工程、矿产资源开发等。

农业空间重点管治耕地土壤环境质量、农业面源污染、畜禽养殖污染、农村环境整治等。

城镇空间重点管治饮用水水源地、大气污染、水污染、污染地块、环境基础设施提升布局、产业结构优化等。

第 8 章
主体功能区国土空间开发保护质量和效率评估技术研究

8.1 典型区国土空间分布现状及空间结构特征

本研究以宁夏回族自治区固原市为例，采用 2015 年土地覆被数据分析国土空间分布现状及空间结构特征。将主要包括 Landsat TM/ETM+影像以及 HJ-1A/B 的遥感影像数据作为影像解译的主要数据源，采用基于地理的面向对象影像分析技术，空间分辨率精度为 30 m。分类系统中一级类与 IPCC 土地覆被类型一致，二级类则基于 FAO/LCCS 的土地覆被类型划分方法。本研究在二级类基础上对“三生”空间进行分类，并在此基础上进行空间分析。

8.1.1 固原市国土空间现状范围的确定

在本研究中，我们定义城镇空间是指以提供工业品和服务产品为主体功能的空间，包括城市建设空间（城市和建制镇的建成区）和工矿建设空间（独立于城市建成区之外的独立工矿区）。根据土地利用覆被数据，将交通用地、居住地、工业用地和采矿场归为城镇空间。

表 8-1　城镇空间土地利用分类体系及归类依据

空间类型	类别名称	归类依据
城镇空间	交通用地	宽度大于 30 m 的道路，不包括相应站场用地（机场、车站）和防护林带
	建设用地（居住地和工业用地）	城市、镇、村等聚居区，独立于城镇居住区外的、或主体为工业和服务功能的区域，包括独立工厂、大型工业园区和服务设施
	采矿场	土地覆被、岩石或土质的物质被人类的活动或机械被搬离后的状态，包括采石、河流采沙、采矿、采油等。包括大型露天垃圾填埋场，不包括垃圾处理厂、采矿场附近的矿石/石料加工厂，也不包括废弃的采矿/石场地

农业空间以提供农产品为主体功能的空间，包括农业生产空间和农村生活空间。农业生产空间主要是耕地，也包括园地和其他农用地等；农村生活空间为农村居民点和农村其他建设空间（农村公共设施和公共服务用地）。耕地、园地等也兼有生态功能，但其主体功能是提供农产品，所以应该定义为农业空间。根据固原市土地利用覆被数据，将乔木园地、旱地归为农业空间。

表 8-2　农业空间土地利用分类体系及归类依据

空间类型	类别名称	归类依据
农业空间	乔木园地	种植以采集果、叶、根、干、茎、汁等为主的集约经营的多年乔木植被的土地。包括果园、桑树、橡胶、乔木苗圃等园地。高度在 3 m 以上
	旱地	种植旱季作物的耕地，包括有固定灌溉设施与灌溉设施的耕地。包括种植旱生作物、菜地、药材、草本果园（如西瓜）等土地，也包括人工种植和经营的饲料、草皮等土地，不包括草原上的割草地

生态空间是指以提供生态产品或生态服务为主体功能的空间。按提供生态产品多寡来划分，生态空间又可以分为绿色生态空间和其他生态空间两类。绿色生态空间主要是指林地、水面、湿地，其中有些是人工建设的（如人工林、水库等），

更多的是自然存在的（如河流、湖泊、森林等）。其他生态空间主要是指沙地、裸地、盐碱地等自然存在的自然空间。林地、草地、水面虽然也兼有农业生产功能，可以提供部分林产品、牧产品和水产品，但其主体功能应该是生态，若过于偏重其农业生产功能，就可能损害其生态功能，因此，林地、草地、水面等应定义为生态空间。根据土地利用覆被数据，将常绿针叶林、落叶阔叶林、针阔混交林、落叶阔叶灌丛、温性草原、温性草甸、草丛、稀疏草地、草本湿地、湖泊、水库/坑塘、裸土、盐碱地归为生态空间。

8.1.2　固原市国土空间范围结构特征

根据 2015 年固原市三类国土空间范围的分布情况可以看出，固原市生态空间面积最大，约为 5 616.37 km^2，占全市土地总面积的 53.36%；农业空间面积约为 4 726.90 km^2，占全市土地总面积的 44.91%；城镇空间面积相对较小，约为 182.87 km^2，占全市土地总面积的 1.74%（图 8-1）。

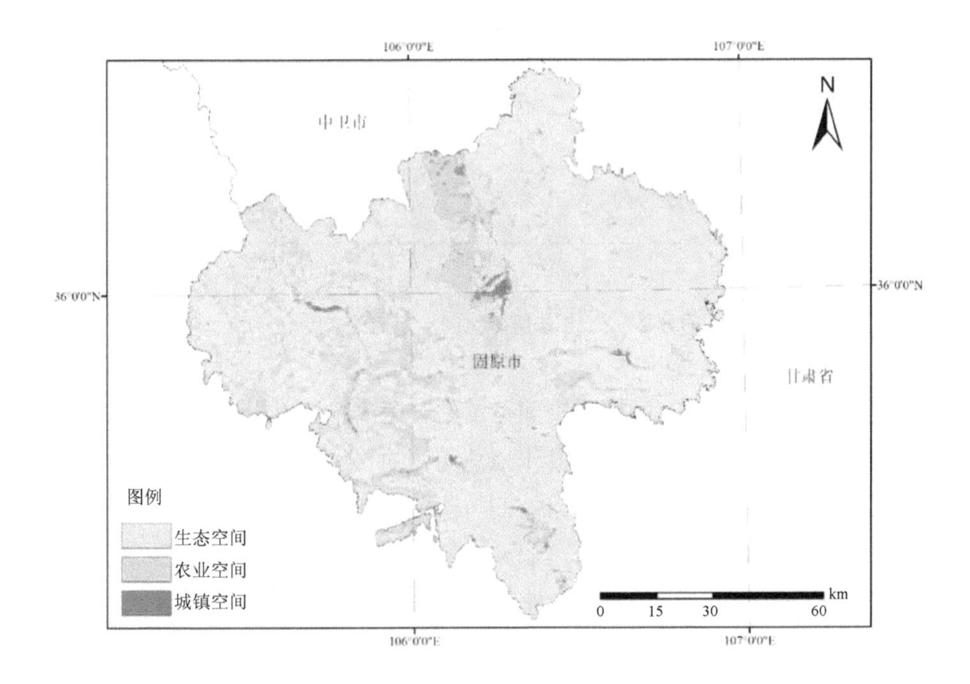

图 8-1　2015 年固原市国土空间分布特征

根据 2015 年原州区三类国土空间范围的分布情况可以看出，原州区生态空间面积最大，约为 1 499.95 km^2，占全区土地总面积的 54.74%，比全市水平高 1.39%；农业空间面积约为 1 160.66 km^2，占全区土地总面积的 42.36%，比全市水平低 2.55%；城镇空间面积相对较小，约为 79.31 km^2，占全区土地总面积的 2.89%，比全市水平高 1.16%（图 8-2）。

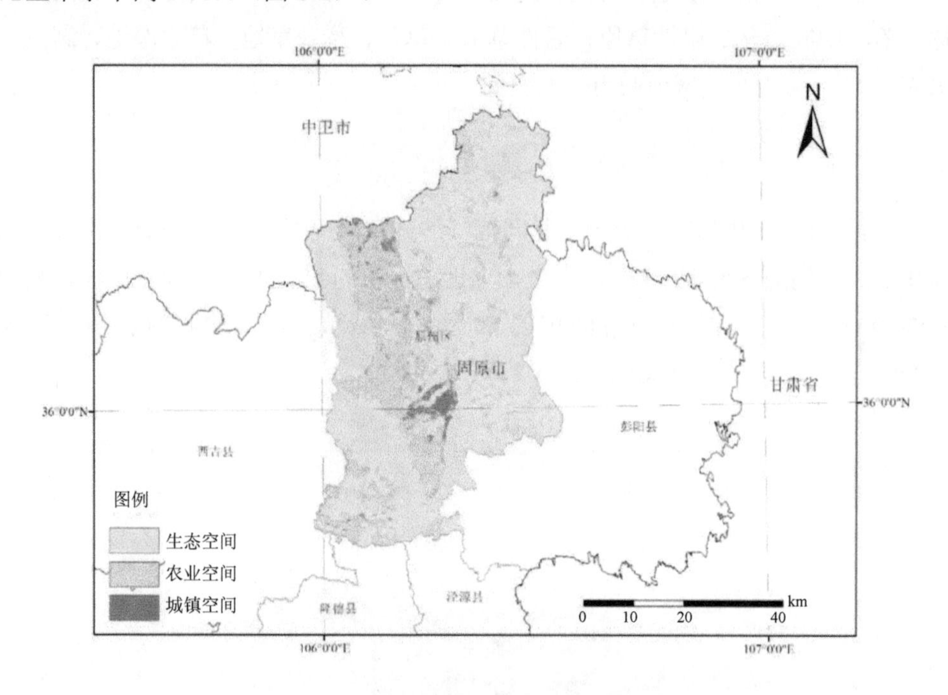

图 8-2　2015 年原州区国土空间分布特征

根据 2015 年西吉县三类国土空间范围的分布情况可以看出，西吉县农业空间面积最大，约为 1 971.25 km^2，占全县土地总面积的 62.98%，比全市水平高 18.08%；生态空间面积约为 1 124.07 km^2，占全县土地总面积的 35.92%，比全市水平低 17.44%；城镇空间面积相对较小，约为 34.45 km^2，占全县土地总面积的 1.10%，比全市水平低 0.64%（图 8-3）。

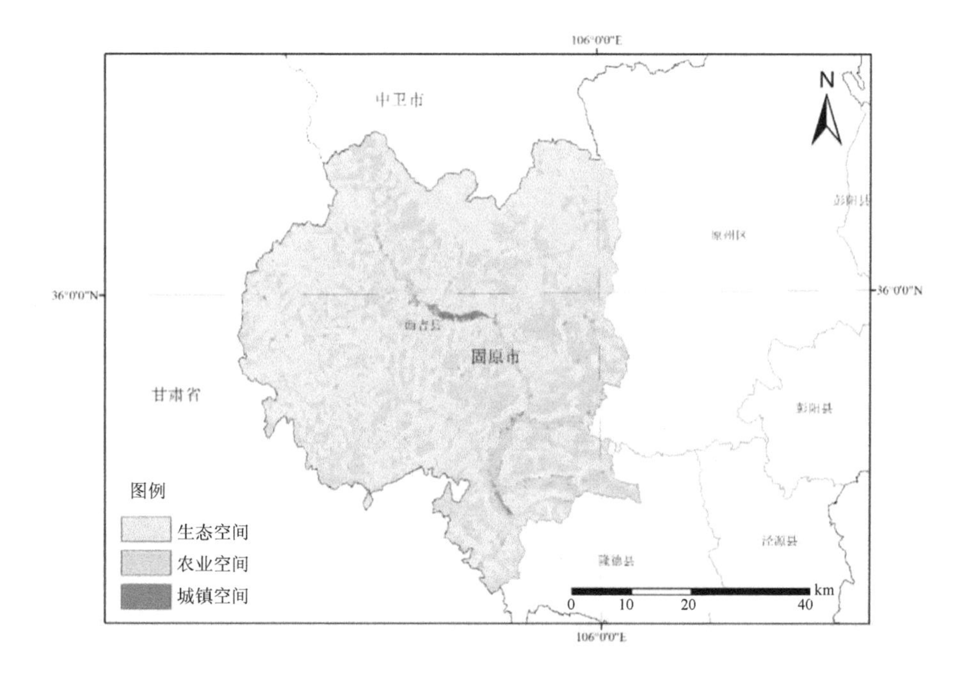

图 8-3　2015 年西吉县国土空间分布特征

根据 2015 年隆德县三类国土空间范围的分布情况可以看出，隆德县生态空间面积最大，约为 532.98 km^2，占全县土地总面积的 53.70%，比全市水平高 0.35%；农业空间面积约为 438.78 km^2，占全县土地总面积的 44.21%，比全市水平低 0.7%；城镇空间面积相对较小，约为 20.68 km^2，占全县土地总面积的 2.08%，比全市水平高 0.35%（图 8-4）。

根据 2015 年泾源县三类国土空间范围的分布情况可以看出，泾源县生态空间面积最大，全县土地面积的绝大部分均为生态空间，约为 930.53 km^2，占全县土地总面积的 82.41%，比全市水平高 29.06%；农业空间面积相对较小，仅为 169.03 km^2，占全县土地总面积的 14.97%，比全市水平低 29.94%；城镇空间面积约为 29.52 km^2，占全县土地总面积的 2.61%，比全市水平高 0.88%（图 8-5）。

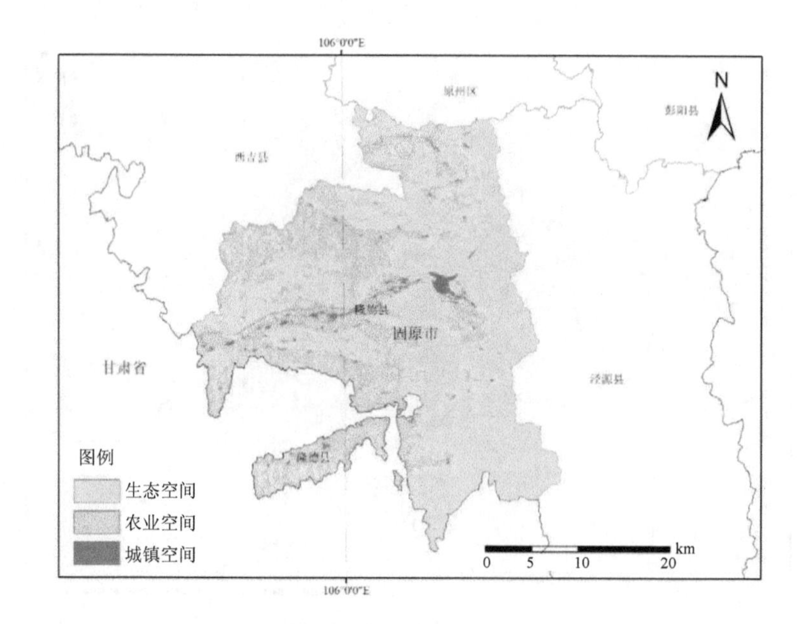

图 8-4　2015 年隆德县国土空间分布特征

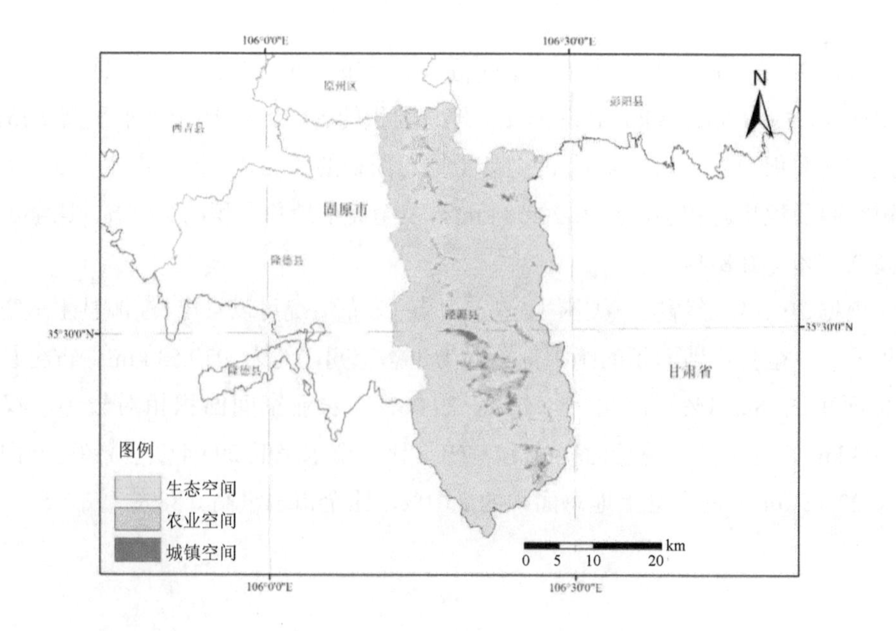

图 8-5　2015 年泾源县国土空间分布特征

根据 2015 年彭阳县三类国土空间范围的分布情况可以看出，彭阳县生态空间面积最大，约为 1 529.35 km^2，占全县土地总面积的 60.33%，比全市水平高 6.97%；农业空间面积相对较小，仅为 986.65 km^2，占全县土地总面积的 38.92%，比全市水平低 5.98%；城镇空间面积约为 18.90 km^2，占全县土地总面积的 0.75%，比全市水平低 0.99%（图 8-6）。

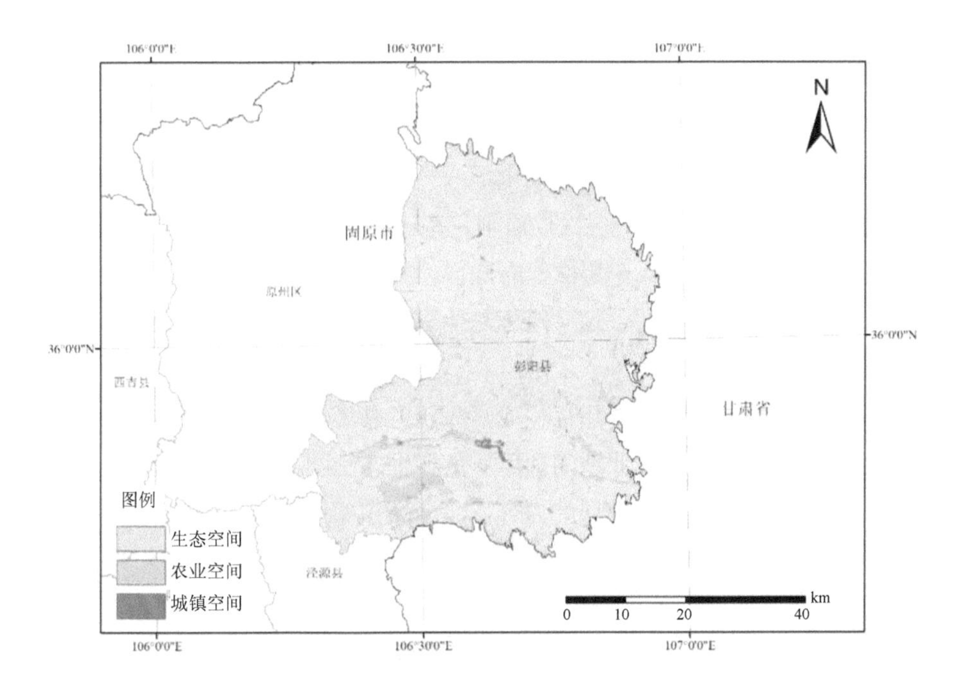

图 8-6　2015 年彭阳县国土空间分布特征

表 8-3　固原市各县（区）国土空间面积占比　　单位：%

类型	固原市	原州区	西吉县	隆德县	泾源县	彭阳县
生态空间	53.36	54.74（+）	35.92（−）	53.70（+）	82.41（+）	60.33（+）
农业空间	44.91	42.36（−）	62.98（+）	44.21（−）	14.97（−）	38.92（−）
城镇空间	1.74	2.89（+）	1.10（−）	2.08（+）	2.61（+）	0.75（−）

注：（+）表示占比高于市域水平，（−）表示占比低于市域水平。

8.2 典型区国土空间开发保护质量和效率评估方法的构建与研究

8.2.1 固原市县域国土空间利用质量评价指标体系构建

评价指标体系的确立对国土空间利用质量的定量具有重要意义，县域国土空间利用质量水平是对国土资源利用和国土空间布局研究的关键。目前，国土空间利用质量评价指标体系并不完善，尚未形成一套标准的评价指标体系，研究遵循主导因素原则、差异性原则、层次性原则、易获取原则和可比性原则，从目标层、系统层、准则层和指标层 4 个层面建立评价体系。

目标层：即综合效益层，这一指标总体上可以反映出国土空间利用质量的程度与水平。

系统层：反映出目标层的指标构成，为研究县域国土空间利用质量状况，划分为城镇空间利用质量、农业空间利用质量和生态空间利用质量。

准则层：进一步具体系统层的内容，包括城镇空间与农业空间的规模水平、效益水平、利用强度、保障水平，以及生态空间的规模水平、稳定水平和空间保障度等。

指标层：用来反映各准则层的具体内容，由各个单项指标体现，是构成指标体系的最低层。

根据以上指标体系构建方案，并结合已有相关研究，最终遴选 29 个指标构建县域国土空间利用质量评价指标体系（表 8-4）。

表 8-4 固原市县域国土空间利用质量评价指标标准化结果

目标层	系统层	准则层	指标层	指标单位
国土空间利用质量 A	城镇空间利用质量 B1	城镇空间规模水平 C1	城镇人口 D1	人
			固定资产投资 D2	万元
			城镇建成区面积 D3	km^2

目标层	系统层	准则层	指标层	指标单位
国土空间利用质量A	城镇空间利用质量B1	城镇空间效益水平 C2	规模工业产值 D4	万元
			城镇化率 D5	%
		城镇空间利用强度 C3	建成区人口密度 D6	人/km²
			城镇路网密度 D7	km/km²
		设施保障水平 C4	文化产业机构数 D8	个
			拥有中小学数量 D9	所
			每千常住人口医疗卫生机构床位数 D10	张
	农业空间利用质量B2	农业空间规模水平 C5	乡村人口 D11	人
			粮食播种面积 D12	hm²
			自来水受益村 D13	个
		农业空间效益水平 C6	农业总产值 D14	万元
			人均可支配收入 D15	元
			粮食产量 D16	t
		农业空间利用强度 C7	土地复种指数 D17	%
			土地垦殖率 D18	%
			人均耕地面积 D19	hm²
		农业空间可持续度 C8	粮食单产 D20	kg/亩
			单位播种面积农业产值 D21	万元/hm²
			人均村庄道路长度 D22	m
	生态空间利用质量B3	生态空间规模水平 C9	林地面积 D23	hm²
			草地面积 D24	hm²
			水域面积 D25	hm²
		生态空间稳定水平 C10	国家公益林面积 D26	亩
			森林覆盖率 D27	%
		生态空间保障度水平C11	人均水资源量 D28	万 m³
			造林面积 D29	亩

8.2.2 数据来源

国土空间利用质量综合评价的指标需要大量的统计数据和相关资料支撑。研究收集了大量的图件资料和统计资料，主要包括《2019 宁夏统计年鉴》、固原市及其各县（区）国民经济和社会发展统计公报、土地利用现状数据等数据资料。

8.2.3 数据标准化处理

在构建的评价指标体系中由于各项指标的性质不同，所以也具有不同的量纲和数量级。为了保证分析结果的科学性和可靠性，需对原始指标数据进行标准化处理，消除指标量纲差异带来的影响，将指标实际值转化为量纲为一数值，在此基础上进行评价指标的综合分析。本研究运用极差法对所选取的指标进行处理，得出各项指标的标准化数据（表 8-5）。

表 8-5 固原市各县（区）国土空间利用质量评价指标标准化结果

指标	原州区	西吉县	隆德县	泾源县	彭阳县
D1	1.000	0.358	0.097	0.000	0.166
D2	1.000	0.159	0.030	0.000	0.014
D3	1.000	0.211	0.131	0.000	0.095
D4	1.000	0.135	0.086	0.000	0.410
D5	1.000	0.000	0.194	0.187	0.173
D6	0.000	0.712	0.189	1.000	0.816
D7	0.440	0.220	1.000	0.939	0.000
D8	0.200	1.000	0.133	0.000	0.000
D9	1.000	0.762	0.000	0.008	0.246
D10	1.000	0.000	0.180	0.127	0.228
D11	0.773	1.000	0.200	0.000	0.358
D12	0.466	1.000	0.178	0.000	0.451
D13	0.276	1.000	0.000	0.036	0.291
D14	0.995	1.000	0.177	0.000	0.702
D15	1.000	0.472	0.447	0.000	0.931

指标	原州区	西吉县	隆德县	泾源县	彭阳县
D16	0.531	1.000	0.226	0.000	0.538
D17	1.000	0.447	0.000	0.234	0.417
D18	0.605	1.000	0.675	0.000	0.477
D19	0.236	1.000	0.287	0.000	0.851
D20	1.000	0.438	0.934	0.000	0.869
D21	0.212	0.000	0.599	1.000	0.379
D22	0.000	0.226	0.064	0.722	1.000
D23	0.253	0.329	0.000	0.457	1.000
D24	1.000	0.678	0.028	0.018	0.000
D25	0.286	1.000	0.150	0.000	0.119
D26	0.552	1.000	0.000	0.858	0.973
D27	0.063	0.000	0.306	1.000	0.336
D28	0.024	0.000	1.000	0.602	0.075
D29	0.585	0.445	0.000	0.701	1.000

8.2.4 指标权重确定

采用层次分析法和熵值法并结合经验数据和专家决策，确定各项指标的权重。得到国土空间利用质量评价指标系统层、准则层、指标层的综合权重值，具体见表 8-6。

表 8-6 固原市国土空间利用质量评价体系各指标综合权重

<table>
<tr><th>系统层</th><th>指标权重</th><th>准则层</th><th>指标权重</th><th>指标层</th><th>指标权重</th></tr>
<tr><td rowspan="7">城镇空间利用质量B1</td><td rowspan="7">0.479</td><td rowspan="3">城镇空间规模水平C1</td><td rowspan="3">0.294</td><td>城镇人口 D1</td><td>0.246</td></tr>
<tr><td>固定资产投资 D2</td><td>0.017</td></tr>
<tr><td>城镇建成区面积 D3</td><td>0.031</td></tr>
<tr><td rowspan="2">城镇空间效益水平C2</td><td rowspan="2">0.062</td><td>规模工业产值 D4</td><td>0.042</td></tr>
<tr><td>城镇化率 D5</td><td>0.020</td></tr>
<tr><td rowspan="2">城镇空间利用强度C3</td><td rowspan="2">0.066</td><td>建成区人口密度 D6</td><td>0.059</td></tr>
<tr><td>城镇路网密度 D7</td><td>0.007</td></tr>
</table>

系统层	指标权重	准则层	指标权重	指标层	指标权重
城镇空间利用质量 B1	0.479	设施保障水平 C4	0.057	文化产业机构数 D8	0.012
				拥有中小学数量 D9	0.010
				每千常住人口医疗卫生机构床位数 D10	0.035
农业空间利用质量 B2	0.210	农业空间规模水平 C5	0.139	乡村人口 D11	0.068
				粮食播种面积 D12	0.029
				自来水受益村 D13	0.042
		农业空间效益水平 C6	0.039	农业总产值 D14	0.024
				人均可支配收入 D15	0.004
				粮食产量 D16	0.011
		农业空间利用强度 C7	0.017	土地复种指数 D17	0.007
				土地垦殖率 D18	0.003
				人均耕地面积 D19	0.007
		农业空间可持续度 C8	0.015	粮食单产 D20	0.007
				单位播种面积农业产值 D21	0.005
				人均村庄道路长度 D22	0.003
生态空间利用质量 B3	0.311	生态空间规模水平 C9	0.227	林地面积 D23	0.087
				草地面积 D24	0.040
				水域面积 D25	0.100
		生态空间稳定水平 C10	0.065	国家公益林面积 D26	0.009
				森林覆盖率 D27	0.056
		生态空间保障度水平 C11	0.019	人均水资源量 D28	0.013
				造林面积 D29	0.006

8.2.5　国土空间利用质量综合计算

（1）综合计算方法

定义的权重值为 W_i=（i=1，2，3，…，30），城镇空间利用质量（USUQ）、农业空间利用质量（ASUQ）、生态空间利用质量（ESUQ）的计算公式为

$$\text{USUQ（ASUQ，ESUQ）}=\sum_{j=i}^{n} y_j \times w_j \qquad (8\text{-}1)$$

式中，y_j——用于计算城镇、农业和生态空间利用质量的一组指标标准化值；

w_j——该组指标相对应的权重值。

采用线性加权求和法对国土空间利用质量进行计算，即将城镇、农业和生态空间利用质量的评价值乘以相对应的权重值再对三者求和即可获得国土空间利用质量综合评价值，具体计算公式如下：

$$\text{LSUQ}=W_{\text{USUQ}}\times \text{USUQ} + W_{\text{ASUQ}}\times \text{ASUQ} + W_{\text{ESUQ}}\times \text{ESUQ} \qquad (8\text{-}2)$$

式中，LSUQ——国土空间利用质量综合值；

W_{USUQ}——城镇空间利用质量；

W_{ASUQ}——农业空间利用质量；

W_{ESUQ}——生态空间利用质量的权重值。

（2）综合计算结果

在数据标准化处理和指标权重值确定后，计算得出固原市各县（区）国土空间利用质量准则层的得分，并进一步计算得出固原市各县（区）城镇、农业、生态空间利用质量评价得分，在此基础上对各县（区）的城镇空间利用质量、农业空间利用质量、生态空间利用质量进行线性加权求和，得到各县（区）国土空间利用质量得分结果（表 8-7、表 8-8）。

表 8-7　固原市各县（区）国土空间利用质量准则层计算得分

得分	原州区	西吉县	隆德县	泾源县	彭阳县
C1	0.294	0.097	0.028	0.000	0.044
C2	0.062	0.006	0.007	0.004	0.021
C3	0.003	0.044	0.018	0.066	0.048

得分	原州区	西吉县	隆德县	泾源县	彭阳县
C4	0.047	0.020	0.008	0.005	0.010
C5	0.078	0.139	0.019	0.002	0.050
C6	0.034	0.037	0.009	0.000	0.027
C7	0.010	0.013	0.004	0.002	0.010
C8	0.008	0.004	0.010	0.007	0.011
C9	0.091	0.156	0.016	0.040	0.099
C10	0.008	0.009	0.017	0.064	0.028
C11	0.004	0.003	0.013	0.012	0.007

表 8-8 固原市各县（区）国土空间利用质量评价得分及排序

得分	原州区	西吉县	隆德县	泾源县	彭阳县
城镇空间利用质量得分	0.093 2	0.033 0	0.010 5	0.004 8	0.018 0
城镇空间利用质量评价排序	1	2	4	5	3
农业空间利用质量得分	0.012 4	0.021 0	0.003 2	0.000 3	0.008 3
农业空间利用质量评价排序	2	1	4	5	3
生态空间利用质量得分	0.021 2	0.036 0	0.005 0	0.013 6	0.024 4
生态空间利用质量评价排序	3	1	5	4	2

8.2.6 评价结果分析

城镇空间是承载区域内城镇人口和产业聚集的主要地区，为居民提供居住和社会公共服务，推动着国土空间不断发展。由表 8-8 可知，固原市各县（区）城镇空间利用质量得分为 0.004 8～0.093 2。利用自然间断点分级法将全市城镇空间利用质量划分为 3 个等级，原州区位于城镇空间利用高质量区，其城镇空间规模、效益和设施保障在全市水平最高，但城镇空间利用强度相对较低。西吉县位于城镇空间利用中等质量区，其城镇空间规模和设施保障相对较高。彭阳县、隆德县、泾源县位于城镇空间利用低质量区。其中，彭阳县城镇空间效益和利用强度相对较高；泾源县由于建成区面积最小，其城镇空间利用强度最高，但其他准层水平均较低（图 8-7～图 8-9）。

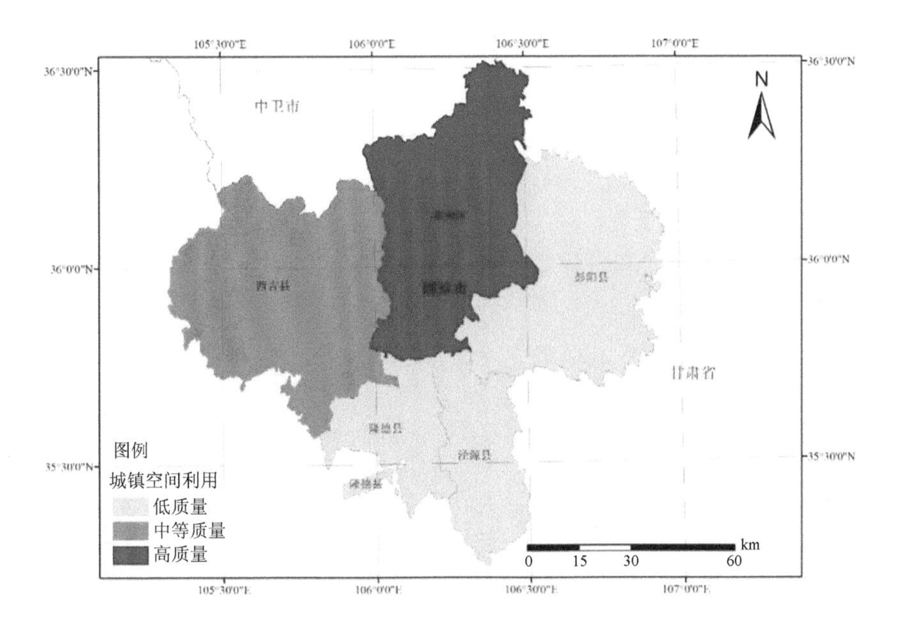

图 8-7　2015 年固原市城镇空间利用质量分级

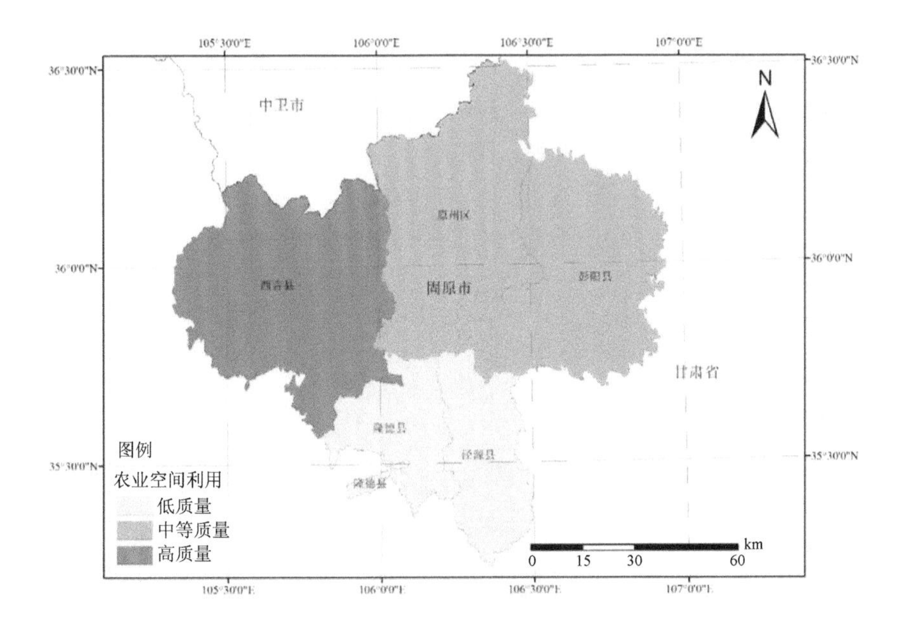

图 8-8　2015 年固原市农业空间利用质量分级

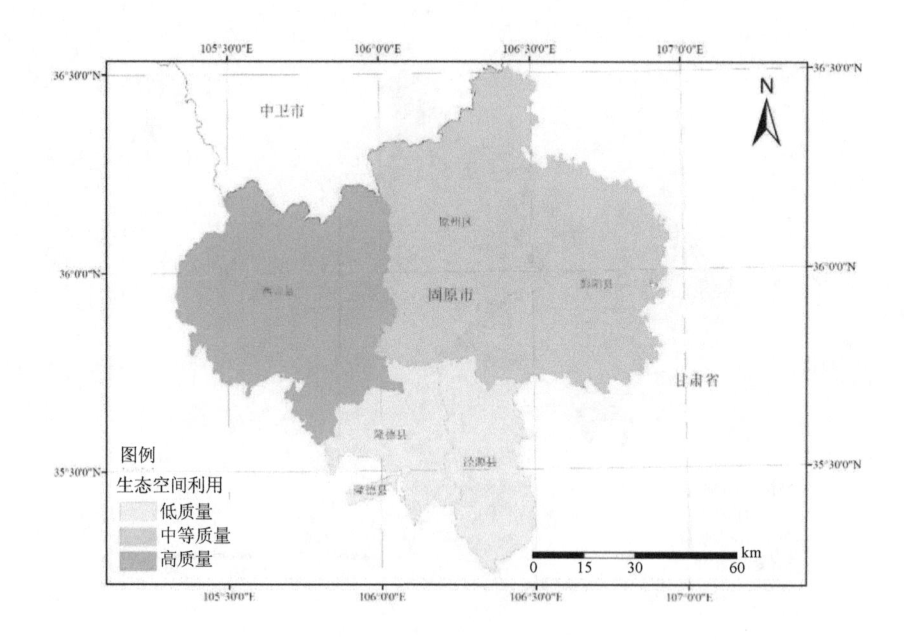

图 8-9　2015 年固原市生态空间利用质量分级

对固原市各县（区）内城镇空间、农业空间、生态空间的国土空间面积的占比情况及国土空间的利用质量情况进行进一步比较分析，将各县（区）三类国土空间的面积占比和国土空间利用质量评价得分进行标准化处理，见图 8-10～图 8-12。

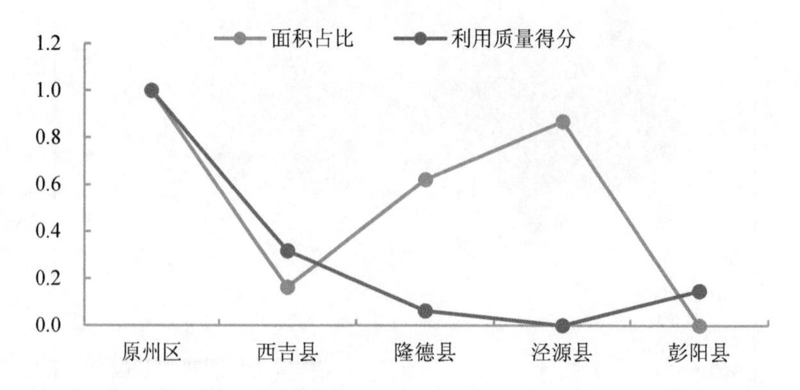

图 8-10　2015 年固原市各县（区）城镇空间利用质量与效率

由图 8-10 可以看出，原州区的城镇空间面积占比和城镇空间利用质量得分在固原市内均排名第一，原州区作为固原市的主城区所在地，在城镇空间规模、效益、设施保障等方面较好，为居民提供居住和社会公共服务，推动着国土空间不断发展。虽然泾源县城镇空间面积占比相对较高，但是城镇空间利用效率不高，固定资产投资、规模工业产值、设施保障水平等相对落后。

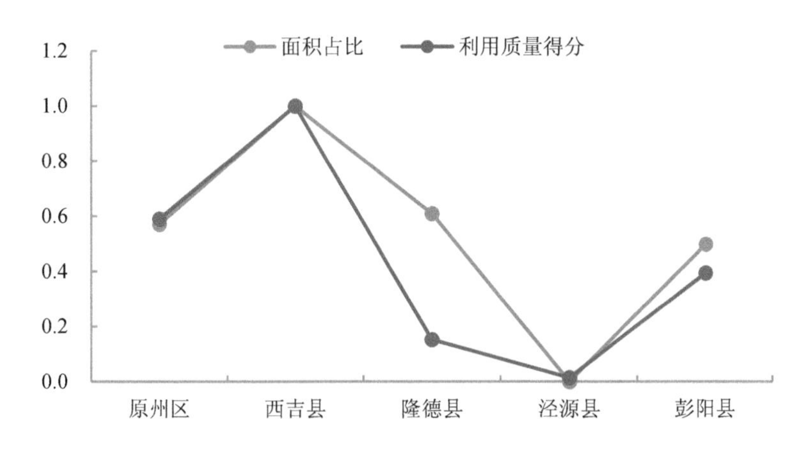

图 8-11　2015 年固原市各县（区）农业空间利用质量与效率

由图 8-11 可以看出，固原市各县（区）农业空间的利用质量和效率相对协调，其中，西吉县的农业空间面积占比和农业空间利用质量得分在固原市内均排名第一，表明西吉县内的农业空间利用效率相对较高。西吉县是固原市的农业大县，农业空间占全县土地总面积的 62.98%，同时在农业空间规模、效益水平、利用程度和可持续度方面较好，以承担农产品生产为主，是国土空间持续发展的基础。原州区和彭阳县的农业空间利用质量与效率也相对较好，隆德县的农业空间利用效率则相对落后，虽然其农业空间的面积较大，但其在乡村人口、粮食播种面积、农业总产值、土地复种指数等指标方面相对较低，农业空间的利用效率还有待提高。

由图 8-12 可以看出，固原市各县（区）生态空间面积占比与利用质量相协调情况较为一般，其中，原州区和彭阳县的生态空间面积占比和生态空间利用质量相对协调。西吉县生态空间面积占比相比其他各区县相对较低，但是西吉县水域面积和草地面积、生态公益林面积相对较大，生态空间质量与效率较好。泾源县对隆德县的生态空间面积和生态空间的利用质量优势并不明显，主要是泾源县和隆德县的国土面积相对较小的缘故。

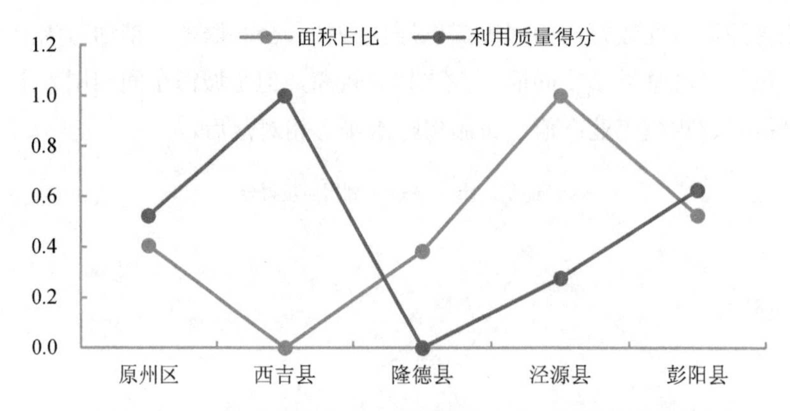

图 8-12　2015 年固原市各县（区）生态空间利用质量与效率

第9章 主体功能区生态保护成效评价技术研究

9.1 现有评价体系概况

现有主体功能区生态保护成效的评价体系主要集中在两个方面：一方面，研究把主体功能区生态保护成效的评价嵌入主体功能区成效评价中；另一方面，研究选择了主体功能区中的国家重点生态功能区，专门研究了这一特殊功能区的生态保护成效。

9.1.1 内嵌于主体功能区评价体系

对主体功能区研究中，主体功能区评价体系的生态保护成效是不可或缺的重要部分，表9-1总结了主体功能区评价体系中所涉及的资源环境指标。

表9-1 现有指标体系汇总

作者	功能区	二类指标
赵景华和李宇环（2012）	优化开发区	工业废水排放达标率、环境噪声达标区覆盖率、城市绿化覆盖率、万元GDP能耗下降率、空气质量
	重点开发区	生活垃圾无害化处理率、城市绿化覆盖率、万元GDP能耗下降率、每平方千米SO_2排放量、生活污水处理达标率

作者	功能区	二类指标
赵景华和李宇环（2012）	限制开发区	林木绿化率、万元 GDP 能耗下降率、城市生活污水处理率、人均耕地保有量、水土流失和荒漠化治理率
	禁止开发区	草畜平衡、草原植被覆盖度、生物多样性、文化资源保护、污染物“零排放”情况、水土流失和荒漠化治理率、森林蓄积量
任启龙和王利（2016）	优化开发区	单位地区生产总值能耗和用水变化量、“三废”处理率变化、空气环境综合质量评估变化、水环境综合质量变化、绿地覆盖率变化
	重点开发区	单位地区生产总值能耗和用水变化量、“三废”处理率变化、空气环境综合质量评估、绿地覆盖率、水环境综合质量变化
	农产品主产区	“三废”处理率变化、空气环境综合质量评估、水环境综合质量评估、森林草地覆盖率、单位地区生产总值能耗和用水变化量
	重点生态功能区	森林草地覆盖率、空气环境综合质量评估、水环境综合质量评估、单位地区生产总值能耗和用水变化量、“三废”处理率变化、生态产品收入增长率、生物多样性变化率
李旭辉和朱启贵（2017）	生态主体功能区	人均水资源量、森林覆盖率、造林总面积、工业废水排放量与废水治理设施数比值、工业废气排放量、工业固体废物处置率、空气质量指数达到及好于二级的天数、发生地质灾害数

9.1.2 国家重点生态功能区评价体系

为评价国家重点生态功能区财政转移支付资金对区域生态环境保护的效果，环境保护部、财政部于 2009 年联合开展国家重点生态功能区县域生态环境质量监测、评价与考核工作，通过对县域生态环境综合评价实现转移支付资金的绩效考核。以中国环境监测总站牵头的课题组经过 3 年（2009—2011 年）的研究和试点考核，从 2012 年起对享受转移支付的县域进行生态环境保护绩效评估，评估结果直接用于每年中央财政转移支付资金调节。何立环等（2014）归纳总结了国家重点生态功能区县域生态环境质量考核评价指标体系的设计思路与理念。评价指标体系见表 9-2。徐洁等（2019）通过动态分析，全面了解国家重点生态功能区转移支付政策执行前的生态环境质量状况。

表 9-2　国家重点生态功能区县域生态环境质量考核评价指标体系

一级指标	二级指标	指标意义及说明
自然生态指标	水源涵养指数	水源涵养功能特征指标，综合表征县域水源涵养生态服务功能
	生物丰度指数	生物多样性维护功能特征指标，综合表征县域生物多样性维护功能
	植被覆盖指数	防风固沙和水土保持功能特征指标，综合表征县域生态系统固土持水服务功能
	林地覆盖率 草地覆盖率 水域湿地覆盖率	表征县域生态系统组成结构及所占比例，体现生态空间的山清水秀
	耕地和建设用地比例	表征人类活动对区域自然生态的影响，体现生产空间的集约程度
环境状况指标	SO_2 排放强度 COD 排放强度 固体废物排放强度 污染源排放达标率	表征生产生活活动排放到空气、水体中的污染物、遗弃工业固体废物的负荷以及工业点源废水、废气治理水平，既表征区域产业结构、污染治理成效，又体现区域生产活动集约高效程度
	III类及优于III类水质达标率 优良以上空气质量达标率	表征县域主要地表径流、环境空气质量状况，体现生活空间的宜居性程度

9.2　评价技术方法

9.2.1　评价依据与基本原则

9.2.1.1　评价依据

对主体功能区生态保护成效的评价依据有两个。一是《生态环境状况评价技术规范》（HJ 192—2015），该技术规范于 2015 年 3 月 13 日由环境保护部发布，旨在贯彻《中华人民共和国环境保护法》，加强生态环境保护，为评价我国生态环境状况及变化趋势而设定的。这个标准适用于县域、省域和生态区的生态环境状况及变化趋势评价，可以为本研究中不同主体功能区生态成效的评价提供依据。二是《全国主体功能区划》，该文件对四类主体功能区的功能作出了不同定位，主体功能区生态保护成效的评价应当以各类主体功能区的特征及规划重点为基本依据。

表 9-3 比较了四类主体功能区的现有开发密度、资源承载能力、发展潜力、发展方向、规划重点。

表 9-3 各类主体功能区的特征及规划重点

比较项目	优化开发区	重点开发区	限制开发区	禁止开发区
现有开发密度	高	较高	低	很低
资源承载能力	减弱	高	低	很低
发展潜力	较大	大	小	很小
发展方向	优化经济发展模式，提高经济质量和效率，提升参与全球分工与竞争层次	调整结构，做大总量，逐步成为支撑经济发展和人口集聚的重要载体	加强生态修复和环境保护，引导超载人口有序迁移，逐步成为生态功能区	依法实行强制性保护，禁止不符合主体功能定位的开发活动
规划重点	优化空间布局，改善人居环境，加速产业升级，避免恶性膨胀	规范土地供给，完善基础设施，承接产业转移，加快城镇化进程	制定开发准入制度，严格开发控制强度	强制保护和综合治理，控制人为因素对自然生态的干扰

资料来源：根据《中华人民共和国国民经济和社会发展第十一个五年规划纲要》整理获得。

根据上述规划重点，《全国主体功能区规划》对四类主体功能区的功能作出了不同定位，也决定了对于四类功能区的侧重点考核。表 9-4 比较了《全国主体功能区规划》中界定的四类功能区的功能定位与考核侧重，这是主体功能区生态保护成效评价的主要依据。

表 9-4 四类主体功能区的功能定位与考核侧重

主体功能区	功能定位	考核侧重
优化开发区	应率先加快转变经济发展方式，调整优化经济结构、空间结构、人口布局，基础设施布局、生态系统布局，提升参与全球分工与竞争的层次	实行加快转变经济发展方式优先的绩效评价，以提高经济发展质量和效益为核心，强化对经济结构、资源消耗、环境保护、自主创新、外来人口公共服务覆盖面以及耕地和基本农田保护等指标的评价

主体功能区	功能定位	考核侧重
重点开发区	应在优化结构、提高效益、降低消耗、保护环境的基础上推动经济可持续发展；形成分工协作的现代产业体系；提高集聚人口的能力；形成我国对外开放新的窗口和战略空间	实行工业化、城镇化水平优先的绩效评价，综合评价经济增长、质量效益、吸纳人口、产业结构、资源消耗、环境保护、外来人口公共服务覆盖面以及耕地和基本农田保护等指标的评价
限制开发区（农产品主产区）	必须把增强农业综合生产能力作为发展的首要任务，着力保护耕地，稳定粮食生产，发展现代农业，增强农业综合生产能力，增加农民收入，加快建设社会主义新农村，保障农产品供给，确保国家粮食安全和食物安全	实行农业发展优先的绩效评价，强化对农产品保障能力的评价，弱化对工业化、城镇化相关经济指标的评价
限制开发区（重点生态功能区）	以保护和修复生态环境、提供生态产品为首要任务，因地制宜地发展不影响主体功能定位的适宜产业，引导超载人口逐步有序转移	生态保护优先的绩效评价，强化对提供生态产品能力的评价，弱化对工业化、城镇化相关经济指标的评价
禁止开发区	严格控制人为因素对自然生态和文化自然遗产原真性、完整性的干扰，严禁不符合主体功能定位的各类开发活动，引导人口逐步有序转移，实现污染物“零排放”，提高环境质量	强化对自然文化资源原真性和完整性的保护情况

另外，国家重点生态功能区又分为四类，分别为水源涵养型、水土保持型、防风固沙型、生物多样性维护型，这四类国家重点生态功能区的定位见表9-5。

表9-5　四类国家重点生态功能区的功能定位

主体功能区	功能定位
水源涵养型	推进天然林草保护、退耕还林和围栏封育，预防水土流失，维护或重建湿地、森林、草原等生态系统。严格保护具有水源涵养功能的自然植被，禁止过度放牧、无序采矿、毁林开荒、开垦草原等行为。加强大江大河源头及上游地区的小流域治理和植树造林，减少面源污染。拓宽农民增收渠道，解决农民长远生计，巩固退耕还林、退牧还草成果

主体功能区	功能定位
水土保持型	大力推行节水灌溉和雨水集蓄利用，发展旱作节水农业。限制陡坡垦殖和超载过牧。加强小流域综合治理，实行封山禁牧，恢复退化植被。加强对能源和矿产资源开发及建设项目的监管，加大矿山环境整治修复力度，最大限度地避免人为因素造成新的水土流失。拓宽农民增收渠道，解决农民长远生计，巩固水土流失治理、退耕还林、退牧还草成果
防风固沙型	转变畜牧业生产方式，实行禁牧休牧，推行舍饲圈养，以草定畜，严格控制载畜量。加大退耕还林、退牧还草力度，恢复草原植被。加强对内陆河流的规划和管理，保护沙区湿地，禁止发展高耗水工业。对主要沙尘源区、沙尘暴频发区实行封禁管理
生物多样性维护型	禁止对野生动植物进行滥捕滥采，保持并恢复野生动植物物种和种群的平衡，实现野生动植物资源的良性循环和永续利用。加强防御外来物种入侵的能力，防止外来有害物种对生态系统的侵害。保护自然生态系统与重要物种栖息地，防止生态建设导致栖息环境的改变

9.2.1.2 评价原则

主体功能区生态保护成效评价的基本原则如下：

第一，完整性。要求指标完整全面，反映主体功能区生态保护成效评价的全部内容，并能突出反映主体功能区生态保护成效的特点。生态保护成效评价指标具有现实性、必要性、综合性和代表性，比如环境质量指标，既要能真正反映环境质量整体状况污染治理指标，又要能真正体现区域环境综合整治水平，并进行客观准确地评价。

第二，差异性。主体功能区生态保护成效的评价主要以科学发展观和环境保护优先的理念为指导，明确评价基本原则、考核指标，以分类指导、区别对待为依据，科学量化不同主体功能区评价指标值。

第三，协调性。评价指标要与社会、经济规划的指标相协调，指标体系的各指标之间逻辑关系清晰，独立性强，相互不发生冲突。指标体系也要适应环境统计工作的要求。

第四，动态性。对评价指标设定的标准直接影响着被评价对象的目标和行为，如果评价指标设定较低，将导致被评价对象的投机性行为，或者一些有潜能的被评价对象不能充分发挥潜能。另外，评价指标体系也有生命力。如果完全按照现有的政策标准进行评价，由于政策的强制性，几乎所有被评价的对象都可能在几年内达到标准，那时，评价指标体系就变得没有意义了。为了增强评价指标体系的生命力，本研究中的评价指标体系以《全国主体功能区规划》《关于加强“十三五”国家重点生态功能区县域生态环境质量监测评价与考核工作的通知》（环办监测函〔2017〕279 号）等相关政策文件对四类功能区的评价与考核要求为基础，充分考虑四类功能区未来十年、几十年内生态环境可能出现的变化，设定动态评价方法。

9.2.1.3　评价单元

根据《全国主体功能区规划》，国家主体功能区划的单元是县。因此，本研究对主体功能区生态环保成效的评价单元同样以县为主。

9.2.2　指标体系构建方法

PSR 模型即压力-状态-响应模型，是加拿大统计学家 David J Rapport 和 Tony Friend 于 1979 年设计并提出专用于研究经济与环境问题的指标体系模型，其逻辑框架特殊，适合解释不同因素之间的内在联系，目前，在环境领域的研究中被大量使用。PSR 模型由压力（pressure）、状态（states）、响应（response）3 个逻辑要素构成。压力-状态-响应 3 个要素具体解释如下：

压力，指的是人类在日常和生产活动中对自然生态环境产生的负担和造成的破坏，对大自然的索取和自然资源的过量消耗都会加剧压力指标。压力不仅指的是直接压力（如对大自然资源物质的索取和向大自然排放固体、大气和水体污染物），同时还包括间接的或潜在的压力（如人类活动对环境造成影响的模式和变化趋势）。压力指标主要受人类的生产消费行为模式影响，反映消费自然资源和向生态环境排放污染物的强度，以及在特定时间段内的趋势和变化情况。压力指标是状态指标形成的直接原因，同时也与响应指标相互影响，因此压力指标可以显示人类生产行为对自然环境造成的压力的值，并且可以对政府治理大气污染提供有针对性的方案。

状态，是环境质量在模型中的表达，反映了环境保护和生态治理的结果，状态指标可以表示出在一段时间内的自然环境表现出的状况和变化。由于人类的活动对自然生态产生了各种压力，大自然会因此而改变其生态环境，状态反映了压力指标变化所导致的自然资源环境状态的变化情况，大气污染就是状态的最直观反映，其他如水污染、水资源紧张、全球变暖、因环境变化而影响的人口数量、人类的综合身体健康水平、野生动植物和其他自然资源储蓄量等都是状态改变的表现。

响应，指的是人类社会针对环境恶化问题作出的反应并采取的措施，作出响应的主要目的是防止和削弱人类活动对环境造成的恶劣影响，并尝试修复已经造成的环境破坏，保证自然资源数量的可持续发展。为了应对自然环境的恶化，改善生态环境和大气质量，人类会采取一系列措施和行动，如植树造林、环保工作、绿色发展政策等，这些举措形成了响应指标。另外，响应指标包括在环境保护方面的资金投入、环保税的征收、清洁环保商品的开发和使用、对已造成污染的全面治理、污水处理、垃圾分级并再利用的情况和针对企业的环保监督等。

在 PSR 模型中，压力、状态和响应 3 个指标两两在逻辑上互为因果、相互作用，形成了一套逻辑循环和反馈机制。对该机制的理解为压力的变化是整个机制的起点，压力的增大会导致状态的恶化，而状态的恶化又会引起更积极的响应，响应的持续增强又会反馈给压力和状态，从而减小压力并改善状态，这些变化会继续相互作用直到模型中的 3 个要素达到平衡状态。PSR 模型在构建评价指标体系时遵循了压力-状态-响应三要素的作用原理，用“原因-效应-反馈”的思维逻辑对自然与经济和谐发展的相互作用机制作了充分的描述和解释，这个逻辑的作用是通过描述发生了什么、为什么发生及应对问题的方法来向研究者作出合理解释。PSR 模型展示了人类活动与生态环境之间的相互影响的机制和逻辑，在实际应用中多用于制定环境评价和审计报告及作为政府制定环境保护政策和方案的有效工具。

压力-状态-响应模型在环境领域研究中需要用到的具体指标并不统一，这主要与地区资源环境禀赋有关。经济合作与发展组织（OECD）提供了一套在指标选取时可参考的通用标准，这个标准目前被世界各地的研究者广泛使用，其中，政策相关性、可分析性和可获取性这 3 条标准是通用标准中的核心。这套通用标准向我们解释了 PSR 模型中最合适、最理想的指标是什么样子，但偏向于理想化，实际研究和测定中并不一定能全部满足。具体而言，政策相关性指的是压力-状态-

响应三要素所使用到的指标必须和当地环保政策高度相关，只有与国家和地区政策挂钩，才能使研究结果具有更高的价值。

PSR 模型是环境研究领域常用且相对成熟的模型方法，该方法具有较强的逻辑性，能够解释大自然与人类活动的相互影响关系，对人类如何响应环境的变化及可能产生的影响起到了解释作用。目前，对大气、水、土地等自然环境领域的治理和评价研究中都使用过该方法，证明了该模型的可行性和使用价值，并且他们在构建指标体系时所采用的具体指标对本研究的指标选取起到了参考作用。

9.2.3 评价指标体系

9.2.3.1 优化开发区、重点开发区的评价指标体系

根据《全国主体功能区规划》的相关规定，优化开发区属于城市化地区，工业生产规模大，各种功能聚集于一地，在 GDP 增长的过程中各种“城市病”开始出现，贫富分化、交通拥挤、住房困难、环境恶化、服务设施匮乏等一系列问题凸显。因此，优化开发区的发展思路是要强化转变经济发展方式的目标要求，按照优化开发的原则在产业准入、能源消耗、污染排放等方面提出更高的要求，加速产业的升级，尽快实现低科技含量的产业转移。因此，要强化对经济结构、资源消耗、环境保护和服务设施等指标的评价，弱化对经济增长速度、招商引资、出口等指标的评价。重点开发区通常存在城乡之间、城区之间发展不均衡、经济增长缓慢、发展后劲不足等问题和风险。因此，在发展思路上应强化工业化、城镇化的目标要求，在评价指标上重点考核地区生产总值、非农产业就业比重、财政支出占地区生产总值比重、主要污染物排放总量控制率、“三废”处理率等指标。

可见，优化开发区与重点开发区的主要差异在于发展速度和现有开发强度，环境保护在这两类功能区的整体考核中的差异并不大，主要关注发展是否可持续。因此，本研究对这两类功能区设定了一套相同的生态环保成效评价指标体系，两类功能区在开发强度上的差异可以通过压力指标体现出来，具体指标见表 9-6。

表 9-6 主体功能区生态保护成效评价指标体系（优化开发区、重点开发区）

目标层	因素层	指标层	单位
压力层	发展压力	1. 人均 GDP	万元
		2. 人口密度	人/km^2
		3. 人口自然增长率	‰
	资源压力	4. 人均水资源量	m^3
		5. 万元 GDP 的用水量	m^3
		6. 万元 GDP 的能源消费量（标准煤）	t
	排放压力	7. 万元 GDP 的废水排放量	万 t/亿元
		8. 万元 GDP 的 COD 排放量	万 t/亿元
		9. 万元 GDP 的氨氮排放量	万 t/亿元
		10. 万元 GDP 的废气排放量	万 t/亿元
		11. 万元 GDP 的 SO_2 排放量	万 t/亿元
		12. 万元 GDP 的氮氧化物排放量	万 t/亿元
		13. 万元 GDP 的工业烟（粉）尘排放量	万 t/亿元
		14. 万元 GDP 的工业固体废物排放量	万 t/亿元
状态层	生态状态	15. 建成区绿化覆盖率	%
		16. 林草地覆盖率	%
		17. 保护区面积占辖区面积的比重	%
		18. 湿地总面积占辖区面积的比重	%
	环境状态	19. 空气质量达到及好于二级的天数占比	%
		20. $PM_{2.5}$ 年均浓度	$\mu g/m^3$
		21. 劣 V 类水质断面占全部断面的比重	%
		22. 土壤环境质量	—
		23. 重特大突发环境事件	次
响应层	投入能力	24. 环境污染治理投资总额占 GDP 的比重	%
		25. 工业废气治理设施处理能力	万 m^3/h
		26. 工业废气治理设施运行费用	亿元
		27. 工业废水治理设施处理能力	万 t/h
		28. 工业废水治理设施运行费用	亿元
	处理能力	29. 主要污染物总量减排率	%
		30. 危险废物安全处置率	%
		31. 工业固体废物综合利用率	%
		32. 城镇生活污水集中处理率	%
		33. 生活垃圾无害化处理率	%

由表 9-6 可以看出，优化开发区和重点开发区的评价指标体系包括 33 个三级指标。相关指标的解释如下：

（1）压力层

人均 GDP。地区人均生产总值越高，说明当地人民对生活质量的要求也会越高，并将更多的注意力放在污染防治上，也更有财政能力支持生态文明建设，对状态层即主体功能区生态保护成效起正向作用。

人口密度。人口密度越高，该地区人民所拥有的个人财富和大气资源越少，对生态环境的破坏也会越严重，对状态层起负向作用。

人口自然增长率。人口增长速度越快，该地区的资源环境压力越大，对生态环境的破坏也会越严重，对状态层起负向作用。

人均水资源量。“以水定城、以水定地、以水定人、以水定产”，水资源是城市发展的根本，更是城市发展的前置刚性约束条件，水资源的丰富程度决定了城市发展的规模和空间分布，影响着城市或区域生态保护成效的大小，对状态层起正向作用。

万元 GDP 的用水量、万元 GDP 的能源消费量（标准煤）。资源消耗是污染的主要来源，该地区万元 GDP 的资源消费量越多，表示其资源效率越低，污染排放也会较多，对状态层起负向作用。

万元 GDP 的废水排放量、万元 GDP 的 COD 排放量、万元 GDP 的氨氮排放量。这 3 个指标目前是我国水环境的主要污染物，排放量越多越污染水环境，对状态层起负向作用。

万元 GDP 的废气排放量、万元 GDP 的 SO_2 排放量、万元 GDP 的氮氧化物排放量、万元 GDP 的工业烟（粉）尘排放量、万元 GDP 的工业固体废物排放量。这 5 个指标目前是我国大气环境的主要污染物，排放量越多越污染大气环境，对状态层起负向作用。

（2）状态层

建成区绿化覆盖率、林草地覆盖率、保护区面积占辖区面积的比重、湿地总面积占辖区面积的比重。这 4 个指标反映了该区域生态系统的组成结构，体现了生态空间的保护成效。

空气质量达到及好于二级的天数占比、$PM_{2.5}$ 年均浓度。这两个指标反映了该区域的大气环境质量。

劣Ⅴ类水质断面占全部断面的比重。该指标反映了该区域的地表水质量。

土壤环境质量。该指标反映了该区域的土壤环境质量。

重特大突发环境事件。该指标反映了该区域是否存在生态保护工作的重大失误或纰漏，如果存在重特大突发环境事件，说明生态保护成效归为零。

（3）响应层

环境污染治理投资总额占 GDP 的比重。该指标反映了本区域在生态环境保护方面的总体投入力度，这个比重越高，表示政府的治污决心越大，响应程度越大，越可能会取得更大的生态保护成效。

工业废气治理设施处理能力、工业废气治理设施运行费用、工业废水治理设施处理能力、工业废水治理设施运行费用。这 4 个指标反映了该区域针对工业废气和工业废水的治理能力，以及真正投入运转的治理费用，前者反映的是该区域治理废水和废气的能力，后者反映的是该区域的治理设施实际运转情况。

主要污染物总量减排率、危险废物安全处置率、工业固体废物综合利用率。这 3 个指标反映了该区域在总量减排以及废物处置方面的成效。

城镇生活污水集中处理率、生活垃圾无害化处理率。这两个指标反映了该区域在生活污染处理方面作出的响应和努力。

9.2.3.2 农产品主产区的评价指标体系

根据《全国主体功能区规划》的相关规定，限制开发区主要是指限制进行大规模高强度工业化城镇化开发，以保持并提高农产品生产能力的区域。这类区域通常具备较好的农业生产条件，以提供农产品为主体功能，以提供生态产品、服务产品和工业品为其他功能。绩效评价应遵循农业发展优先的原则，强化对农产品保障能力、农村剩余劳动力转移等方面的评价，重点考核农业综合生产能力、农民收入等指标，不考核地区生产总值、投资、工业、财政收入和城镇化率等指标。考虑到农产品主产区的特点，本研究设定了一套有针对性的农产品主产区生态保护成效评价指标体系，见表 9-7。

表 9-7　主体功能区生态保护成效评价指标体系（农产品主产区）

目标层	因素层	指标层	单位
压力层	发展压力	1. 人均 GDP	万元
		2. 人口密度	人/km^2
		3. 人口自然增长率	‰
	资源压力	4. 人均耕地面积	亩
		5. 人均水资源量	m^3
		6. 万元农业产值的农业能源消费量（标准煤）	t
		7. 万元农业产值的农业用水量	亿 m^3/亿元
	排放压力	8. 单位耕地面积的化肥施用量	万 $t/10^3\ hm^2$
		9. 单位耕地面积的塑料薄膜使用量	$t/10^3\ hm^2$
		10. 单位耕地面积的地膜使用量	$t/10^3\ hm^2$
		11. 单位耕地面积的农药使用量	$t/10^3\ hm^2$
状态层	生态状态	12. 建成区绿化覆盖率	%
		13. 林草地覆盖率	%
		14. 保护区面积占辖区面积的比重	%
		15. 湿地总面积占辖区面积的比重	%
	环境状态	16. 空气质量达到及好于二级的天数占比	%
		17. $PM_{2.5}$ 年均浓度	$\mu g/m^3$
		18. III类及优于III类水质断面达标率	%
		19. 集中式饮用水水源地水质达标率	%
		20. 土壤环境质量	—
		21. 突发环境事件（包括特别重大、重大、较大和一般）	次
响应层	投入能力	22. 环境污染治理投资总额占 GDP 的比重	%
		23. 农村改厕投资	万元
		24. 农村环保专项资金占环保投资总额的比重	%
	处理能力	25. 主要污染物总量减排率	%
		26. 生活污水集中处理率	%
		27. 生活垃圾无害化处理率	%
		28. 畜禽养殖废弃物综合利用率	%
		29. 农作物秸秆综合利用率	%
		30. 退化土地恢复率	%
		31. 农村环境综合整治率	%

由表 9-7 可以看出，农产品主产区的评价指标体系包括 31 个三级指标。相关指标的解释如下：

（1）压力层

人均 GDP。地区人均生产总值越高，说明当地人民对生活质量的要求也会越高，并将更多的注意力放在污染防治上，也更有财政能力支持生态文明建设，对状态层即主体功能区生态保护成效起正向作用。

人口密度。人口密度越高，该地区人民所拥有的个人财富和大气资源越少，对生态环境的破坏也会越严重，对状态层起负向作用。

人口自然增长率。人口增长速度越快，该地区的资源环境压力越大，对生态环境的破坏也会越严重，对状态层起负向作用。

人均耕地面积。农产品主产区中人均耕地面积的多少反映了该区域耕地资源的丰富程度，人均耕地面积越多，对状态层越会产生大的正面作用。

人均水资源量。“以水定城、以水定地、以水定人、以水定产”，水资源是城市发展的根本，更是城市发展的前置刚性约束条件，水资源的丰富程度决定了城市发展的规模和空间分布，影响着城市或区域生态保护成效的大小，对状态层起正向作用。

万元农业产值的农业能源消费量（标准煤）、万元农业产值的农业用水量。能源、资源消耗同样是农业污染的主要来源，该地区万元农业产值的农业能源消费量、农业用水量越多，表示其能源和资源使用效率越低，越可能排放较多污染，对状态层起负向作用。

单位耕地面积的化肥施用量、单位耕地面积的塑料薄膜使用量、单位耕地面积的地膜使用量、单位耕地面积的农药使用量。化肥、农药、地膜、塑料薄膜是农业污染产生的主要来源，上述 4 个指标反映了农业污染对农产品主产区生态保护成效带来的压力。

（2）状态层

建成区绿化覆盖率、林草地覆盖率、保护区面积占辖区面积的比重、湿地总面积占辖区面积的比重。这 4 个指标反映了该区域生态系统的组成结构，体现了生态空间的保护成效。

空气质量达到及好于二级的天数占比、$PM_{2.5}$ 年均浓度。这两个指标反映了该区域的大气环境质量。

Ⅲ类及优于Ⅲ类水质断面达标率、集中式饮用水水源地水质达标率。这两个指标反映了该区域的地表水和饮用水水源地质量。

土壤环境质量。该指标反映了该区域的土壤环境质量。

突发环境事件（包括特别重大、重大、较大和一般）。该指标反映了该区域是否存在生态保护工作的失误或纰漏，如果存在突发环境事件，说明生态保护成效归为零。需要说明的是，与优化开发区、重点开发区的采用重大突发环境事件作为评价指标不同，农产品主产区、重点生态功能区和禁止开发区采用的突发环境事件包括特别重大、重大、较大和一般 4 类。

（3）响应层

环境污染治理投资总额占的 GDP 比重。该指标反映了该区域在生态环境保护方面的总体投入力度，这个比重越高，表示政府的治污决心越大，响应程度越大，越可能会取得更大的生态保护成效。

农村改厕投资、农村环保专项资金占环保投资总额的比重。这两个指标反映了该区域针对农村环境污染的治理能力和治理投入力度。

主要污染物总量减排率、生活污水集中处理率、生活垃圾无害化处理率。这 3 个指标反映了该区域在总量减排，以及生活污染处理方面作出的响应和努力。

畜禽养殖废弃物综合利用率、农作物秸秆综合利用率、退化土地恢复率、农村环境综合整治率。这 4 个指标反映了农产品主产区环境综合整治的情况，以及主要农业生产废物的综合利用情况。

9.2.3.3 重点生态功能区的评价指标体系

根据《全国主体功能区规划》的相关规定，限制开发的重点生态功能区，实行生态保护优先的绩效评价，强化对提供生态产品能力的评价，弱化对工业化城镇化相关经济指标的评价。基于此，设定重点评价生态功能保护和生态产品提供能力的指标体系，见表 9-8。

表 9-8　主体功能区生态保护成效评价指标体系（重点生态功能区）

目标层	因素层	指标层	单位
压力层	发展压力	1. 人均 GDP	万元
		2. 人口密度	人/km^2
		3. 人口自然增长率	‰
	资源压力	4. 人均耕地面积	亩
		5. 人均水资源量	m^3
		6. 万元 GDP 的用水量	亿 m^3/亿元
		7. 万元 GDP 的能源消费量（标准煤）	t
	排放压力	8. 万元 GDP 的废水排放量	万 t/亿元
		9. 万元 GDP 的 COD 排放量	万 t/亿元
		10. 万元 GDP 的氨氮排放量	万 t/亿元
		11. 万元 GDP 的废气排放量	万 t/亿元
		12. 万元 GDP 的 SO_2 排放量	万 t/亿元
		13. 万元 GDP 的氮氧化物排放量	万 t/亿元
		14. 万元 GDP 的工业烟（粉）尘排放量	万 t/亿元
		15. 万元 GDP 的工业固体废物排放量	万 t/亿元
状态层	生态状态	16. 建成区绿化覆盖率	%
		17. 林草地覆盖率	%
		18. 保护区面积占辖区面积的比重	%
		19. 湿地总面积占辖区面积的比重	%
		20. 水源涵养指数	—
		21. 生物丰度指数	—
		22. 活立木总蓄积量	万 m^3
	环境状态	23. 空气质量达到及好于二级的天数占比	%
		24. $PM_{2.5}$ 年均浓度	$\mu g/m^3$
		25. Ⅲ类及优于Ⅲ类水质断面达标率	%
		26. 集中式饮用水水源地水质达标率	%
		27. 土壤环境质量	—
		28. 突发环境事件（包括特别重大、重大、较大和一般）	次

目标层	因素层	指标层	单位
	投入能力	29. 环境污染治理投资总额占 GDP 的比重	%
		30. 水土保持及生态项目本年完成投资	万元
		31. 林业投资完成额	万元
响应层	处理能力	32. 主要污染物总量减排率	%
		33. 生活污水集中处理率	%
		34. 生活垃圾无害化处理率	%
		35. 当年新增种草面积	10^3 hm^2
		36. 当年新增草原改良面积	10^3 hm^2
		37. 当年新增除涝面积	10^3 hm^2
		38. 当年新增水土流失治理面积	10^3 hm^2
		39. 森林有害生物防治率	%

由表 9-8 可以看出，重点生态功能区的评价指标体系包括 39 个三级指标。相关指标的解释如下：

（1）压力层

人均 GDP。地区人均生产总值越高，说明当地人民对生活质量的要求也会越高，并将更多的注意力放在污染防治上，也更有财政能力支持生态文明建设，对状态层即主体功能区生态保护成效起正向作用。

人口密度。人口密度越高，该地区人民所拥有的个人财富和大气资源越少，对生态环境的破坏也会越严重，对状态层起负向作用。

人口自然增长率。人口增长速度越快，该地区的资源环境压力越大，对生态环境的破坏也会越严重，对状态层起负向作用。

人均耕地面积。农产品主产区中人均耕地面积的多少反映了该区域耕地资源的丰富程度，人均耕地面积越多，对状态层越会产生大的正面作用。

人均水资源量。“以水定城、以水定地、以水定人、以水定产”，水资源是城市发展的根本，更是城市发展的前置刚性约束条件，水资源的丰富程度决定了城市发展的规模和空间分布，影响着城市或区域生态保护成效的大小，对状态层起正向作用。

万元GDP的用水量、万元GDP的能源消费量（标准煤）。资源消耗是污染的主要来源，该地区万元GDP的资源消费量越多，表示其资源效率越低，越可能排放较多污染，对状态层起负向作用。

万元GDP的废水排放量、万元GDP的COD排放量、万元GDP的氨氮排放量。这3个指标目前是我国水环境的主要污染物，排放量越多越污染水环境，所以对状态层起负向作用。

万元GDP的废气排放量、万元GDP的SO_2排放量、万元GDP的氮氧化物排放量、万元GDP的工业烟（粉）尘排放量、万元GDP的工业固体废物排放量。这5个指标目前是我国大气环境的主要污染物，排放量越多越污染大气环境，所以对状态层起负向作用。

（2）状态层

建成区绿化覆盖率、林草地覆盖率、保护区面积占辖区面积的比重、湿地总面积占辖区面积的比重。这4个指标反映了该区域生态系统的组成结构，体现了生态空间的保护成效。

水源涵养指数、生物丰度指数、活立木总蓄积量。这3个指标反映了该区域的生态系统保护情况。

空气质量达到及好于二级的天数占比、$PM_{2.5}$年均浓度。这两个指标反映了该区域的大气环境质量。

Ⅲ类及优于Ⅲ类水质断面达标率、集中式饮用水水源地水质达标率。这两个指标反映了该区域的地表水和饮用水水源地质量。

土壤环境质量。该指标反映了该区域的土壤环境质量。

突发环境事件（包括特别重大、重大、较大和一般）。该指标反映了该区域是否存在生态保护工作的失误或纰漏，如果存在突发环境事件，说明生态保护成效归为零。

（3）响应层

环境污染治理投资总额占GDP的比重、水土保持及生态项目本年完成投资、林业投资完成额。这3个指标反映了该区域在生态环境保护方面的总体投入力度，比重越高，表示政府的治污决心越大，响应程度越大，越可能会取得更大的生态保护成效。

主要污染物总量减排率、生活污水集中处理率、生活垃圾无害化处理率。这3个指标反映了该区域在总量减排，以及生活污染处理方面作出的响应和努力。

当年新增种草面积、当年新增草原改良面积、当年新增除涝面积、当年新增水土流失治理面积、森林有害生物防治率。这5个指标反映了重点生态功能区在改善生态功能、提供生态产品方面取得的成效。

9.2.3.4 禁止开发区的评价指标体系

根据《全国主体功能区规划》的相关规定，国家禁止开发区共为1 443处，包括国家级自然保护区、世界文化自然遗产、国家级风景名胜区、国家森林公园、国家地质公园等，这些区域的指标设计要强化对自然文化资源原真性和完整性保护情况的评价。主要考核依法管理的情况、污染物“零排放”情况、保护对象完好程度以及保护目标实现情况等内容，不考核旅游收入等经济指标。基于此，设定如下指标体系，见表9-9。

表9-9 主体功能区生态保护成效评价指标体系（禁止开发区）

目标层	因素层	指标层	单位
压力层	发展压力	1. 人均GDP	万元
		2. 人口密度	人/km^2
		3. 人口自然增长率	‰
	资源压力	4. 人均耕地面积	亩
		5. 人均水资源量	m^3
	排放压力	6. 废水排放量是否为零	—
		7. COD排放量是否为零	—
		8. 氨氮排放量是否为零	—
		9. 废气排放量是否为零	—
		10. SO_2排放量是否为零	—
		11. 氮氧化物排放量是否为零	—
		12. 工业烟（粉）尘排放量是否为零	—
		13. 工业固体废物排放量是否为零	—

目标层	因素层	指标层	单位
状态层	生态状态	14. 建成区绿化覆盖率	%
		15. 林草地覆盖率	%
		16. 保护区面积占辖区面积的比重	%
		17. 湿地总面积占辖区面积的比重	%
		18. 水源涵养指数	—
		19. 生物丰度指数	—
		20. 活立木总蓄积量	万 m^3
	环境状态	21. 空气质量达到及好于二级的天数占比	%
		22. $PM_{2.5}$ 年均浓度	$\mu g/m^3$
		23. III类及优于III类水质断面达标率	%
		24. 集中式饮用水水源地水质达标率	%
		25. 土壤环境质量	—
		26. 突发环境事件（包括特别重大、重大、较大和一般）	次
响应层	投入能力	27. 环境污染治理投资总额占 GDP 的比重	%
		28. 水土保持及生态项目本年完成投资	万元
		29. 林业投资完成额	万元
	处理能力	30. 生活污水集中处理率	%
		31. 生活垃圾无害化处理率	%
		32. 当年新增种草面积	10^3 hm^2
		33. 当年新增草原改良面积	10^3 hm^2
		34. 当年新增除涝面积	10^3 hm^2
		35. 当年新增水土流失治理面积	10^3 hm^2
		36. 森林有害生物防治率	%

由表 9-9 可以看出，重点生态功能区的评价指标体系包括 36 个三级指标。相关指标的解释如下：

（1）压力层

人均 GDP。地区人均生产总值越高，说明当地人民对生活质量的要求也会越高，并将更多的注意力放在污染防治上，也更有财政能力支持生态文明建设，对状态层即主体功能区生态保护成效起正向作用。

人口密度。人口密度越高，该地区人民所拥有的个人财富和大气资源越少，对生态环境的破坏也会越严重，对状态层起负向作用。

人口自然增长率。人口增长速度越快，该地区的资源环境压力越大，对生态环境的破坏也会越严重，对状态层起负向作用。

人均耕地面积。农产品主产区中人均耕地面积的多少反映了该区域耕地资源的丰富程度，人均耕地面积越多，对状态层起正向作用。

人均水资源量。“以水定城、以水定地、以水定人、以水定产”，水资源是城市发展的根本，更是城市发展的前置刚性约束条件，水资源的丰富程度决定了城市发展的规模和空间分布，影响着城市或区域生态保护成效的大小，对状态层起正向作用。

废水排放量是否为零、COD 排放量是否为零、氨氮排放量是否为零、废气排放量是否为零、SO_2 排放量是否为零、氮氧化物排放量是否为零、工业烟（粉）尘排放量是否为零、工业固体废物排放量是否为零。这 8 个指标反映了该区域是否实现了特征污染物“零排放”。

（2）状态层

建成区绿化覆盖率、林草地覆盖率、保护区面积占辖区面积的比重、湿地总面积占辖区面积的比重。这 4 个指标反映了该区域生态系统的组成结构，体现了生态空间的保护成效。

水源涵养指数、生物丰度指数、活立木总蓄积量。这 3 个指标反映了该区域的生态系统保护情况。

空气质量达到及好于二级的天数占比、$PM_{2.5}$ 年均浓度。这两个指标反映了该区域的大气环境质量。

III类及优于III类水质断面达标率、集中式饮用水水源地水质达标率。这两个指标反映了该区域的地表水和饮用水水源地质量。

土壤环境质量。该指标反映了该区域的土壤环境质量。

突发环境事件（包括特别重大、重大、较大和一般）。该指标反映了该区域是否存在生态保护工作的失误或纰漏，如果存在突发环境事件，说明生态保护成效归为零。

（3）响应层

环境污染治理投资总额占 GDP 的比重、水土保持及生态项目本年完成投资、林业投资完成额。这 3 个指标反映了该区域在生态环境保护方面的总体投入力度，比重越高，表示政府的治污决心越大，响应程度越大，越可能会取得更大的生态保护成效。

生活污水集中处理率、生活垃圾无害化处理率。这两个指标反映了该区域在生活污染处理方面作出的响应和努力。

当年新增种草面积、当年新增草原改良面积、当年新增除涝面积、当年新增水土流失治理面积、森林有害生物防治率。这 5 个指标反映了重点生态功能区在改善生态功能、提供生态产品方面取得的成效。

9.2.4 指数计算方法

9.2.4.1 指标打分

按照指标对生态保护成效的影响方向划分，指标可分为正指标和负指标。按照指标的单位划分，指标可分为百分比指标和非百分比指标。表 9-10 总结了优化开发区、重点开发区、农产品主产区所有指标的性质。

表 9-10 指标方向与类型（优化开发区、重点开发区、农产品主产区）

优化开发区、重点开发区				农产品主产区			
目标	指标	方向	性质	目标	指标	方向	性质
压力层	D1	正	非百分比	压力层	D1	正	非百分比
	D2	负	非百分比		D2	负	非百分比
	D3	负	非百分比		D3	负	非百分比
	D4	正	非百分比		D4	正	非百分比
	D5	负	非百分比		D5	正	非百分比
	D6	负	非百分比		D6	负	非百分比
	D7	负	非百分比		D7	负	非百分比
	D8	负	非百分比		D8	负	非百分比
	D9	负	非百分比		D9	负	非百分比
	D10	负	非百分比		D10	负	非百分比
	D11	负	非百分比		D11	负	非百分比

优化开发区、重点开发区				农产品主产区			
目标	指标	方向	性质	目标	指标	方向	性质
压力层	D12	正	非百分比	状态层	D12	正	百分比
	D13	负	非百分比		D13	正	百分比
	D14	负	非百分比		D14	正	百分比
状态层	D15	正	百分比		D15	正	百分比
	D16	正	百分比		D16	正	百分比
	D17	正	百分比		D17	正	非百分比
	D18	正	百分比		D18	正	百分比
	D19	正	百分比		D19	正	百分比
	D20	负	非百分比		D20	正	非百分比
	D21	负	百分比		D21	负	非百分比
	D22	正	非百分比	响应层	D22	正	百分比
	D23	负	非百分比		D23	正	非百分比
响应层	D24	正	百分比		D24	正	百分比
	D25	正	非百分比		D25	正	百分比
	D26	正	非百分比		D26	正	百分比
	D27	正	非百分比		D27	正	百分比
	D28	正	非百分比		D28	正	百分比
	D29	正	百分比		D29	正	百分比
	D30	正	百分比		D30	正	百分比
	D31	正	百分比		D31	正	百分比
	D32	正	百分比				
	D33	正	百分比				

表 9-11 总结了重点生态功能区、禁止开发区所有指标的性质。

表 9-11　指标方向与类型（重点生态功能区、禁止开发区）

重点生态功能区				禁止开发区			
目标	指标	方向	性质	目标	指标	方向	性质
压力层	D1	正	非百分比	压力层	D1	正	非百分比
	D2	负	非百分比		D2	负	非百分比
	D3	负	非百分比		D3	负	非百分比
	D4	正	非百分比		D4	正	非百分比
	D5	正	非百分比		D5	正	非百分比
	D6	负	非百分比		D6	负	非百分比
	D7	负	非百分比		D7	负	非百分比
	D8	负	非百分比		D8	负	非百分比
	D9	负	非百分比		D9	负	非百分比
	D10	负	非百分比		D10	负	非百分比
	D11	负	非百分比		D11	负	非百分比
	D12	负	非百分比		D12	负	非百分比
	D13	负	非百分比		D13	负	非百分比
	D14	负	非百分比	状态层	D14	正	百分比
	D15	负	非百分比		D15	正	百分比
状态层	D16	正	百分比		D16	正	百分比
	D17	正	百分比		D17	正	百分比
	D18	正	百分比		D18	正	非百分比
	D19	正	百分比		D19	正	非百分比
	D20	正	非百分比		D20	正	非百分比
	D21	正	非百分比		D21	正	百分比
	D22	正	非百分比		D22	负	非百分比
	D23	正	百分比		D23	正	百分比
	D24	负	非百分比		D24	正	百分比
	D25	正	百分比		D25	正	非百分比
	D26	正	百分比		D26	负	非百分比
	D27	正	非百分比	响应层	D27	正	百分比
	D28	负	非百分比		D28	正	非百分比

重点生态功能区				禁止开发区			
目标	指标	方向	性质	目标	指标	方向	性质
响应层	D29	正	百分比	响应层	D29	正	非百分比
	D30	正	非百分比		D30	正	百分比
	D31	正	非百分比		D31	正	百分比
	D32	正	百分比		D32	正	非百分比
	D33	正	百分比		D33	正	非百分比
	D34	正	百分比		D34	正	非百分比
	D35	正	非百分比		D35	正	非百分比
	D36	正	非百分比		D36	正	百分比
	D37	正	非百分比				
	D38	正	非百分比				
	D39	正	百分比				

对于百分比指标和非百分比指标，具体的赋值方法如下：

（1）百分比指数

对于百分比指标，不做任何处理，直接用数值表示得分即可，例如，工业固体废物综合利用率为95%，则该指标的得分为0.95。对于这类二级指标，取值范围为[0，1]。不过，如果指标是负向的，需要进行逆向处理。例如，用1减去劣Ⅴ类水质断面占全部断面的比重，最终得到的值作为指标的最终取值。

（2）非百分比指数

对于非百分比指标，要进行标准化处理。对于不是百分比的指标，需要将这些指标进行标准化处理。以“人口密度”（D）为例，标准化处理的步骤：首先找到该指标的最大值和最小值，即全国所有评价单元中“人口密度”的最大值（D_{max}）和最小值（D_{min}）。然后，对指标进行如下处理：

$$D=\frac{D_{max}-D}{D_{max}-D_{min}} \tag{9-1}$$

这样处理后的指标取值范围就限定在[0，1]内，并且取值越大，说明生态保护成效越高。

9.2.4.2 权重设定

本研究采用简单平均的方法对压力层、状态层和相应层的权重判断是相等的，均为 1/3。对于每个层次中的具体指标，也采用简单平均的方法，四类主体功能区生态保护成效评价指标体系的权重设定见表 9-12。

表 9-12 指标权重设定

优化开发区、重点开发区		农产品主产区		重点生态功能区		禁止开发区	
指标	权重	指标	权重	指标	权重	指标	权重
D1	0.023 8	D1	0.030 3	D1	0.022 2	D1	0.025 6
D2	0.023 8	D2	0.030 3	D2	0.022 2	D2	0.025 6
D3	0.023 8	D3	0.030 3	D3	0.022 2	D3	0.025 6
D4	0.023 8	D4	0.030 3	D4	0.022 2	D4	0.025 6
D5	0.023 8	D5	0.030 3	D5	0.022 2	D5	0.025 6
D6	0.023 8	D6	0.030 3	D6	0.022 2	D6	0.025 6
D7	0.023 8	D7	0.030 3	D7	0.022 2	D7	0.025 6
D8	0.023 8	D8	0.030 3	D8	0.022 2	D8	0.025 6
D9	0.023 8	D9	0.030 3	D9	0.022 2	D9	0.025 6
D10	0.023 8	D10	0.030 3	D10	0.022 2	D10	0.025 6
D11	0.023 8	D11	0.030 3	D11	0.022 2	D11	0.025 6
D12	0.023 8	D12	0.033 3	D12	0.022 2	D12	0.025 6
D13	0.023 8	D13	0.033 3	D13	0.022 2	D13	0.025 6
D14	0.023 8	D14	0.033 3	D14	0.022 2	D14	0.025 6
D15	0.037 0	D15	0.033 3	D15	0.022 2	D15	0.025 6
D16	0.037 0	D16	0.033 3	D16	0.025 6	D16	0.025 6
D17	0.037 0	D17	0.033 3	D17	0.025 6	D17	0.025 6
D18	0.037 0	D18	0.033 3	D18	0.025 6	D18	0.025 6
D19	0.037 0	D19	0.033 3	D19	0.025 6	D19	0.025 6
D20	0.037 0	D20	0.033 3	D20	0.025 6	D20	0.025 6
D21	0.037 0	D21	0.033 3	D21	0.025 6	D21	0.025 6
D22	0.037 0	D22	0.033 3	D22	0.025 6	D22	0.025 6
D23	0.037 0	D23	0.033 3	D23	0.025 6	D23	0.025 6

优化开发区、重点开发区		农产品主产区		重点生态功能区		禁止开发区	
指标	权重	指标	权重	指标	权重	指标	权重
D24	0.033 3	D24	0.033 3	D24	0.025 6	D24	0.025 6
D25	0.033 3	D25	0.033 3	D25	0.025 6	D25	0.025 6
D26	0.033 3	D26	0.033 3	D26	0.025 6	D26	0.025 6
D27	0.033 3	D27	0.033 3	D27	0.025 6	D27	0.033 3
D28	0.033 3	D28	0.033 3	D28	0.025 6	D28	0.033 3
D29	0.033 3	D29	0.033 3	D29	0.030 3	D29	0.033 3
D30	0.033 3	D30	0.033 3	D30	0.030 3	D30	0.033 3
D31	0.033 3	D31	0.033 3	D31	0.030 3	D31	0.033 3
D32	0.033 3	—	—	D32	0.030 3	D32	0.033 3
D33	0.033 3	—	—	D33	0.030 3	D33	0.033 3
—	—	—	—	D34	0.030 3	D34	0.033 3
—	—	—	—	D35	0.030 3	D35	0.033 3
—	—	—	—	D36	0.030 3	D36	0.033 3
—	—	—	—	D37	0.030 3	—	—
—	—	—	—	D38	0.030 3	—	—
—	—	—	—	D39	0.030 3	—	—

9.2.4.3　指数计算

按照表 9-12 的指标权重设定，计算每个评价对象的生态保护成效评价指数。具体如下：

优化开发区、重点开发区的生态保护成效评价指数：

$$\mathrm{EP}_A=0.023\,8\sum_{i=1}^{14}D_i+0.037\,0\sum_{i=15}^{1}D_i+0.033\,3\sum_{i=1}^{33}D_i \tag{9-2}$$

农产品主产区的生态保护成效评价指数：

$$\mathrm{EP}_B=0.030\,3\sum_{i=1}^{11}D_i+0.033\,3\sum_{i=12}^{21}D_i+0.033\,3\sum_{i=22}^{31}D_i \tag{9-3}$$

重点生态功能区的生态保护成效评价指数：

$$\mathrm{EP}_C=0.022\,2\sum_{i=1}^{15}D_i+0.025\,6\sum_{i=16}^{28}D_i+0.033\,3\sum_{i=29}^{39}D_i \tag{9-4}$$

禁止开发区的生态保护成效评价指数：

$$EP_D=0.0256\sum_{i=1}^{13}D_i+0.0256\sum_{i=14}^{26}D_i+0.0333\sum_{i=27}^{36}D_i \tag{9-5}$$

9.2.5 指数评价方法

由于本研究要衡量的是主体功能区生态保护的“成效”，所谓成效，就要看出变化。因此，不能以某个时间节点的静态数据衡量生态保护成效。可以通过以下几个方式作为比较。

第一，横向比较。比较同一区域内，或具有相似特征且同属一种主体功能区的评价对象，在同年的主体功能区生态保护成效。例如，2018 年南京市的主体功能区生态保护成效评价指数与杭州市的主体功能区生态保护成效评价指数同为优化开发区。这样做，可以比较在同一时间段，不同区域的生态保护成效。

第二，纵向比较。比较某个主体功能区，在连续的不同年份中，生态保护成效指数的变化趋势。例如，2017 年与 2018 年黄山市主体功能区生态保护成效指数的差异，以此判断黄山市在主体功能区生态保护方面取得的成效。

第三. 断点比较。针对某评价对象，比较 2005—2010 年区间内的生态保护成效指数，与 2011—2015 年区间，以及 2016—2020 年区间的生态保护成效指数。这样做的原因是，全国主体功能区规划是在 2010 年颁布实施的，而各地区的规划也相继陆续完成，这样可以比较出在确定了该区域主体功能定位后，生态保护成效是否有所改进。在具体的时间选择时，可以根据被评价对象确定主体功能定位的时间而定。

第四，辩证比较。对于一个评价对象而言，最重要的不是某一年的评价指数得分，而是要观察在连续几年内，成效评价指数是否发生了变化。对指标评价结果的看待方式：一是要动态；二是要辩证。动态指的是要关注每个指标和整体指数的变化；辩证指的是不仅要关注整体指数的变动，还有关注每个指标的变动，不能因为某个指标成绩突出，就掩盖了其余“坏”指标，也不必因为某些“坏”指标，而抹杀了在其他指标上作出的相关努力。

9.3 典型主体功能区生态保护成效评估的实证分析

国家重点生态功能区是指承担水源涵养、水土保持、防风固沙和生物多样性维护等重要生态功能，关系全国或较大范围区域的生态安全，需要在国土空间开发中限制进行大规模高强度工业化、城镇化开发，以保持并提高生态产品供给能力的区域。国家重点生态功能区是我国对于优化国土资源空间格局、坚定不移地实施主体功能区制度、推进生态文明制度建设所提划定的重点区域。截至 2016 年 9 月 29 日，国家重点生态功能区县市区数量为 676 个，占国土面积的 53%。

表 9-13 临江市生态保护成效指数

目标层	因素层	指标层	单位	指标值		指标变化
				2013 年	2017 年	
压力层	发展压力	1. 人均 GDP	万元	5.65	6.46	↑
		2. 人口密度	人/km^2	58	52	↓
	资源压力	3. 万元 GDP 的用水量	m^3	0.65	0.26	↓
	排放压力	4. 万元 GDP 的 SO_2 排放量	t	86.03	7.45	↓
		5. 万元 GDP 的 COD 排放量	t	58.07	15.35	↓
状态层	生态状态	6. 绿化覆盖率	%	40	39.60	↓
		7. 人均绿地面积	m^2	14	23.66	↑
	环境状态	8. $PM_{2.5}$ 年均浓度	μg/m^3	82.5	79	↓
		9. 突发环境事件	是/否	否	否	—
响应层	投入能力	10. 环境污染治理投资总额占 GDP 的比重	%	0.23	0.12	↓
	处理能力	11. 工业废水排放达标率	%	100	100	—
		12. 工业固体废物综合利用率	%	100	100	—

鉴于数据的可获得性，以吉林省临江市为例，比较 2011 年和 2017 年临江市生态保护成效指数。本研究选取了一些代表性指标进行计算。由表 9-13 可以看出，在可获得的 12 个分项指标中，3 个指标没有发生变化，2 个指标上升，7 个指标

下降。人均 GDP 由 2013 年的 5.65 万元上升至 2017 年的 6.46 万元，经济发展压力增加。人口密度由 2013 年的 58 人/km^2 下降至 2017 年的 52 人/km^2，人口发展压力减轻，这主要源于总人口的减少。万元 GDP 的用水量由 2013 年的 0.65 m^3/万元下降至 2017 年的 0.26 m^3/万元，资源压力下降。万元 GDP 的 SO_2 排放量由 2013 年的 86.03 t 下降至 2017 年的 7.45 t，万元 GDP 的 COD 排放量由 2013 年的 58.07 t 下降至 2017 年的 15.53 t，这两个数据急剧下降，表明排放压力减少。绿化覆盖率由 2013 年的 40%下降至 2017 年的 39.60%。人均绿地面积由 2013 年的 14 m^2 提高至 2017 年的 23.66 m^2，这主要源于人口总量的减少，由此可见，临江市的生态状态并未得到显著改善。$PM_{2.5}$ 年均浓度由 2013 年的 82.5 μg/m^3 下降至 2017 年的 79 μg/m^3，环境状态得到改善。环境污染治理投资总额占 GDP 的比重由 2013 年的 0.23%下降至 2017 年的 0.12%，临江市近年来在环境污染治理方面的投资没有大幅增加，投入能力在下降。工业废水排放达标率和工业固体废物综合利用率一直保持在 100%。综上可知，2013—2017 年，临江市的发展压力、资源压力和排放压力都在下降，生态状态没有明显改善，而环境状态改善明显，投入能力不升反降，处理能力保持良好。总体来看，临江市生态保护成效不算明显。

XIAPIAN GUANLI ZHENGCE PIAN

下篇 管理政策篇

第 10 章 主体功能区生态环境保护政策概述

10.1 主体功能区战略环境政策的演进概况

主体功能区的构想最早是在 2002 年《关于规划体制改革若干问题的意见》提出的，旨在确定空间平衡与协调的原则上增强规划的空间指导和约束功能。2006 年，全国人大通过的《中华人民共和国国民经济和社会发展第十一个五年规划纲要》正式确立了国家发展中的主体功能区政策。主体功能区政策在"十二五"规划中正式上升为战略。主体功能区战略是我国区域发展总体战略的具体化，具有维护国家经济安全、粮食安全、生态安全等多重功能。

按照国务院 2010 年印发的《全国主体功能区规划》，我国国土空间按开发方式可分为优化开发区、重点开发区、限制开发区和禁止开发区；按开发内容划分，可分为城市化地区、农产品主产区和重点生态功能区；按层级划分，可分为国家级和省级两个层面。按照开发内容划分的主体功能区可以覆盖所有的县（市、区）行政区。2012 年印发的《湖南省主体功能区规划》就对三类主体功能区所占的县域数量进行了统计。各类型主体功能区分类及其功能如图 10-1 所示。

"十一五"规划确立的区域政策与《国务院关于编制全国主体功能区规划的意见》《全国主体功能区规划》中政策体系组成存在一个发展变化的过程。

党的十八大后，党中央将生态文明建设纳入"五位一体"总体布局。在中央层面继续推进《全国主体功能区规划》的实施，并于 2013 年印发《关于加强国家重点生态功能区环境保护和管理的意见》。在地方上，广东省率先出台了地方主体功能区规划配套环境政策。

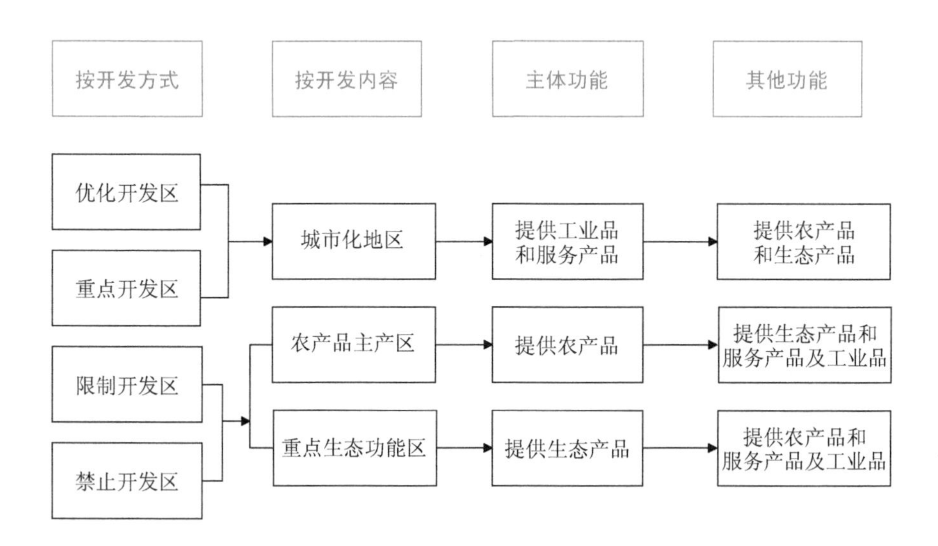

图 10-1 主体功能区分类及其功能示意图

《广东省主体功能区规划的配套环保政策》分为差别化的环境准入政策、差别化的总量控制政策、差别化的污染治理政策、差别化的生态保护政策 4 个方面，根据不同主体功能区的经济社会发展水平、发展定位和资源环境承载力，实行分类指导、分区控制，并确定了强化政策落实、加大资金投入、完善责任考核和追究机制、强化公众参与 4 个方面的保障措施。这 4 个保障措施实际上属于一般理解的行政管理政策、财政政策、绩效政策、社会政策。因此只要相关的政策与生态文明建设具有较强的关联性就可以称为广义环境政策。而《全国主体功能区规划》中的环境政策是从具体的、直接的环境监管工具在不同主体功能区的运用来看待的，是一种比较狭义的环境政策。环境保护部、国家发展改革委在 2015 年联合发布的《关于贯彻实施国家主体功能区环境政策的若干意见》（以下简称《意见》）则是从广义的角度来谋划主体功能区环境政策。

10.2 《意见》的具体安排与总体落实情况

2015 年，我国开始系统性谋划实施与主体功能区相匹配的环境政策。《意见》提出要以维护环境功能、保障公众健康、改善生态环境质量为目标，推进战略环评、环境功能区划与主体功能区建设相融合，加强环境分区管治，构建符合主体功能区定位的环境政策支撑体系，充分发挥环境保护政策的导向作用，为推动形成主体功能区布局奠定了良好的政策环境和制度基础。在考察《意见》中，主体功能区环境政策的最大特点就是强调差异化，这是由主体功能区的差异性决定的。基于差异化的空间均衡发展也需要政策均衡予以保障。均衡政策的特点也是差异化。不同主体功能区的环境政策不一样；同一类型主体功能区的环境政策也存在进一步的细分；同一种环境政策工具在不同主体功能区的内容也不一样。结合《意见》相关举措的进展情况，可以对我国主体功能区环境政策的落地有一个较为整体性的把握。

《意见》混合了主体功能区分类方法，分别对禁止开发区、重点生态功能区、农产品主产区、重点开发区、优化开发区的环境政策进行了安排，其中禁止开发区、重点开发区、优化开发区是按开发方式进行分类的；重点生态功能区、农产品主产区则是按开发内容进行分类。从政策设计看，《意见》总共提出了 48 条主体功能区环境政策的建议，又以禁止开发区环境政策最多。禁止开发区环境政策有 13 条，涉及分区管控、产业调整、生态补偿、责任追究等领域；重点生态功能区、农产品主产区、重点开发区、优化开发区的环境政策数量分别为 6 条、8 条、6 条、8 条，重点是强化污染防治政策和制度的落实，如对农产品主产区提出开展农村环境连片综合整治、在农业生产区开展环境健康风险评估、实施分类型土壤环境治理、推行污染物排放总量控制制度等。在实施保障措施方面提出 7 条政策措施，如强化环境监管执法等。

《意见》提出的环境政策是对既有措施的完善，也是对环境管理新采取的措施。这些政策措施既有激励性的也有限制性和禁止性的。《意见》试图通过这些政策工具的运用达到人口向城镇化区域集中、工农产业向环境友好型转变、生态得到严格保护和一定程度的修复、人居环境更加优美、区域发展更加平衡等政策目标。

通过梳理和考察可以发现，从总体上看，《意见》所确立的主体功能区环境政策的实施进度和效果并不尽如人意。各类主体功能区环境政策距离完全的落地实施尚有差距。在总计 48 条环境政策中，有 5 条政策制度未形成具体改革或技术方案，如重点开发区推动建立城市环境功能分区管理制度等；2 项制度均属于“已制定方案但未实施”，如建立承载能力监测预警机制等；多数制度处在“部分地区运行”的阶段；实施进度较好的制度主要是“取消重点生态功能区的地区生产总值考核”，目前已经基本全面落地实施；那些持续实施的环境政策基本上都是基础性的政策，如纳入生态保护红线、完善考核评价、落实环境分区管治、严格环境执法监管等。有的政策的实施本不是《意见》所着重强调的，如环保巡视。这是因为在生态文明建设的过程中还有其他的环境政策供给。在《意见》发布的前后，又分别颁布了《关于加快推进生态文明建设的意见》和《生态文明体制改革总体方案》。《意见》所确立的分区管治政策也正是在这样环境政策供给背景下通过“三线一单”制度落地。

10.3 主体功能区不同功能分区的总体要求

优化开发区、重点开发区、限制开发区和禁止开发区，是基于不同区域的资源环境承载能力、现有开发强度和未来发展潜力，以是否适宜或如何进行大规模、高强度、工业化、城镇化开发为基准划分的。

城市化地区、农产品主产区和重点生态功能区，是以提供主体产品的类型为基准划分的。城市化地区是以提供工业品和服务产品为主体功能的地区，也提供农产品和生态产品；农产品主产区是以提供农产品为主体功能的地区，也提供生态产品、服务产品和部分工业品；重点生态功能区是以提供生态产品为主体功能的地区，也提供一定的农产品、服务产品和工业品。

优化开发区是经济比较发达、人口比较密集、开发强度较高、资源环境问题更加突出，从而应该重点进行工业化、城镇化开发的城市化地区。

重点开发区是有一定经济基础、资源环境承载能力较强、发展潜力较大、集聚人口和经济的条件较好，从而应该重点进行工业化、城镇化开发的城市化地区。优化开发和重点开发区都属于城市化地区，开发内容总体上相同，开发强度和开发方式不同。

限制开发区分为两类，一类是农产品主产区，即耕地较多、农业发展条件较好，尽管也适宜工业化、城镇化开发，但从保障国家农产品安全以及中华民族永续发展的需要出发，必须把增强农业综合生产能力作为发展的首要任务，从而应该限制进行大规模、高强度、工业化、城镇化开发的地区；另一类是重点生态功能区，即生态系统脆弱或生态功能重要，资源环境承载能力较低，不具备大规模、高强度、工业化、城镇化开发的条件，必须把增强生态产品生产能力作为首要任务，从而应该限制进行大规模、高强度、工业化、城镇化开发的地区。

禁止开发区是依法设立的各级各类自然文化资源保护区域，以及其他禁止进行工业化、城镇化开发，需要特殊保护的重点生态功能区。国家级层面禁止开发区，包括国家级自然保护区、世界文化自然遗产、国家级风景名胜区、国家森林公园和国家地质公园。省级层面的禁止开发区，包括省级及以下各级各类自然文化资源保护区域、重要水源地以及其他省级人民政府根据需要确定的禁止开发区。

各类主体功能区，在全国经济社会发展中具有同等重要的地位，只是主体功能不同，开发方式不同，保护内容不同，发展首要任务不同，国家支持重点不同。对城市化地区主要支持其集聚人口和经济，对农产品主产区主要支持其增强农业综合生产能力，对重点生态功能区主要支持其保护和修复生态环境。

表 10-1　四类主体功能及其相应的政策

政策类型		重点生态功能区	农产品主产区	重点开发区	优化开发区
环境政策	国家级	1. 要实现污染物排放总量持续下降和环境质量状况达标。 2. 要按照生态功能恢复和保育原则设置产业准入环境标准。 3. 要从严控制排污许可证发放。 4. 要加大水资源保护力度，适度开发利用水资源，实行全面节水	1. 要实现污染物排放总量持续下降和环境质量状况达标。 2. 要按照保护和恢复地力的要求设置产业准入环境标准。 3. 要从严控制排污许可证发放。 4. 要加大水资源保护力度，适度开发利用水资源，实行全面节水	1. 要结合环境容量，实行严格的污染物排放总量控制指标，较大幅度减少污染物排放量。 2. 要根据环境容量逐步提高产业准入环境标准。 3. 要合理控制排污许可证的增发，积极推进排污权制度改革。 4. 要注重从源头上控制污染，建设项目要加强环境影响评价和环境风险防范。 5. 要合理开发和科学配置水资源，控制水资源开发利用程度	1. 要实行更严格的污染物排放标准和总量控制指标，大幅减少污染物排放。 2. 要按照国际先进水平，实行更加严格的产业准入环境标准。 3. 要严格限制排污许可证的增发，完善排污权交易制度。 4. 要注重从源头上控制污染，建设项目要加强环境影响评价和环境风险防范。 5. 要以提高水资源利用效率和效益为核心，厉行节水，合理配置水资源
	省级	与国家级政策要求保持一致	与国家级政策要求保持一致	与国家级政策要求保持一致	与国家级政策要求保持一致

政策类型		重点生态功能区	农产品主产区	重点开发区	优化开发区
应对气候变化政策	国家级	1. 推进生态系统保护措施，增加陆地生态系统的固碳能力。 2. 积极发展可再生能源，充分利用清洁、低碳能源。 3. 开展气候变化影响评估，提高监测预警能力	1. 加强农业基础设施建设，推进农业结构和种植制度调整。 2. 选育抗逆品种，遏制草原荒漠化加重趋势。 3. 加强新技术的研究与开发。 4. 减缓农业农村温室气体排放。 5. 积极发展和消费可再生能源。 6. 开展气候变化影响评估，提高监测预警能力	1. 积极发展循环经济，实施重点节能工程。 2. 积极发展和利用可再生能源。 3. 加大能源资源节约和高效利用技术开发和应用力度。 4. 优化生产空间、生活空间和生态空间布局。 5. 降低温室气体排放强度。 6. 沿海城市化地区加强海岸带保护，强化应对海平面升高的适应性对策。 7. 开展气候变化影响评估，提高监测预警能力	1. 积极发展循环经济，实施重点节能工程。 2. 积极发展和利用可再生能源。 3. 加大能源资源节约和高效利用技术开发和应用力度。 4. 优化生产空间、生活空间和生态空间布局。 5. 降低温室气体排放强度。 6. 沿海城市化地区加强海岸带保护，强化应对海平面升高的适应性对策。 7. 开展气候变化影响评估，提高监测预警能力
	省级	1. 培育森林资源，增加森林蓄积量，增强森林碳汇功能。 2. 基本形成生态补偿机制，建成碳排放交易市场	与国家级政策保持一致	合理控制能源消费总量，优化产业结构、能源结构，节约能源、提高能效，降低国内生产总值二氧化碳排放	基本建立以低碳为特征的产业体系和消费模式
财政政策	国家级	1. 增强公共管理、公共服务和落实各项民生政策的能力。 2. 提高转移支付系数，加大对重点生态功能区的支持力度。 3. 对重点生态功能区因加强生态环境保护造成的利益损失进行补偿	增强公共管理、公共服务和落实各项民生政策的能力	适应主体功能区要求，加大均衡性转移支付力度，深化财政体制改革，完善公共财政体系	适应主体功能区要求，加大均衡性转移支付力度，深化财政体制改革，完善公共财政体系

政策类型		重点生态功能区	农产品主产区	重点开发区	优化开发区
财政政策	省级	1. 提高对限制开发区财政转移支付系数。 2. 扶持特色优势产业发展能力；建立生态环境补偿机制	1. 增强公共管理、公共服务和落实各项民生政策的能力。 2. 扶持特色优势产业发展能力	适应主体功能区要求，加大均衡性转移支付力度，深化财政体制改革，完善公共财政体系	适应主体功能区要求，加大均衡性转移支付力度，深化财政体制改革，完善公共财政体系
投资政策	国家级	1. 支持国家重点生态功能区特别是中西部国家重点生态功能区的发展，包括生态修复和环境保护、生态移民、促进就业、基础设施建设以及支持适宜产业发展等； 2. 实施国家重点生态功能区保护修复工程，每5年统筹解决若干个国家重点生态功能区民生改善、区域发展和生态保护问题，根据规划和建设项目的实施时序，按年度安排投资数额。 3. 优先启动西部地区国家重点生态功能区保护修复工程	支持国家农产品主产区特别是中西部国家农产品主产区的发展，包括农业综合生产能力建设、公共服务设施建设、生态移民、促进就业、基础设施建设以及支持适宜产业发展等	1. 鼓励和引导民间资本按照不同区域的主体功能定位投资。对优化开发区和重点开发区，鼓励和引导民间资本进入法律法规未明确禁止准入的行业和领域。 2. 积极利用金融手段引导民间投资。引导商业银行按主体功能定位调整区域信贷投向，鼓励向符合主体功能定位的项目提供贷款，严格限制向不符合主体功能定位的项目提供贷款	1. 鼓励和引导民间资本按照不同区域的主体功能定位投资。对优化开发区和重点开发区，鼓励和引导民间资本进入法律法规未明确禁止准入的行业和领域。 2. 积极利用金融手段引导民间投资。引导商业银行按主体功能定位调整区域信贷投向，鼓励向符合主体功能定位的项目提供贷款，严格限制向不符合主体功能定位的项目提供贷款
	省级	与国家级政策保持一致	与国家级政策保持一致	1. 鼓励和引导民间资本按照不同区域的主体功能定位投资。 2. 积极利用金融手段引导民间投资	1. 鼓励和引导民间资本按照不同区域的主体功能定位投资。 2. 积极利用金融手段引导民间投资

政策类型		重点生态功能区	农产品主产区	重点开发区	优化开发区
产业政策	国家级	1. 建立市场退出机制。 2. 对不符合主体功能定位的现有产业，促进产业跨区域转移或关闭	严格控制开发强度	1. 依托能源和矿产资源的资源加工业项目，优先在中西部国家重点开发区布局。 2. 重大制造业项目原则上应布局在优化开发区和重点开发区	1. 依托能源和矿产资源的资源加工业项目，优先在中西部国家重点开发区布局。 2. 重大制造业项目原则上应布局在优化开发区和重点开发区
	省级	1. 积极实施市场退出机制。 2. 保持适度的旅游业等活动。 3. 支持在旅游、林业等领域推行循环型生产方式	1. 严格控制开发强度。 2. 保持适度的农牧业等活动	1. 重大工业项目原则上应布局在重点开发区。 2. 集中布局、点状开发	1. 支持已有工业开发区改造成“零污染”的生态型工业区。 2. 鼓励开展园区循环化改造以及低碳园区建设
土地政策	国家级	1. 严禁改变重点生态功能区生态用地用途。 2. 严格控制重点生态功能区城市建设空间和工矿建设空间，从严控制开发区总面积	1. 严格控制农产品主产区建设用地规模。 2. 将基本农田落实到地块并在土地承包经营权登记证书上标注，严禁改变基本农田的用途和位置	1. 探索实行地区之间人地挂钩的政策，重点开发区建设用地的增加规模要与吸纳外来人口定居的规模挂钩。 2. 相对适当扩大重点开发区建设用地规模。 3. 保持必要的耕地和绿色生态空间	1. 探索实行地区之间人地挂钩的政策，优化开发区建设用地的增加规模要与吸纳外来人口定居的规模挂钩。 2. 严格控制优化开发区建设用地增量。 3. 保持必要的耕地和绿色生态空间
	省级	与国家级政策保持一致	1. 坚持最严格的耕地保护制度，建立耕地保护补偿机制和基本农田永久保护机制。 2. 加大耕地和基本农田保护力度，确保耕地保有量	1. 鼓励和支持适当增加建设用地面积，保持必要的耕地和绿色生态空间。 2. 鼓励新的工业项目通过土地使用权转让在原有	与国家级政策保持一致

政策类型		重点生态功能区	农产品主产区	重点开发区	优化开发区
土地政策	省级	与国家级政策保持一致	和基本农田保护面积不减少、质量有提高。 3. 积极探索重大建设项目补充耕地省域内统筹办法和耕地占补平衡市场化方式	建设用地基础上开发建设，鼓励对闲置土地、空闲土地和低效利用土地开展再开发试点	与国家级政策保持一致
人口政策	国家级	1. 实施积极的人口退出政策。 2. 鼓励人口到重点开发区和优化开发区就业并定居。 3. 中心城镇人口集聚	1. 实施积极的人口退出政策。 2. 鼓励人口到重点开发区和优化开发区就业并定居。 3. 中心城镇人口集聚	1. 实施积极的人口迁入制度。 2. 加强人口集聚和吸纳能力建设，放宽户口迁移限制。 3. 鼓励外来人口迁入和定居	1. 实施积极的人口迁入制度。 2. 鼓励外来人口迁入和定居。 3. 引导区域内人口均衡分布
	省级	1. 实施积极的人口退出政策。 2. 推进生态移民，加快完善移民搬迁安置和补偿政策。 3. 引导区域内人口向区域中心城镇集聚	与国家级政策保持一致	1. 实行更加宽松的人口准入政策，优先接纳禁止开发区人口转移迁入。 2. 加强人口集聚和吸纳能力建设，放宽户口迁移限制。 3. 鼓励外来人口迁入和定居	与国家级政策保持一致

10.4 主体功能区不同功能分区的具体管控政策

为贯彻落实党的十八届三中全会关于坚定不移实施主体功能区制度的战略部署，完善主体功能区综合配套政策体系，加快推进生态文明建设和经济发展绿色化，形成人与自然和谐发展的现代化建设新格局，依据《全国主体功能区规划》和《中华人民共和国环境保护法》，就贯彻实施国家主体功能区环境政策，环境保护部联合国家发展改革委以环发〔2015〕92号文发布《意见》。《意见》坚持深化改革和创新、坚持激励与约束并重、坚持分类差异化管理、坚持保护受益相对等。理顺体制机制，完善制度政策，实施环境质量和主要污染物排放总量双管控，实行环保负面清单制度，以严格的环境监管和责任追究、信息公开与社会监督，促进环境质量的改善，用制度保护生态环境。通过严格环境准入、环境标准、总量控制、环保考核等管理措施强化政府管控与约束，规范开发建设行为。通过价格、财政、收费、金融等政策措施引导规范企业环境行为，落实环境保护主体责任。立足各类主体功能定位，把握不同区域生态环境的特征、承载力及突出问题，科学划分环境功能区，提出有针对性的治理保护措施和重点方向，构建差异化的考核评价体系和责任追究机制，实现环境管理的精细化。在努力实现城乡环境基本公共服务均等化的同时，加大对禁止和限制开发区环境保护资金投入、财政转移支付、生态补偿力度，加快自然资源及其产品价格改革。

表 10-2　各主体功能区现行生态环境管控政策一览表

政策类型	禁止开发区	生态功能区	农产品产区	重点开发区	优化开发区
空间管控政策	√	—	—	—	—
产业准入制度	√	√	√	√	—
负面清单制度	—	—	—	—	√
生态保护红线制度	√	√	—	√	√
生态修复与建设	√	√	√	√	√
环境监测考评制度	√	√	√	√	√
生态补偿政策	√	√	—	—	—
环境影响评价制度	√	√	√	√	√
城市环境功能分区管理	—	—	—	√	—
城市环境总体规划	—	—	—	—	√
补贴与担保等经济政策	—	√	—	—	—
环境风险管理	—	—	√	√	—
环境综合整治	—	—	√	√	—
土壤环境保护	—	—	√	—	√
污染物排放总量控制	—	√	√	√	√
环境分区管治	—	√	√	√	√

10.4.1 禁止开发区的环境政策

按照依法管理、强制保护的原则，执行最严格的生态环境保护措施，保持环境质量的自然本底状况，恢复和维护区域生态系统结构和功能的完整性，保持生态环境质量、生物多样性状况和珍稀物种的自然繁衍，保障未来可持续生存发展空间。

（1）空间管控政策。将生态功能极重要区纳入生态保护红线的管控范围，明确其空间分布界限和管控要求。优化自然保护区空间布局。按照自然地理单元和多物种的栖息地综合保护原则，对已建自然保护区进行整合，通过建立生态廊道，增强自然保护区间的连通性，完善自然保护区建设管理的体制和机制。严格执行饮用水水源保护制度，开展饮用水水源地环境风险排查，加强环境应急管理，推进饮用水水源一级保护区内的土地依法征收，依法取缔饮用水水源保护区内排污企业和排污口。引导人口逐步有序转移，按核心区、缓冲区、实验区的顺序，逐步转移自然保护区的人口，实现核心区无人居住，缓冲区和实验区人口大幅减少。

（2）产业准入制度。不得新建工业、企业和矿产等开发企业，2020 年年底前迁出或关闭排放污染物以及有可能对环境安全造成隐患的现有各类企业、事业单位和其他生产经营者，并加强相关企业迁出前的环境管理以及迁出后企业原址的风险评估。禁止新建铁路、公路和其他基础设施穿越自然保护区和风景名胜区核心区和缓冲区，尽量避免穿越实验区。严格控制风景名胜区、森林公园、湿地公园内的人工景观建设。禁止在自然保护区核心区和缓冲区进行旅游、种植和野生动植物繁育在内的开发活动。

（3）环境影响评价制度。环境影响评价必须科学预测其对敏感物种和敏感、脆弱生态系统的影响，并以不影响敏感物种生存、繁衍及生态系统的科学文化价值为目标，提出保护和恢复方案。

（4）生态补偿政策。着眼于激励生态环境保护行为，制定和落实科学的生态补偿制度和专项财政转移支付制度，使保护者得到补偿与激励。

（5）生态修复和建设工程。着力实施重大生态修复工程建设，加强环境公共服务设施建设。

（6）环境考核评价制度。探索编制自然资源资产负债表与考评体系。构建生态环境资产核算框架体系，将生态保护补偿机制建设工作纳入地方政府的绩效考核，完善现有政绩考核制度，对领导干部实行自然资源资产离任审计，建立生态环境损害责任终身追究制。

10.4.2 生态功能区环境政策

按照生态优先、适度发展的原则，着力推进生态保育，增强区域生态服务功能和生态系统的抗干扰能力，夯实生态屏障，坚决遏制生态系统退化的趋势。保持并提高区域的水源涵养、水土保持、防风固沙、生物多样性维护等生态调节功能，保障区域生态系统的完整性和稳定性，土壤环境维持自然本底水平。

（1）生态保护红线政策。划定并严守生态保护红线。在重点生态功能区、生态环境敏感区和脆弱区等区域划定生态保护红线，实行严格保护，确保生态功能不降低、面积不减少、性质不改变；科学划定森林、草原、湿地、海洋等领域生态保护红线。

（2）产业准入制度。严格限制区内“两高一资”产业落地，禁止高水资源消耗产业在水源涵养生态功能区布局，限制土地资源高消耗产业在水土保持生态功能区发展，降低防风固沙生态功能区的农牧业开发强度，禁止生物多样性维护生态功能区的大规模水电开发和林纸一体化产业发展。在不损害生态系统功能的前提下，因地制宜地发展旅游、农林牧产品生产和加工、观光休闲农业及风电、太阳能等新能源产业。原则上不再新建各类产业园区，严禁随意扩大现有产业园区范围。以工业为主的产业园区应加快完成园区的循环化改造，鼓励推进低消耗、可循环、少排放的生态型工业区建设。

（3）补贴与担保等经济政策。对于不符合主体功能定位的现有产业，通过设备折旧补贴、设备贷款担保、迁移补贴、土地置换、关停补偿等手段，实施搬迁或关闭。

（4）污染物排放总量控制。严格执行排污许可管理制度，从严控制污染物排放总量，将排污许可管理制度允许的排放量作为污染物排放总量的管理依据，实现污染物排放总量持续下降。

（5）生态建设与生态修复工程。实施好生物多样性重大工程、风沙源治理、小流域综合治理、退耕还林还草、退牧还草等生态修复工程。推进国家级自然保护区建设。推进荒漠化、石漠化、水土流失综合治理，扩大森林、草原、湖泊、湿地面积，提高森林覆盖率，水土流失和荒漠化得到有效控制，野生动植物物种得到恢复和增加，保护生物多样性。

（6）生态保护补偿政策。逐步加大政府投资对生态环境保护方面的支持力度，重点用于国家重点生态功能区特别是中西部和东北地区国家重点生态功能区的发展。对国家支持的建设项目，适当提高中央政府补助比例。

（7）环境监测考评机制。完善生态环境监测体系，实施生态环境质量监测、评价和考核。在生态系统服务功能十分重要的区域优先建立天地一体化的生态环境监管机制。取消重点生态功能区的地区生产总值考核，加强区域生态功能、可持续发展能力的评估与考核，并将结果向社会公布。

（8）环境分区管治。根据不同生态功能区的功能特点，建设有针对性的管控体系。例如，要重点保护好多样且独特的生态系统，发挥涵养大江大河水源和调节气候的作用；重点加强水土流失防治和天然植被保护；重点保护好森林资源和生物多样性；重点加强防护林建设、草原保护和防风固沙，对暂不具备管治条件的沙化土地实行封禁保护；重点加强植被修复和水土流失防治等。

10.4.3 农产品产区环境政策

按照保障基本、安全发展的原则，优先保护耕地土壤环境，保障农产品产区的环境安全，改善农村人居环境。

（1）环境综合整治。加大村镇供水和污水、垃圾处理设施建设，并对污泥进行妥善处理，加大乡镇工矿企业污染治理力度，确保农村土壤环境质量安全。积极推进农业清洁生产，加强面源污染控制，研究出台有利于有机肥生产、使用的优惠政策，建立健全农药废弃包装物回收处理体系、废旧地膜回收加工网络。以规模化畜禽养殖为重点，对畜禽养殖废弃物实施综合治理，推广生产有机肥，持续推进污染减排及废弃物综合利用。

（2）环境影响评价制度。规划和项目环评，要强化土壤环境影响评价的内容。

（3）环境健康风险评估。在农业生产区开展环境健康风险评估和分区，确定区域环境质量对不同农作物的影响，针对可能造成农产品污染的区域，开展生态修复，确保农产品质量。对中轻度污染农用地，采取严格环境准入、加强污染源监管等措施，加强环境健康风险评估，防止土壤污染加重，相关责任方在土壤环境健康风险评估的基础上开展土壤污染管治与修复。

（4）产业准入制度。对于土壤清洁的农用地，要根据土壤环境保护工作需要，在其周边划出一定范围的防护区域，禁止在防护区域内新建有色金属、皮革制品、石油煤炭、化工医药、铅蓄电池制造、电镀以及其他排放有毒有害污染物的项目，逐步关闭或搬迁防护区域内的已有项目。对重度污染农用地，严格用途管制，有序开展重度污染耕地种植结构调整，有效控制土壤环境风险。严格限制污染型企业进入农产品主产区，严禁有损自然生态系统的开荒以及侵占水面、湿地、林地、草地的农业开发活动。

（5）污染物排放总量控制制度。严格控制重金属类污染物和挥发性有机污染物等有毒物质排放，将排污许可管理制度允许排放量作为污染物排放总量管理的依据。

（6）环境质量监测网络与考评机制。完善农产品产地环境质量评价标准，建立土壤环境质量定期监测和信息发布制度。加强区域农业生产环境安全、可持续发展能力的评估与考核，并将结果向社会公布。

（7）环境分区管治。东北平原国家农产品主产区强化黑土地水土流失和荒漠化综合管治，开展三江平原、松嫩平原湿地修复。黄淮海平原国家农产品主产区加强统筹地表地下水资源，控制农业面源污染和合理利用秸秆资源，严格控制污灌，防治土壤盐碱化。长江流域国家农产品主产区要加强湿地修复与生物多样性保护，防止土壤贫瘠化，管治土壤污染。对两湖地区、淮河苏北平原等，应在环境健康风险评估的基础上开展农田土壤修复。汾渭平原国家农产品主产区加强土壤侵蚀管治防治水土流失。河套灌区和甘肃新疆国家农产品主产区要合理调配水资源，发展高效节水农业。华南国家农产品主产区，要防治水土流失和土壤肥力下降，管治土壤污染。

10.4.4 重点开发区环境政策

按照强化管治、集约发展的原则，加强环境管理与管治，大幅降低污染物排放强度，改善环境质量。

（1）城市环境功能分区管理制度。推动建立基于环境承载能力的城市环境功能分区管理制度，加强特征污染物控制。

（2）生态保护红线。促进形成有利于污染控制和降低居民健康风险的城市空间格局。保护对区域生态系统服务功能极重要的基础生态用地，将区域开敞空间与城市绿地系统有机结合起来，加强生态用地的连通性。

（3）污染物排放总量控制。排污许可允许的主要污染物排放量须满足国家主要污染物排放总量削减任务和区域环境质量标准要求。

（4）环境影响评价制度。严格依法开展规划环境影响评价，探索建立区域污染物行业排放总量管理模式，在建设项目环评和规划环评中推进人群健康影响评价。

（5）产业准入制度。制定建设项目分类管理目录，提出鼓励发展的产业目录和产业发展的环保负面清单。

（6）环境综合整治。实施大气环境综合整治、水环境综合整治、近岸海域环境综合整治、土壤污染管治、重金属污染管治、环境噪声影响严重区管治等环境综合整治工程，严格化学品环境管理，强化城镇污水、垃圾收集与处理设施建设，加强环境管理和监督力度，提高各类治污设施的效率，强化对企业污染物稳定达标排放的监管，开展污染防治对环境、人群健康影响的效果评估。

（7）环境风险管理。要建立区域环境风险评估和风险防控制度。区域内以工业为主的开发区，要根据环境风险评估建立风险预警和风险控制机制，制定突发环境事件应急预案，针对高危企业开展环境污染健康影响评估，建设项目和现有企业开展环境风险评估和制定突发环境事件应急预案，强化对其相关工作的监管。对于环境污染问题突出或者居民反映强烈的高环境健康风险的区域开展环境与健康调查，采取有效措施降低环境健康损害风险，确保不发生大规模环境污染损害健康的事件。

（8）环境分区管治。缺水区域要严格限制高耗水行业发展，提高水资源利用效率。矿产资源开采区域需严控有色金属产业项目审批，积极推动有色金属采冶的环境健康风险评估。要重视饮用水安全及水污染产生的环境健康问题和矿产资源开发带来的人群健康风险问题。控制采暖期煤烟型大气污染，加强草原生态系统保护，加强地下水保护。加强流域水土流失和水污染防治，加强石漠化治理、高原湖泊保护、大江大河防护林建设。强化对石油等资源开发活动的生态环境监管。加强采暖期城市大气污染管治，推进流域和近岸海域污染防治，加强采煤沉陷区综合管治和矿山环境修复。重视煤化工产业发展造成的土壤环境健康风险。要有效维护区域环境承载能力，加强区域大气污染管治联防联控，强化水污染管治，加强采煤沉陷区的生态恢复，推进平原地区和沙化地区的土地管治，重视空气污染带来的人群健康风险问题等。

10.4.5 优化开发区环境政策

按照严控污染、优化发展的原则，引导城市集约紧凑、绿色低碳发展，减少工矿建设空间和农村生活空间，扩大服务业、交通、城市居住、公共设施空间，扩大绿色生态空间。

（1）生态保护红线。优化城市生产、生活、生态空间，划定城市生态保护红线和最小生态安全距离，优化提升城市群生态保护空间，促进形成有利于污染控制和降低居民健康风险的城市空间格局。

（2）环境影响评价。推进城市总体规划环境影响评价和人群健康风险评估，探索环境健康损害赔偿机制。

（3）城市环境总体规划制度。优化城市功能分区，控制城市蔓延扩张，扩大城市绿色生态空间，加强城市公园绿地、绿道网、绿化隔离带和城际生态廊道建设。

（4）污染物排放总量控制制度。有效控制区域性复合型大气污染，现有存量污染源通过结构调整、转型升级或提标改造削减排放量。新、改、扩建项目要按照《建设项目主要污染物排放总量指标审核及管理暂行办法》的要求，严格落实替代削减方案。推行煤炭消费总量控制制度，建立煤炭消费减量替代工作和污染物减排“双挂钩”机制。积极推进火电、钢铁、水泥等重点行业大气污染物与温室气体协同控制。建立绩效标杆和领跑者制度。严格执行排污许可管理制度，从严控制污染物排放总量，将排污许可管理制度允许的排放量作为污染物排放总量的管理依据，实现污染物排放总量持续下降。

（5）环保负面清单制度。全面深入实施节能减排，化解资源环境“瓶颈”制约，积极开展适应气候变化工作，提升城市综合适应能力，新建项目清洁生产应达到国际先进水平，新建产业园区应按生态工业园区标准进行规划建设。禁止新建钢铁、水泥熟料、平板玻璃、电解铝、船舶等产能过剩行业新增产能项目。有序发展天然气调峰电站，原则上不再新建天然气发电项目。新建项目禁止配套建设自备燃煤电站，除热电联产外，禁止审批新建燃煤发电项目。现有多台燃煤机组装机容量合计达 30 万 kW，可按照煤炭等量替代的原则建设为大容量燃煤机组。对火电、钢铁、石化、水泥、有色、化工等行业按照相关规定执行污染物特别排放限值，或严于国家标准有关污染物排放限值的地方标准。

（6）土壤环境保护。严格污染场地开发利用和流转的审批，新增建设用地和现有建设用地改变用途，未按要求开展土壤污染状况调查评估的，有关部门不得办理供地等相关手续；加强未开发利用污染场地的环境管理，开展对周边环境和人体健康的风险评估，定期发布重污染场地环境健康风险评估结果，防范风险。对于污染场地修复后再利用的区域，需要开展常规环境健康综合监测和 10 年以上的环境健康风险追踪评估。加强城镇辐射环境质量监督管理。

（7）环境分区管治。京津冀地区要加强生态环境保护，联防联控环境污染，建立一体化的环境准入和退出机制，构建区域生态环境监测网络；强化大气污染治理，确定大气环境质量底线，协同推进碳排放控制，加快推进低碳城镇化；实施清洁水行动，开展饮用水水源地保护，整治环渤海湾环境污染，推进土壤与地下水治理和农村环境改善工程等。山东半岛地区要划定地下水禁采区和限采区并实施严格保护，强化工业颗粒物和粉尘管治，加快封山育林、提高森林覆盖率，构建片状生态网络和沿海生态廊道。长江三角洲地区要加强饮用水水源地保护，重点保护集中式饮用水水源地的水质安全，遏制地下水超采，重点整治长江、太湖、淮河、钱塘江和城市水体污染；健全区域大气污染联防联控机制，改善区域大气环境质量；加强沿江沿海防护林体系建设，增强生态服务功能，保障生态安全。珠江三角洲地区推进二氧化硫、氮氧化物、颗粒物和挥发性有机物等多种污染物协同减排，强化区域大气污染联防联控；加强江河治理和水生态保护的基础设施建设，构建城乡一体化的污水和垃圾处理系统；加强饮用水水源地保护和农业面源污染防治，重点防治畜禽、水产养殖污染；加快推进珠江水系、沿海重要绿化带和北部连绵山体为主要框架的区域生态安全体系建设，严格保护红树林湿地生态系统。

针对国土“三生”空间，主体功能区的生态环境管控政策与其对应关系如表 10-3 所示。

表 10-3 四类功能区与城镇-农业-生态空间关系

	重点生态功能区	农产品主产区	重点开发区	优化开发区
城镇空间	严格控制城市建设空间；允许进行必要的城镇建设；减少工矿建设空间	严格控制城镇空间；允许进行必要的城镇建设，以县城为重点推进城镇建设，加强县城和乡镇公共服务设施建设；减少工矿建设空间	扩大城市建设空间；适度扩大先进制造业空间，扩大服务业、交通和城市居住等建设空间；减少工矿建设空间	适度扩大城市建设空间，适当扩大服务业、交通、城市居住、公共设施空间；减少工矿建设空间
农业空间	保持必要的耕地；减少农村生活空间	保持农业生产空间，着力保护耕地；减少农村生活空间；加强水利设施建设；在保护生态的前提下，开发资源有优势、增产有潜力的粮食生产后备区	事先做好基本农田保护规划；保持农业生产空间；加强优质粮食生产基地建设；减少农村生活空间	切实严格保护耕地；减少农村生活空间
生态空间	扩大并切实保护绿色生态空间，在确保省域内耕地和基本农田面积不减少的前提下，继续在适宜的地区实行退耕还林、退牧还草、退田还湖	扩大并切实保护绿色生态空间	扩大并切实保护绿色生态空间	优化生态系统格局，扩大并切实保护绿色生态空间

10.5 主体功能区不同功能分区的政策落实情况

从主体功能区定位来看，禁止开发区是依法设立的各级各类自然文化资源保护区域，以及其他禁止进行工业化城镇化开发、需要特殊保护的重点生态功能区域。国家级层面禁止开发区，包括国家级自然保护区、世界文化自然遗产、国家级风景名胜区、国家森林公园和国家地质公园。省级层面的禁止开发区，包括省级及以下各级各类自然文化资源保护区域、重要水源地以及其他省级人民政府根据需要确定的禁止开发区。重点生态功能区则是以提供生态产品为主体功能的地区，也提供一定的农产品、服务产品和工业品。空间范围较大的禁止开发区多在重点生态功能区。禁止开发区和重点生态功能区是推动环境政策的重点区域，所有环境政策都处在实施阶段，但进度不一。如在农村饮用水水源保护区划定工作方面，云南、江西划定比例偏低且剩余任务量较大，构建生态环境资产核算框架体系仅在少部分地区开展，但生态环境损害责任终身追究制度已经在大多数地区实施，取消重点生态功能区的地区生产总值考核已在所有地区实施。

农产品主产区是以提供农产品为主体功能的地区，也提供生态产品、服务产品和部分工业品；优化开发区是经济比较发达、人口比较密集、开发强度较高、资源环境问题更加突出，从而应该优化进行工业化、城镇化开发的城市化地区；重点开发区是有一定的经济基础、资源环境承载能力较强、发展潜力较大、集聚人口和经济的条件较好，从而应该重点进行工业化、城镇化开发的城市化地区。优化开发和重点开发区都属于城市化地区，开发内容总体上相同，开发强度和开发方式不同。

农产品主产区、重点开发区、优化开发区等环境政策的落实进度要相对滞后，均有部分制度尚未实施甚至未制定改革方案（表 10-4）。包括农产品主产区的加强农业区域生产环境安全、可持续发展能力的评估与考核，重点开发区的城市环境功能分区管理制度，优化开发区的环境健康损害赔偿机制等。多数政策或制度处在“部分地区实施”的环节。

表 10-4 《意见》中农产品主产区、重点开发区、优化开发区的环境政策实施概况

政策性质	政策内容	实施情况	示例
农产品主产区环境政策	开展农村环境连片综合整治	持续推进	在美丽乡村建设中全面持续开展
	在农业生产区开展环境健康风险评估	已制定方案但未实施	2020 年，生态环境部发布《生态环境健康风险评估技术指南总纲》
	分类型加强土壤环境治理	部分地区实施	2017 年，发布《农用地土壤环境管理办法（试行）》。河南省新野县 2019 年印发农用地土壤环境保护方案，河南省社旗县人民政府则在 2020 年 7 月印发社旗县农用地土壤环境保护方案

政策性质	政策内容	实施情况	示例
农产品主产区环境政策	推行污染物排放总量控制制度	部分地区实施	2015 年，农业部印发了《到 2020 年化肥使用量零增长行动方案》和《到 2020 年农药使用量零增长行动方案》，广西、海南等地 2017 年的化肥用量相较于 2016 年不降反升。浙江省三门县印发了《2019 年三门县农业农村局“肥药双控”实施方案》
	强化土壤环境影响评价	部分地区实施	2018 年，发布《环境影响评价技术导则　土壤环境（试行）》
	完善农产品产地环境质量评价标准	部分地区实施	2018 年，制定《农用地土壤环境质量类别划分技术指南（试行）》
	加强区域农业生产环境安全、可持续发展能力的评估与考核	方案制定未完成	未见国家层面出台进一步措施
	建立全国粮食主产县土壤环境质量管理信息系统	方案制定未完成	—
重点开发区环境政策	推动建立城市环境功能分区管理制度	方案制定未完成	—
	划定城市生态保护红线	部分地区实施	—
	深化主要污染物排放总量控制	方案制定未完成	—
	深化环境影响评价制度	持续推进	2016 年，环境保护部印发《“十三五”环境影响评价改革实施方案》
	加强环境综合整治	持续推进	—
	建立区域环境风险评估和风险防控制度	部分地区实施	2018 年，环境保护部印发《行政区域突发环境事件风险评估推荐方法》
优化开发区环境政策	划定城市生态保护红线和最小生态安全距离	部分地区实施	2014 年启动了最小生态安全距离试点工作，全国只有 4 个市（县）列入试点，包括佳木斯市

政策性质	政策内容	实施情况	示例
优化开发区环境政策	推进城市总体规划环境影响评价和人群健康风险评估	持续推进	2019 年，生态环境部修订印发了《规划环境影响评价技术导则　总纲》（HJ 130—2019）
	探索环境健康损害赔偿机制	方案制定未完成	—
	编制实施城市环境总体规划	部分地区实施	2012 年以来，环境保护部在全国选择了 28 个城市分为 3 批开展试点工作，未见进一步扩大推进
	严格污染物排放总量控制制度	持续推进	—
	建立绩效标杆和领跑者制度	部分地区实施	2018 年，河北省环境保护厅办公室印发《重点行业环保“领跑者”申报遴选工作实施细则》，2019 年天津市生态环境局印发《天津市环境保护企业“领跑者”制度实施办法（试行）》
	推行环保负面清单制度	部分地区实施	2016 年，厦门市环境保护局印发《厦门市建设项目环保审批准入特别限制措施（环保负面清单）》，长沙市则未见发布相应清单。一些省份的“三线一单”生态环境分区管控方案已经公布，一些省份则通过了生态环境部审核
	加强土壤环境保护工作	持续推进	2016 年，环境保护部颁行《污染地块土壤环境管理办法（试行）》

在实施保障机制方面，主要是规划编制、考核体系和公众参与（表 10-5）。从任务落实看，编制实施环境功能区划、开展市县“多规合一”等都在部分地区运行实施，但因为空间规划体系的调整，未来相关制度将不再实施。考核评价体系的落实实施情况良好，但资源环境承载力监测预警机制因为理论缺陷和不足而没有落实实施，仍需在实践中逐步完善。

表 10-5 《意见》中实施保障机制的实施概况

政策性质	政策内容	实施情况	示例
实施保障措施	编制实施环境功能区划	部分地方实施	2016 年，浙江省发布了《浙江省环境功能区划》
	开展市县“多规合一”试点	部分地方实施	全国“多规合一”28 个试点市县中，《开化县空间规划（2016—2030 年）》已经获批，而佛山市南海区国土空间总体规划编制尚未完成
	完善分区考核评价制度	持续推进	—
	建立承载能力监测预警机制	已制定方案但未实施	2016 年，国家发展改革委联合 12 部委下发《资源环境承载能力监测预警技术方法（试行）》。2017 年，中共中央办公厅、国务院办公厅印发了《关于建立资源环境承载能力监测预警长效机制的若干意见》。2020 年，自然资源部印发《资源环境承载能力和国土空间开发适宜性评价指南（试行）》
	推动各类主体功能区环境质量监测与评估考核体系建设	持续推进	2017 年，环境保护部、财政部联合印发《关于加强“十三五”国家重点生态功能区县域生态环境质量监测评价与考核工作的通知》。2020 年，生态环境部印发《关于推进生态环境监测体系与监测能力现代化的若干意见》
	上级政府对下级政府环境质量情况进行定期巡视	持续推进	转成生态环境保护督察，并大力实施
	建立公众参与环境保护的有效渠道和合理机制	持续推进	2015 年，环境保护部发布《环境保护公众参与办法》

第 11 章

重点生态功能区优质生态产品提供与提升方案研究

11.1 界定优质生态产品的内涵

11.1.1 生态产品的内涵

对于生态产品的内涵学者有不同的认识，笔者通过对比分析不同领域对生态产品内涵的界定，决定在本书中沿用《全国主体功能区规划》中对生态产品的定义，并以此作为贯穿全文的核心概念。

11.1.1.1 《全国主体功能区规划》中对生态产品内涵的界定

2010 年，《国务院关于印发全国主体功能区规划的通知》（国发〔2010〕46号）首次提出了生态产品的概念，将生态产品定义为“维系生态安全、保障生态调节功能、提供良好的人居环境的自然要素，包括清新的空气、清洁的水源、茂盛的森林、宜人的气候等；生态产品同农产品、工业品和服务产品一样，都是人类生存发展所必需的”。按照此定义，生态产品是指具有生态功能的自然要素，具体可以分为自然环境类的空气、水等生态产品，和自然资源类的森林、湿地等生态产品。

11.1.1.2 基于生态系统服务功能的生态产品内涵的界定

在《全国主体功能区规划》明确提出生态产品这一概念以前，国内外并没有与此完全一致的“生态产品”问题的相关研究。但生态产品与生态系统服务（ecosystem service）领域有许多相似之处，生态系统服务指自然生态系统所具有的调节局部气候、稳定物质循环、持续提供生态资源、为人类提供生存条件等多种功能。而《全国主体功能区规划》中提到，生态功能区提供生态产品的主体功能主要体现在吸收二氧化碳、制造氧气、涵养水源、保持水土、净化水质、防风固沙、调节气候、清洁空气、减少噪声、吸附粉尘、保护生物多样性、减轻自然灾害等方面。因此，一些研究对生态产品沿用了生态系统服务功能的概念，认为森林、湿地等生态系统属于生态资产，是提供生态产品的来源，而生态产品包括物质供给、生态调节和文化服务等。该概念的提出意在强调自然界虽然是自在的，并非人类劳动所创作，但它同样具有价值，人类在享用这些服务时，要像享受市场上提供的其他产品和服务一样支付费用，用于养护和恢复生态系统的功能，防止对生态系统的透支。

11.1.1.3　包含绿色产品的更广义的生态产品内涵的界定

部分研究将通过清洁生产、循环利用、降耗减排等途径，减少对生态资源的消耗生产出来的有机食品、绿色农产品、生态工业品等物质产品归为生态产品。这类研究认为生态产品是“通过人类有意识的行为活动进而改变（或改善）生物及其与环境之间关系的整体或模式而形成的一系列有形和无形的物品”，如有机食品、绿色农产品、木材等，以及表象上看与人类劳动没有直接因果关系但事实上却有着间接因果联系的无形的产品，如空气、地表水、优美环境、宜人气候、生态安全等。随着可持续发展理念的深入，人们认为生态产品应该是一个更为宽泛的概念，不仅包括自然生产的，还包括人类生产的产品。

11.1.1.4　对生态产品内涵的认识

（1）生态产品是具有一定产品功能属性的自然要素

本书将沿用《全国主体功能区规划》中的定义，其主要功能在于能够维持人类良好健康的生存环境，能够保障自然生态系统的调节作用，维持整个生命系统的稳定。生态产品与生态系统和生态环境相比，虽然都是自然要素，但生态产品更强调其商品的属性，生态产品同农产品、工业品和服务产品一样，都是人类生存发展的必需品。而生态产品与一般产品相比，又具有公共物品属性和正外部性的特性。

（2）生态产品、生态标识产品、绿色产品的概念

在实践中这 3 个概念很容易混淆，有时人们会将生态标识产品、绿色产品称为生态产品，这是不正确的。生态产品是和农产品、工业品和服务产品并列的一类产品，属于上位类。而生态标识产品或绿色产品是农产品、工业品和服务产品中的某一类，属于下位类。绿色产品和生态标识产品概念相同，都是强调产品的生产要符合生态环保、低碳节能、资源节约等要求，一般由机构按照一定标准进行认证。目前，我国有生态原产地保护产品（国家质量监督检验检疫总局认证）、国家森林生态标志产品（国家林业局认证）等。按照《国务院办公厅关于建立统一的绿色产品标准、认证、标识体系的意见》（国办发〔2016〕86 号）文件要求，我国到 2020 年要初步建立系统科学、开放融合、指标先进、权威统一的绿色产品标准、认证、标识体系。

（3）绿色产品、生态标识产品与生态产品的关系

生态产品按照生产、流通、转化的程序构成产业链，产业链的上游是保护和修复绿水青山，中游是生态产品参与市场交易，下游则是利用生态产品优势生产出绿色农产品、绿色工业品、绿色服务产品等绿色产品。因此，可以说生态标识产品和绿色产品是生态产品产业链向下游延伸的产物。

图 11-1　生态产品产业链

（4）生态产品具有三个属性

一是公共物品属性，是公共物品（如空气、气候等）或准公共物品（水、森林、草地、矿产资源等），消费过程中具有非竞争性和非排他性，公共物品属性决定了生态产品需要由政府提供供给。二是商品属性，具有价值和使用价值，在明晰和界定产权的基础上，可以通过市场交易实现供给，如森林、草地、湿地等自然资源的经营权，以及虚拟的排污权、碳排放权等。三是金融属性，生态产品的使用权、经营权、收益权等可以进行资产化、证券化、资本化，如林地经营权

抵押贷款等。生态产品的商品属性和金融属性并非是其本质属性，而是伴随着工业化、城市化对生态环境的破坏，生态产品变得稀缺，需求度增加而供给不足，使用者愿意付出代价通过交换获得生态产品，因此生态产品才具备了商品和金融属性。

（5）生态产品具有四个特性

一是正外部性。生态产品具有典型的正外部性，主要表现为生态产品的生态价值和社会价值外溢，被其他个体无偿使用。如果不能得到足够的补偿，就会造成生态产品生产不足。二是可生产性。生态产品的可生产性体现在人类可通过投入劳动和物质资源，推动生态系统恢复，增加生态产品供给，以改善生态环境、维持生态平衡。三是可交易性。生态产品同农产品、工业品和服务产品一样，都是人类生存发展的必需品，具有商品的属性，可以通过市场公开买卖实现其价值。四是可转换性。生态产品作为自然要素，是经济发展的生产要素，在经济发展中发挥着重要作用。可转换性表现在两个方面，一方面是在生产过程中，生态产品作为要素投入可转换成绿色产品，从而产生较高的附加值。另一方面是生态产品可转换为资产和资本。

11.1.2 生态产品评估对象选择

目前，学术界关于生态产品的研究还较少，关于生态产品的分类研究还未见报道。与生态产品概念相关的分类体系主要有生态资产的分类、生态系统服务功能的分类和生态补偿领域的分类 3 种，在对其梳理总结的基础上，筛选出需要进行重点评估的生态产品对象。

11.1.2.1 生态资产的分类

按照《全国主体功能区规划》中对生态产品的定义，生态产品的本质是自然要素，类似于生态资产的概念，对生态资产的分类如表 11-1 所示，将生态资产分为森林、草地、农田、湿地等类别。

在生态资产类别中，主要考虑了各类生态系统，缺少空气、水等自然环境要素的类别。参考生态资产类别，生态产品可以分为森林生态产品、草地生态产品、农田生态产品、湿地生态产品、水生态产品、空气生态产品等。

表 11-1　生态资产分类

一级	二级	三级
森林	天然或次生林	针叶林
		针阔混交林
		阔叶林
		灌木林
	人工林	公园林
		路旁林
		社区林地
		苗圃和果园
草地	天然草地	天然草甸
		天然草丛/灌木丛
	人工草地	公园草地
		防护草地
		道旁草地
农田	水田	水田
	旱地	旱地
	菜地	菜地
湿地	河流	河流
	湖泊	湖泊
		水库
	河湖湿地	坑塘
		沼泽
		裸露滩地
	集中式饮用水水源地	集中式饮用水水源地

11.1.2.2　生态系统服务功能的分类

按照生态系统服务功能可分为生态调节服务、物质供给服务和文化服务，生态调节服务具体包括吸收二氧化碳、制造氧气、涵养水源、保持水土、净化水质、防风固沙、调节气候、清洁空气、减少噪声、吸附粉尘、保护生物多样性、减轻自然灾害等。物质供给服务主要包括农林产品和生物质能等物质产品的产出等。文化服务功能主要包括旅游休憩和健康休养等。

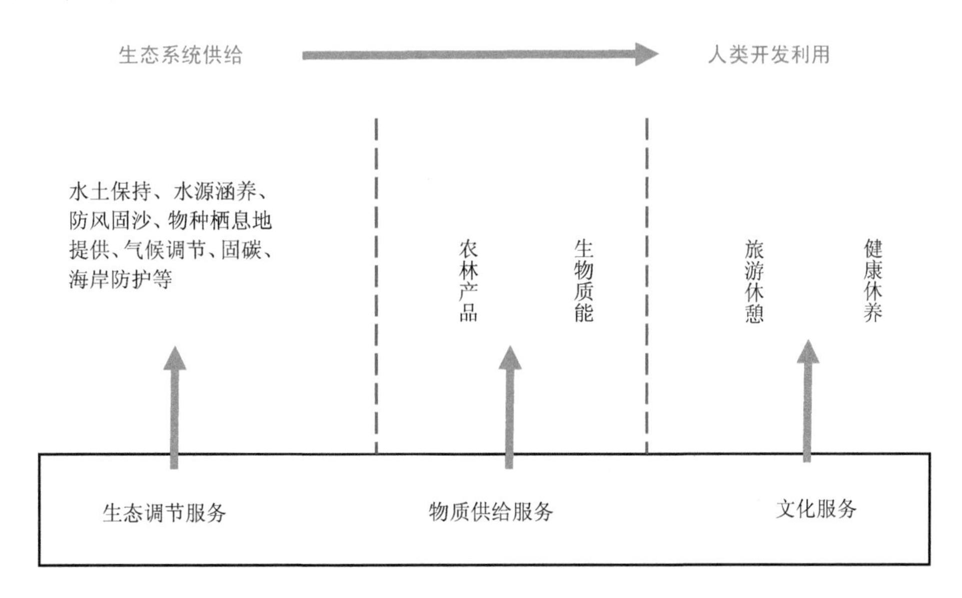

图 11-2　基于生态系统服务功能的分类

11.1.2.3　生态补偿领域的分类

生态补偿，理论上是对生态产品的补偿，因此生态补偿的分类对生态产品分类具有参考价值。《国务院办公厅关于健全生态保护补偿机制的意见》（国办发〔2016〕31 号）中，将生态补偿分为森林、草原、湿地、荒漠、海洋、水流、耕地等重点领域，并对每个领域的重点任务进行了阐述（表 11-2）。

表 11-2　生态补偿分领域重点任务

领域	重点任务
森林	健全国家和地方公益林补偿标准动态调整机制。完善以政府购买服务为主的公益林管护机制。合理安排停止天然林商业性采伐补助奖励资金
草原	扩大退牧还草工程实施范围，适时研究提高补助标准，逐步加大对人工饲草地和牲畜棚圈建设的支持力度。实施新一轮草原生态保护补助奖励政策，根据牧区发展和中央财力状况，合理提高禁牧补助和草畜平衡奖励标准。充实草原管护公益岗位

领域	重点任务
湿地	稳步推进退耕还湿试点，适时扩大试点范围。探索建立湿地生态效益补偿制度，率先在国家级湿地自然保护区、国际重要湿地、国家重要湿地开展补偿试点
荒漠	开展沙化土地封禁保护试点，将生态保护补偿作为试点重要内容。加强沙区资源和生态系统保护，完善以政府购买服务为主的管护机制。研究制定鼓励社会力量参与防沙治沙的政策措施，切实保障相关权益
海洋	完善捕捞渔民转产转业补助政策，提高转产转业补助标准。继续执行海洋伏季休渔渔民低保制度。健全增殖放流和水产养殖生态环境修复补助政策。研究建立国家级海洋自然保护区、海洋特别保护区生态保护补偿制度
水流	在江河源头区、集中式饮用水水源地、重要河流敏感河段和水生态修复治理区、水产种质资源保护区、水土流失重点预防区和重点治理区、大江大河重要蓄滞洪区以及具有重要饮用水水源或重要生态功能的湖泊，全面开展生态保护补偿，适当提高补偿标准。加大水土保持生态效益补偿资金筹集力度
耕地	完善耕地保护补偿制度。建立以绿色生态为导向的农业生态治理补贴制度，对在地下水漏斗区、重金属污染区、生态严重退化地区实施耕地轮作休耕的农民给予资金补助。扩大新一轮退耕还林还草规模，逐步将25°以上陡坡地退出基本农田，纳入退耕还林还草补助范围。研究制定鼓励引导农民施用有机肥料和低毒生物农药的补助政策

资料来源：《国务院办公厅关于健全生态保护补偿机制的意见》（国办发〔2016〕31号）。

以上分类方法并不是关于生态产品的分类，将其直接套用到生态产品领域存在诸多问题，基于生态资产的分类方法没有考虑环境类的空气、水等生态产品；生态补偿的分类方法聚焦的是目前开展生态补偿的重点领域，对空气等生态产品也没有涉及；基于生态系统服务功能的分类过于细碎，生态产品不包括物质产品或文化产品，而是提供生态调节功能的产品，生态产品可以提供或满足生态功能，而不能和生态功能直接划等号，每种生态产品可能提供多种功能。

对生态产品的分类可以沿用《全国主体功能区规划》定义中的分类方法，包括清新的空气、清洁的水源、茂盛的森林、宜人的气候等，尽管目前还不能对生态产品进行完全充分的列举，但随着研究的不断深入，参考生态资产、生态补偿等的分类对其进一步作补充，生态产品分类的名单会不断完善。由于生态产品分类研究并非本课题研究的重点，在基础理论没有突破的前提下，选择各方面具有共识的、也是当前人民对优美生态环境的迫切需求。

11.1.3 优质生态产品的内涵

党的十九大报告提出，我们要建设的现代化是人与自然和谐共生的现代化，既要创造更多物质财富和精神财富以满足人民日益增长的美好生活需要，也要提供更多优质生态产品以满足人民日益增长的优美生态环境需要。

从党的十九大报告精神要求来看，优质生态产品的主要作用是满足人民优美生态环境需要。从实际情况来看，目前生态产品面临质量不高，无法满足人民对优美生态环境的需要的问题。这主要是由于人类活动对自然产生了负面影响，一是森林的砍伐、湿地的占用、草地过度放牧等生态破坏行为，直接造成森林、草地等生态产品质量下降；二是对环境的污染，水污染物、大气污染物和固体废物的排放，对水、空气等生态产品质量产生负面影响。

从实际问题导向出发，优质生态产品是能够满足人民对优美生态环境需要的生态产品，一方面能够提供足够的吸收二氧化碳、制造氧气、涵养水源、保持水土、净化水质、防风固沙、调节气候、清洁空气、减少噪声、吸附粉尘、保护生物多样性、减轻自然灾害等生态功能，保障森林、湿地、草原等生态系统的完整和健康；另一方面能够为人类提供干净、清新的空气，清洁、安全的水源以及安全的土壤环境质量。从让人民满意的角度来看，优质生态产品是让老百姓享受到蓝天白云、繁星闪烁、清水绿岸、鱼翔浅底的景象、鸟语花香的田园风光，能够让老百姓吃得放心、住得安心的生态产品。

生态产品质量是指生态产品的优劣程度。生态产品质量评价是指构建合理的指标体系和标准，选择适当的方法对某区域的生态产品质量优劣进行评价。从优质生态产品内涵出发，对生态产品质量的评价应包括满足人民优美生态环境需要的指标，指标既包括生态功能和环境质量两信方面的内容，也应以人民群众是否满意作为判断标准。经质量评估后达到优、良等级的生态产品，为优质生态产品。

11.2 建立生态产品评估框架体系

从优质生态产品内涵出发，借鉴国内外生态环境评价的指标体系，从生态功能、资源利用、环境质量和人民满意度 4 个维度，以及负面影响、正面影响、状态水平 3 个角度建立质量评估矩阵，进而形成生态产品质量评估的一般框架。以空气生态产品和水生态产品为代表，借鉴国内外生态环境相关的质量评价指标体系，选择相关评价指标，确定各指标的计算方法和权重，建立指标综合计算结果（优、良、一般、较差、差 5 级）。

11.2.1 建立评估框架的一般流程

基于对国内外环境质量的标准和其他生态环境相关评价指标体系的梳理，以及对相关生态环境质量评估的学术文章的总结，可以归纳出生态环境相关的质量评估的一般步骤和范式。

（1）指标选取

首先需要针对评价对象的特点特性和为人类提供的生态功能为准则筛选评价指标，不同评价对象的评价指标侧重点不同。例如，环境质量标准主要评价指标为污染物浓度；生态环境状况评价指标体系包括生物多样性类指标、污染负荷指标、生态系统类指标、环境限制类指标等；而湿地评价则可从水环境质量、生境质量、物种多样性，以及承受的外部干扰等方面开展评价。

（2）指标权重赋值

在确定评价指标之后，需要对各指标权重赋值，以便计算评价结果。权重是以某种数量形势对比，权衡被评价事物总体中诸多因素相对重要程度的量值，不同的权重往往会导致不同的评价结果。对权重的赋值方法有很多，主要有层次分析法、综合指数法、模糊综合评判等。

（3）确定质量等级

需要建立一套评价结果质量等级标准，以确定评价对象的质量等级，质量等级标准一般以区间形式表示。例如，水质分为五类；生态环境状况分为优、良、一般、较差、差 5 级；生物多样性状况分为 4 级，即高、中、一般、低；等等。

（4）对评价对象开展质量评价

确定评价对象的范围，通过公开统计数据或相关管理部门提供等方式，获取各评价指标的相关资料和数据，按照各评价指标的计算方法整理各指标的数值，并按照赋予的权重进行整合，最终得到质量综合评估结果。

11.2.2 评估体系构建方法

11.2.2.1 指标权重的确定方法

对权重赋值的方法较多，主要有等权法、综合指数法、层次分析法、模糊综合评判等。参考国家生态文明建设考核指标体系和绿色发展指标体系，并结合研究特点，选取区域因素修正的逐级等权法开展研究。

逐级等权法是评估体系构建中的一种十分重要的方法。运用逐级等权法构建生态产品质量评估体系可以避免研究和考察构成评估结果的相关因素间无法确定权重的问题，也就是打破传统，按照各个研究因素分类的方法，建立一整套包含不同维度的考察体系，将不同相关因素按照不同的考察维度重新整合，按照同一级别相等赋予权重的原则，形成最终指数。运用逐级等权法构建中国生态产品质量评估体系，首先将反映中国生态产品质量的信息划分为不同的维度；其次对涉及中国生态产品质量的相关指标进行分析整理并分类纳入各个维度当中，成为最终构成中国生态产品质量评估的指标体系；最后根据逐级等权原则赋权并统一汇总，即各维度之间先平分总权重，在各维度内的各个指标再平分该维度的权重。

依据区域差异性原则，重点生态功能区更需要体现生态产品的生态功能，而在非重点生态功能区受人类活动的影响，环境质量类指标则更加重要。因此，在逐级等权法的基础上，对生态功能类和环境质量类指标的权重进行调整；在非重点生态功能区对环境质量类指标权重则上浮 10%，生态功能类指标权重下降 10%；在重点生态功能区生态功能类指标权重上浮 10%，环境质量类指标权重下降 10%。

11.2.2.2 生态产品质量的综合评价方法

本书选择综合评价模型开展生态产品质量评价。得到各个单项指标评价值之后，采用各单项指标的加权平均法来计算生态产品质量的综合评价指数（CEI），公式如下：

$$\mathrm{CEI}=\sum_{i=1}^{n}W_i\times P_i \tag{11-1}$$

式中，W_i——第 i 个指标的权重；

P_i——第 i 个单项指标的评价值。

11.2.3 生态产品质量通用评估框架

根据对国内外与生态产品质量评价相关的指标体系综述和小结，生态产品质量评估可以从生态功能、资源利用、环境质量、人民满意度 4 个维度（在不涉及资源量的生态产品时可以考虑不设置资源利用维度）以及负面影响、状态水平、正面影响 3 个角度设置评估指标。

11.2.3.1 非重点生态功能区生态产品质量评估框架

如表 11-3 所示，从生态功能、资源利用、环境质量、人民满意度 4 个维度，又分为负面影响、状态水平、正面影响 3 个角度构建了通用生态产品质量评价矩阵。

表 11-3 非重点生态功能区通用生态产品质量评估矩阵

	负面影响	状态水平	正面影响
生态功能	人类侵占或者消耗对生态产品产生的影响，如森林砍伐量、建设用地面积增加量、湿地面积减少量等	生态产品呈现的状态水平类指标，如森林覆盖率、湿地面积等	人类对生态系统修复和保护类指标，如植树造林面积、湿地保护率、水土流失治理面积、荒漠化治理面积等
资源利用	人类对自然资源类生态产品的消耗利用，如单位 GDP 耗水量等	反映资源量状态水平的指标，如人均水资源量等	衡量人类节约集约利用资源的指标，如单位 GDP 耗水量下降、人均耗水量下降等
环境质量	人类造成的污染排放对生态产品产生的影响，如各类污染物排放量等	环境质量类指标，如水、空气、土壤环境质量	人类对环境治理类指标，如污染物排放减少量、城乡污水、垃圾治理率等
人民满意度	以环境事件的发生频率表明生态产品质量下降带来的负面社会影响	以人民满意度调查表征人民对生态产品质量的满意程度	—

在建立评估矩阵的基础上，以状态水平角度的指标作为评价主体，表明生态产品的现状情况，以负面影响角度的指标作为人类对生态产品质量负面影响

的指标，一般作为减分项，以正面影响维度指标作为人类对生态产品质量正面影响的指标，一般作为加分项。为方便使用逐级等权法开展分析，可将矩阵式的指标体系变为树枝状指标结构，由表 11-3 进一步得到表 11-4 生态产品质量评价指标框架。

表 11-4　非重点生态功能区生态产品质量评价指标通用框架

目标	不同维度	不同角度	指标
生态产品质量评价	生态功能	负面影响	人类侵占或者消耗对生态产品产生的影响，如森林砍伐量、建设用地面积增加量、湿地面积减少量、单位 GDP 耗水量等
		状态水平	生态产品呈现的状态水平类指标，如森林覆盖率、湿地面积、人均水资源量等
		正面影响	人类对生态系统修复和保护类指标，如植树造林面积、湿地保护率、水土流失治理面积、荒漠化治理面积等
	资源利用	负面影响	人类对自然资源类生态产品的消耗利用，如单位 GDP 耗水量等
		状态水平	反映资源量状态水平的指标，如人均水资源量等
		正面影响	衡量人类节约集约利用资源的指标，如单位 GDP 耗水量下降、人均耗水量下降等
	环境质量	负面影响	人类造成的污染排放对生态产品产生的影响，如各类污染物排放量等
		状态水平	环境质量类指标，如水、空气、土壤环境质量
		正面影响	人类对环境治理类指标，如污染物排放减少量、城乡污水、垃圾治理率等
	人民满意度	负面影响	空气生态产品人民满意度调查
		状态水平	年空气污染环境事件发生次数
		正面影响	—

在进行生态产品质量评价时，针对特定的生态产品，以表 11-4 质量评估框架为基础，从生态功能、资源利用、环境质量、人民满意度 4 个维度，从负面影响、

状态水平、正面影响 3 个角度筛选相关指标，赋予指标权重，以此来评估某种生态产品的质量状况。如前文所述，选择空气和水两种生态产品建立具体的质量评估体系，开展质量评估。

11.2.3.2 重点生态功能区生态产品质量评估框架

对重点生态功能区生态产品质量评估也可以从生态功能、资源利用、环境质量、人民满意度 4 个维度设置指标，但由于重点生态功能区严格限制进行大规模、高强度、工业化、城镇化开发，对生态系统和生态空间有着严格的保护要求，因此，在生态功能、资源利用、环境质量的维度上不再设置负面影响、正面影响两个角度的指标，只保留状态水平角度的指标，在人民满意度仍然保留相关指标，形成如表 11-5 所示的重点生态功能区生态产品质量评估框架。

表 11-5 重点生态功能区生态产品质量评价指标通用框架

目标	不同维度	不同角度	指标
生态产品质量评价	生态功能	状态水平	生态产品呈现的状态水平类指标，如森林覆盖率、湿地面积、人均水资源量等
	资源利用	状态水平	反映资源量状态水平的指标，如人均水资源量等
	环境质量	状态水平	环境质量类指标，如水、空气、土壤环境质量
	人民满意度	负面影响	空气生态产品人民满意度调查
		状态水平	年空气污染环境事件发生次数
		正面影响	—

11.2.4 水生态产品质量评估

水生态产品是人类生产生活的必需品，水生态产品为人类经济社会的发展提供了必需的清洁水资源，也为水生生物提供了稳定的生境。

11.2.4.1 选取指标

当前，我国水生态环境的主要任务：保护和改善水环境，重点是严格治理工业污染、严格处置城镇污水垃圾、严格控制农业面源污染、严格防控船舶污染等；保护和修复水生态，重点是妥善处理江河湖泊关系、加强湿地生态系统保护和修复、强化水生生物多样性保护；有效保护和合理利用水资源，重点是加强水源地特别是饮用水水源地保护、优化水资源配置、建设节水型社会等。基于对相关评价指标的综述和分析，在涉及水生态产品时，可以分别从生态功能、资源利用、环境质量和人民满意度 4 个维度设置指标。

（1）水生态产品的生态功能评价指标

水生态产品的生态功能主要是只作为水生生物的载体和栖息地，参考我国生态环境状况评价指标、区域生物多样性评价指标等评价体系，结合我国水生态保护的重点任务和目标，设置水生生物多样性作为水生态产品生态功能的状态水平评价指标。湿地生态系统具有涵养水源、净化水质等生态功能，与水生态产品的生态功能关系密切，在水生态产品的生态功能评价指标中，应设置与湿地相关的评价指标。总结“十三五”规划、“十三五”生态环境规划、生态文明建设指标体系、绿色发展指标体系等指标中湿地相关的指标，将湿地保护率作为水生态产品生态功能的正面影响指标，表示人们为保护水生态产品的生态功能作出的努力；而人类对水生态产品生态功能的负面影响主要表现为侵占湿地转化为耕地或者建设用地，因此可以用侵占湿地面积作为水生态产品的生态功能的负面影响指标。

（2）水生态产品资源利用评价指标

水生态产品的水资源供给作用满足了人民群众饮水保障需求，也有力地支撑了我国各地区经济社会发展。我国确立了水资源开发利用控制、用水效率控制、水功能区限制纳污“三条红线”，实施水资源消耗总量和强度双控行动，促进水资源可持续利用和经济发展的转变。尽管在节水领域取得了较大进展，但我国仍面临着人多水少、水资源时空分布不均的问题，人均水资源量不足世界平均水平的 1/3，亩均水资源量也仅为世界的 1/2，全国 600 多个城市，有 400 多个存在不同程度的缺水；与发达国家相比，我国水资源的经济产出处于较低水平。

参考“十三五”规划、“十三五”生态环境规划、生态文明建设指标体系、绿色发展指标体系中水环境质量表征指标设置情况，在各类指标体系中，一般以用水总量和单位 GDP 耗水量作为水资源的约束指标，为消除各地经济规模、人口数量等的差异，选取人均水资源量作为水生态产品资源利用的状态水平评价指标。表 11-6 为联合国缺水标准情况表。以单位 GDP 耗水量作为水生态产品资源利用的负面影响指标。单位 GDP 耗水量下降率是我国水资源双控中的重要指标，反映了人们节约用水的推进程度，以单位 GDP 耗水量下降率作为水生态产品资源利用的正面影响指标。

表 11-6 联合国缺水标准情况

缺水等级	人均水资源量
不缺水	3 000 m^3 及以上
轻度缺水	低于 3 000 m^3
中度缺水	低于 2 000 m^3
重度缺水	低于 1 000 m^3
极度缺水	低于 500 m^3

（3）水生态产品环境质量评价指标

参考“十三五”规划、“十三五”生态环境规划、生态文明建设指标体系、绿色发展指标体系等的质量标准和评价体系，在每个评价体系中，地表水均达到或好于Ⅲ类水体比例和地表水劣Ⅴ类水体比例，分别控制质量较好和最差的两类水体比重，我们也选取水质优良比例、Ⅴ类以下水体比例作为衡量水生态产品环境质量的状态水平评价指标。

其中，水质优良比例数值与水生态产品环境质量水平是正向关系，该指标可通过国家和地方生态环境监测数据获得，Ⅴ类以下水体比例与水生态产品环境质量水平成反比，该指标也可通过国家和地方生态环境监测数据得到。

在国内外指标体系中，与空气生态产品相似地，一般以水污染物排放量作为水环境的负面影响评价指标，为了去除各地经济活动水平的差异，选择单位 GDP 水污染物排放量作为水生态产品环境质量的负面影响指标。

而 COD 排放总量的减少和氨氮排放总量的减少是人类为减少水环境污染作出努力的表征指标，将两种主要水污染物整合后，以水污染物排放减少比率作为水生态产品环境质量的正面影响指标。

（4）水生态产品人民满意度评价指标

水生态产品人民满意度指标是沿用生态产品通用评估框架中的人民满意度指标，聚焦到水生态产品上，分别选择水生态产品人民满意度调查和年度水污染环境事件发生次数作为状态指标和压力指标。

11.2.4.2 建立质量评估框架

根据表 11-3 和表 11-4 的生态产品质量评价矩阵，针对水生态产品质量评价，根据已有的水生态、水资源、水环境等方面的评价研究，参考国内外水相关评价指标选取情况，结合水生态产品对人的生态功能，筛选相关指标，构建水生态产品质量评价框架（表 11-7 和表 11-8）。

本书将从水生态产品的生态功能、资源利用、环境质量和人民满意度 4 个维度构建水生态产品质量评估体系，以水资源丰富度为水生态产品资源类指标、以水生态稳定度为水生态产品生态类指标、以水环境洁净度为水生态产品环境类指标，以人均水资源量、单位 GDP 耗水量及下降率、水生生物多样性、侵占湿地面积、湿地保护率、水质优良比例、V 类以下水体比例、单位 GDP 水污染物排放量、水污染物排放减少比率、水生态产品人民满意度调查、年水污染环境事件发生次数等为水生态产品质量评价的评价指标。

表 11-7　非重点生态功能区水生态产品质量评价指标

目标	角度	维度	指标层
水生态产品质量评价（W_q）	水资源丰富度	状态水平	人均水资源量
		负面影响	单位 GDP 耗水量
		正面影响	单位 GDP 耗水量下降
	水生态稳定度	状态水平	水生生物多样性
		负面影响	侵占湿地面积
		正面影响	湿地保护率
	水环境洁净度	状态水平	水质优良比例
			V 类以下水体比例
		负面影响	单位 GDP 水污染物排放量
		正面影响	水污染物排放减少比率
	人民满意度	状态水平	水生态产品人民满意度调查
		负面影响	年水污染环境事件发生次数

表 11-8　重点生态功能区水生态产品质量评价指标

目标	角度	维度	指标层
水生态产品质量评价（W_q）	水资源丰富度	状态水平	人均水资源量
	水生态稳定度	状态水平	水生生物多样性
	水环境洁净度	状态水平	水质优良比例
			V类以下水体比例
	人民满意度	状态水平	水生态产品人民满意度调查
		负面影响	年水污染环境事件发生次数

（1）水生态稳定度

参考区域生物多样性评价标准，建立包括水生生物丰富度（D_F）、水生物种特有性（D_T）、受威胁水生物种的丰富度（D_X）、水生外来物种入侵度（D_Q）在内的综合水生生物多样性指标，对各指标进行归一化处理，按权重综合形成水生生物多样性指数。具体来看，水生生物丰富度是指评价区域现存的水生生物种数，用于表征物种的多样性；水生物种特有性是指被评价区域内特有的水生生物种类与评价区域范围内水生生物种类理论最大值的比值，用于呈现物种的特殊价值；受威胁水生物种的丰富度是指评价区域内《世界自然保护联盟物种红色名录濒危等级和标准》中属于极危、濒危、易危的水生生物种类占评价区域内水生生物种类的理论最大值比重；水生外来物种入侵度是指被评价区域内外来入侵水生生物种数与评价区域内水生生物种类的理论最大值的比值，用于呈现生态系统受到外来入侵物种干扰的程度。

参考《区域生物多样性评价标准》（HJ 623—2011）中的权重设置，按照以下权重综合计算水生生物多样性指标值。据此，计算出数值范围为 0～1 的水生生物多样性指标。

水生生物多样性（D）=

$$\frac{D_F}{D_F\text{理论最大值}}\times D_F\text{权重}+\frac{D_T}{D_T\text{理论最大值}}\times D_X\text{权重}+\frac{D_X}{D_X\text{理论最大值}}\times D_X\text{权重}+\left(1-\frac{D_Q}{D_Q\text{理论最大值}}\right)\times D_Q\text{权重}$$

表 11-9　各评价指标权重

评价指标	权重
水生生物丰富度	0.5
水生物种特有性	0.2
受威胁水生物种的丰富度	0.15
水生外来物种入侵度	0.15

当年有发生破坏、侵占天然湿地行为的，扣 10 分；湿地保护率与全国平均水平持平的，不加分；比全国平均水平每高 5%，加 2 分，最高加 10 分，每低 5%，减 2 分，最高减 10 分。

$$水生态稳定度=基础评分+加分项-减分项$$

（2）水资源丰富度

水资源丰富度人均水资源量、单位 GDP 耗水量下降、单位 GDP 耗水量作为评价指标。

人均水资源量（R）=区域水资源量/区域常住人口

$$水资源丰富度基础评分=\frac{R}{3\,000}\times R的权重$$

根据联合国标准，人均水资源量大于 3 000 m^3 的属于不缺水地区，在评价时，人均水资源量大于 3 000 m^3 的，按 3 000 m^3 计算。

单位 GDP 耗水量与全国平均水平持平的，不减分；比全国平均水平每高 10%，减 2 分，最高减 10 分；单位 GDP 耗水量减少比率未达到上级政府规定的，扣 10 分，超出上级政府减耗要求 1 个百分点以上的，加 5 分。

$$水资源丰富度评分=基础评分+加分项-减分项$$

（3）水环境清洁度

水环境洁净度以水质优良比例、V 类以下水体比例、单位 GDP 水污染物排放量、水污染物排放减少比率等指标计算。

水质优良比率（W_C）=水质达到III类及以上断面数量/区域全部断面数量

V类及以下水体比率（W_P）=水质为V类以下断面数量/区域全部断面数量

$$水环境洁净度基础评分 = W_C - W_P \times \frac{W_P权重}{W_C权重}$$

单位 GDP 水污染物排放量和水污染物减少比率指标涉及的水污染物以五年规划纲要中要求的总量控制污染物种类为准（目前是COD、氨氮两种，之后再根据“十四五”规划进行调整），采用我国环境税征收标准，将各污染物统一为COD当量进行统一比较。计算得到COD、氨氮的环境税额 1 400 元/t 和 1 750 元/t，因此将氨氮按照 1∶1.25 的比例转化为COD当量。

单位GDP水污染物排放量=水污染物排放量/GDP

$$水污染物排放量减少比率 = \frac{上年排放量 - 今年排放量}{上年排放量}$$

单位GDP水污染物排放量与全国平均水平持平的，不减分；比全国平均水平每高10%，减2分，最高减10分；水污染物排放量减少比率未达到上级政府规定的，扣10分，超出上级政府减排要求1个百分点以上的，加5分。

$$水环境洁净度评分 = 基础评分 + 加分项 - 减分项$$

（4）人民满意度

设计人民满意度调查问卷，以100为满分，随机挑选50名当地居民为当地水生态产品满意程度打分。人民满意度（H）基础分值为打分的平均值。每发生一次水污染事件，扣5分，最多扣20分。

11.2.4.3 赋予权重

根据逐级权重法计算得到的权重如表11-10和表11-11所示。根据权重统计分析的结果可以得出，在水生态产品质量评价体系中，由于水环境洁净度包含2个主要评分指标，水资源丰富度、水生态稳定度和人民满意度分别包含1个主要评分指标，因此指标权重情况为人均水资源量=水生生物多样性=水生态产品人民满意度调查＞水质优良比例=V类及以下水体比例。

表 11-10 非重点生态功能区水生态产品质量评价指标权重

目标	维度	角度
水生态产品质量评价（W_q）	水环境洁净度（1/4×110%）	水质优良比例（1/8×110%）
		V类及以下水体比例（1/8×110%）
	水资源丰富度（1/4）	人均水资源量（1/4）
	水生态稳定度（1/4×90%）	水生生物多样性（1/4×90%）
	人民满意度（1/4）	水生态产品人民满意度调查（1/4）

表 11-11 重点生态功能区水生态产品质量评价指标权重

目标	维度	角度
水生态产品质量评价（W_q）	水环境洁净度（1/4×90%）	水质优良比例（1/8×90%）
		V类及以下水体比例（1/8×90%）
	水资源丰富度（1/4）	人均水资源量（1/4）
	水生态稳定度（1/4×110%）	水生生物多样性（1/4×110%）
	人民满意度（1/4）	水生态产品人民满意度调查（1/4）

11.2.4.4 确定质量等级

根据前述各评价体系中有关的质量等级划分情况，经计算并与相关专家讨论，将水生态产品质量分为 5 级，即优、良、一般、较差、差，分类标准如表 11-12 所示。

表 11-12 水生态产品质量等级标准

级别	优	良	中	较差	差
指数	$W_q \geqslant 80$	$70 < W_q < 80$	$60 < W_q < 70$	$50 < W_q < 60$	$W_q \leqslant 50$
描述	水质优良比例高，无严重污染水体，水资源丰富，水生态系统多样、稳定	水质优良比例较高，几乎无严重污染水体，水资源较丰富，水生态系统较多样、较稳定	水质优良比例与全国水平相当，水体污染严重，水资源丰富程度一般，水生态系统多样性和稳定性一般	水质优良比例较低，水体污染严重，水资源较贫瘠，水生态系统较不稳定	水质优良比例低，水体污染严重，水资源贫瘠，水生态系统不稳定

11.3 生态产品质量提升技术方案

依据生态产品质量评估框架，本书从生态功能、资源利用、环境质量、人民满意度 4 个维度提出具有普适性的优质生态产品质量提升方案，为各地区提高优质生态产品供给能力提供环境管理工具。

11.3.1 生态功能提升方案

11.3.1.1 加强生态空间管控

一是加强生态空间保护的硬性约束。加快建立健全国土空间规划和用途，统筹协调管控制度，统筹划定落实生态保护红线、永久基本农田、城镇开发边界等空间管控边界，以及各类海域保护线，完善主体功能区制度。建立严格的法律法规，禁止侵占森林、自然湿地等自然生态空间，已侵占的要限期予以恢复。科学划定并严守生态保护红线，建立对生态保护红线“事前严防”“事中严管”“事后奖惩”全过程的监管体系，将生态保护红线纳入国土空间规划和政府综合决策，确立生态保护红线在国土空间开发保护中的优先地位，禁止新增工业化和城镇化建设项目。除国家重大项目外，全面禁止围填海。

二是加强生态空间的监督执法。建立和完善生态空间、红线监测网络，加快推进国家生态空间、红线监管平台建设，实现常态化监管。加强执法监督，建立常态化执法机制，定期执法，依法处罚违规违法行为，切实做到有案必查、违法必究。

三是建立评估考核和奖惩机制。考核结果作为党政领导班子和领导干部综合评价及责任追究、离任审计的重要参考。对于生态空间保护成效好的，在生态保护补偿、政策扶持等方面予以倾斜奖励。

11.3.1.2 实施生态保护建设工程

一是继续推进实施国家重大生态保护建设工程。积极推进国家天然林资源保护工程、退耕还林工程、三北防护林体系建设工程、京津风沙源治理工程、野生动植物保护及自然保护区建设工程、湿地保护与恢复工程、平原绿化工程、长江流域防护林体系建设工程、沿海防护林体系建设工程、重点地区速生丰产用材林基地建设工程等重大生态保护建设工程。

二是充分发挥地方主观能动性。要积极谋划启动一批新的地方性工程，强化水源涵养林建设与保护，开展湿地保护与修复，加大退耕还林、还草、还湿力度。加强滨河（湖）带生态建设，在河道两侧建设植被缓冲带和隔离带，提高生物多样性。

三是建立资金投入长效机制。吸引社会资本进入生态保护修复领域，建立生态修复与生态开发相关的利益链接机制，形成科学合理的生态治理格局。

11.3.1.3　加强自然保护地管护

一是加强自然保护地的监督管理。在自然保护地建设各类各级“天空地一体化”监测网络体系，组织对自然保护地管理进行科学评估，及时掌握各类自然保护地管理和保护成效情况，发布评估结果，在自然保护地范围内推行生态环境保护综合执法。加强野外保护站点、巡护路网、监测监控、应急救灾、森林草原防火、有害生物防治和疫源疫病防控等保护管理设施建设，利用高科技手段和现代化设备促进自然保育、巡护和监测的信息化、智能化。配置管理队伍的技术装备，逐步实现规范化和标准化。

二是实施保护地生态修复和物种保护。以自然恢复为主，辅以必要的人工措施，分区分类开展保护地受损自然生态系统修复，建设自然保护地内的生态廊道、开展重要栖息地恢复和废弃地修复。加大野生动植物类自然保护区和水产种质资源保护区保护力度，开展珍稀濒危生物和重要种质资源的就地保护和迁地保护。

11.3.2　资源利用提升方案

11.3.2.1　节约集约利用水资源

坚持以水定城、以水定地、以水定人、以水定产，实施最严格的水资源管理措施，建立健全取用水总量控制指标体系。加强水资源相关规划和项目建设布局的论证工作，国民经济和社会发展规划以及城市总体规划的编制、重大建设项目的布局，应充分考虑当地水资源条件和防洪要求。新建、改建、扩建项目节水设施应与主体工程同时设计、同时施工、同时投运。鼓励发展节水高效的现代农业和低耗水高新技术产业以及生态保护型旅游业。严格控制缺水地区、水污染严重地区和敏感区域高耗水、高污染行业的发展。开展节水诊断、水平衡测试、用水效率评估，严格用水定额管理。禁止生产、销售不符合节水标准的产品和设备。公共建筑必须采用节水器具，限期淘汰公共建筑中不符合节水标准的水嘴、便器水箱等生活用水器具，鼓励居民家庭选用节水器具。推广渠道防渗、管道输水、喷灌、微灌等节水灌溉技术，完善灌溉用水计量设施。完善再生水利用设施、工业生产、城市绿化、道路清扫、车辆冲洗、建筑施工以及生态景观等用水，优先使用再生水。

11.3.2.2 节约集约利用能源

制定地方煤炭消费总量中长期控制目标，实行目标责任管理。提高煤炭洗选比例，新建煤矿应同步建设煤炭洗选设施，现有煤矿要加快建设与改造。合理有序提升清洁能源替代利用，积极有序发展水电，开发利用地热能、风能、太阳能、生物质能，安全高效发展核电，增加天然气、煤制天然气、煤层气供应。扩大城市高污染燃料禁燃区范围，逐步由城市建成区扩展到近郊。提高能源使用效率，严格落实节能评估审查制度，积极发展绿色建筑，加快北方采暖地区既有居住建筑供热计量和节能改造。

11.3.2.3 节约集约利用土地资源

坚持国土资源的节约和循环利用，落实最严格的国土资源节约利用制度，实施建设用地总量和强度控制。加大闲置用地的清理力度，强化批而未征、征而未供、供而未用以及低效利用的整治。推进城镇低效用地再利用、再开发和工矿废弃用地复耕利用，提高土地利用效率。实施差异化的用地政策，供地应倾向于绿色、高效和可持续发展的产业，实现可持续发展。加强对农村建设用地规模、布局的管控，优先保障农村配套设施用地，合理控制集体经营性建设用地，提升农村土地资源节约集约利用水平。有效探索农村宅基地的有偿腾退机制，积极盘活农村土地资源。

11.3.3 环境质量提升方案

11.3.3.1 推动经济结构转型升级

一是要积极主动调整产业结构，依法淘汰落后产能，依据工业行业淘汰落后生产工艺装备和产品指导目录、产业结构调整指导目录及相关行业污染物排放标准，结合环境质量改善要求及产业发展情况，制定并实施分年度的落后产能淘汰方案。

二是要严格环境准入，根据污染物总量控制目标、环境质量保护目标和主体功能区规划要求，明确区域环境准入条件，细化功能分区，实施差别化环境准入政策。

三是合理确定发展布局、结构和规模，充分考虑资源和环境承载能力，重大项目应布局在优化开发区和重点开发区，并符合城乡规划和土地利用总体规划，新建、改建、扩建重点行业建设项目实行主要污染物排放减量置换。

11.3.3.2　加强污染防治力度

一是集中治理工业集聚区污染。强化经济技术开发区、高新技术产业开发区、出口加工区等工业集聚区的污染治理，完善产业集聚区环境保护基础设施建设，集聚区内工业废水必须经预处理达到集中处理要求，方可进入污水集中处理设施。

二是强化城镇生活污染治理。加快城镇污水垃圾处理设施建设，现有城镇污水处理设施，要因地制宜进行改造，全面加强配套管网建设。强化城中村、老旧城区和城乡接合部的污水垃圾的截留和收集。实行垃圾分类和资源化利用制度。

三是推进农业农村污染防治。防治畜禽养殖污染，科学划定畜禽养殖禁养区，规模化畜禽养殖场（小区）要根据污染防治需要，配套建设粪便污水贮存、处理、利用设施。散养密集区要实行畜禽粪便污水分户收集、集中处理利用。推广低毒、低残留农药使用补助试点经验，开展农作物病虫害绿色防控和统防统治。实行测土配方施肥，推广精准施肥技术和机具。调整种植业结构与布局。

11.3.3.3　加强生态环境管理

一是加大环境执法力度。所有排污单位必须依法实现全面达标排放，逐一排查工业企业排污情况，已达标企业应采取措施确保达标稳定；对超标和超总量的企业予以“黄牌”警示，一律限制生产或停产整治；对整治后仍不能达到要求且情节严重的企业予以“红牌”处罚，一律停业或关闭。严厉打击环境违法行为，对造成生态损害的责任者严格落实赔偿制度。

二是提升监管水平。构建以排污许可制度为核心的固定污染源监管制度体系，全面推行排污许可，依法核发排污许可证，加强许可证管理，以改善环境质量、防范环境风险为目标，将污染物排放种类、浓度、总量、排放去向等纳入排污许可管理范围。完善污染物统计监测体系，将工业、城镇生活、农业、移动源等各类污染源纳入调查范围。完善区域协作机制，健全跨部门、区域、流域、海域等的环境保护议事协调机制，发挥环境保护区域督察和流域水资源保护作用，实施联合监测、联合执法、应急联动、信息共享。

三是完善生态环境监测网络。统一规划设置监测点位、断面，提升全指标监测、生物多样性监测、地下水环境监测、化学物质监测及环境风险防控技术支撑能力。加强环境监测、环境监察、环境应急等专业技术培训，严格落实执法和监测人员等持证上岗制度，加强基层环保执法力量，具备条件的乡镇（街道）及工业园区要配备必要的环境监管力量。

11.3.3.4 充分发挥市场机制作用

一是加快资源价格改革。完善城市居民阶梯式水价制度，在具备条件的建制镇积极推进阶梯式水价。全面实行非居民用水超定额、超计划累进加价制度。深入推进农业水价综合改革。

二是完善收费政策。修订城镇污水处理费、排污费、水资源费征收管理办法，合理提高征收标准，做到应收尽收。城镇污水处理收费标准不能低于污水处理和污泥处理处置成本。地下水水资源费的征收标准应高于地表水水资源费，超采地区地下水水资源费征收标准应高于非超采地区。

三是健全税收政策。依法落实环境保护、节能节水、资源综合利用等方面税收优惠政策。

四是促进多元融资。引导社会资本投入，积极推动设立融资担保基金，推进环保设备融资租赁业务发展。推广股权、项目收益权、特许经营权、排污权等质押融资担保。采取环境绩效合同服务、授予开发经营权益等方式，鼓励社会资本加大水环境保护投入。

五是建立激励机制。鼓励节能减排先进企业、工业集聚区用水效率、排污强度需达到更高标准，支持开展清洁生产、节约用水和污染治理等示范。

六是完善生态补偿机制。探索采取横向资金补助、对口援助、产业转移等方式，建立横向生态补偿机制，开展生态综合补偿试点，深化排污权有偿使用和交易试点。

11.3.4 人民满意度提升方案

11.3.4.1 提升城乡生态宜居性

一是加强城市蓝绿空间供给。城市规划区的范围内应保留森林和水域一定面积的比例，留足绿地、河道、湖泊的管理和保护范围，非法挤占的应限期退出。

二是科学构建城乡生态景观。打造城市中心区、近郊、远郊、乡村各区域范围内具备完整性和连续性的生态系统，通过增加廊道和绿岛来增强各网络要素的空间和功能联系程度。在城乡接合地带形成有利于改善城市生态景观的生态缓冲地带，保护乡村生态用地和农用地，构建田园生态系统，提高乡村对城市生态产品的供给能力。

三是深入推进农村环境综合整治。推进农村环境连片整治，加大财政转移支付力度，提高乡村生态环境基础设施建设的财政投入水平，吸引社会资本进入乡村环境治理领域，完成建制村环境综合整治工作，补齐乡村生态保护短板。

11.3.4.2 解决人民群众关切问题

一是消除城市黑臭水体。采取控源截污、垃圾清理、清淤疏浚、生态修复等措施，加大黑臭水体治理力度，及时向社会公布治理情况。明确黑臭水体名称、责任人及达标期限，实现河面无大面积漂浮物，河岸无垃圾，无违法排污口，尽快完成消除黑臭水体目标。

二是强化饮用水水源环境保护。开展饮用水水源规范化建设，依法清理饮用水水源保护区内的违法建筑和排污口。单一水源供水的地区应抓紧完成备用水源或应急水源建设，加强农村饮用水水源保护和水质检测，定期调查评估集中式地下水型饮用水水源补给区等区域环境状况，工业园区、矿山开采区、垃圾填埋场等区域应进行必要的防渗处理，建立区域内环境风险大、严重影响公众健康的地下水污染场地清单，开展地下水污染修复。

三是妥善应对重污染天气。建立重污染天气监测预警体系，加强重污染天气过程的趋势分析，完善会商研判机制，提高监测预警的准确度，及时发布监测预警信息；制定和完善重污染天气应急预案并向社会公布，落实责任主体，明确应急组织机构及其职责、预警预报及响应程序、应急处置及保障措施等内容，建立健全区域、省、市联动重污染天气应急的响应体系；将重污染天气应急响应纳入地方人民政府突发事件应急管理体系，实行政府主要负责人负责制。要依据重污染天气的预警等级迅速启动应急预案，引导公众做好卫生防护。

11.3.4.3 加强环境应急管理

一是全面加强基层应急能力建设。加强环境应急管理及环境应急能力标准化建设，各县级生态环境部门应积极设立专门的环境应急机构，在资金、人员编制等方面做好落实工作。注重加强对涉及重金属企业、危险化学品企业和危险废物产生经营单位、尾矿库等重点企业相关工作人员对环境应急知识的培训。努力建设一支经验丰富的专家队伍。

二是推动流域（区域）环境应急体系建设。积极开展区域和流域环境风险调查评估工作，摸清底数、建立台账，通过技术评估实现分级分类管理，为环境风险防控和治理提供有力支撑。狠抓化工园区有毒有害气体环境风险预警体系的建设，充分发挥预警体系在环境风险防范、应急处置辅助决策、日常环境监管等方面的重要作用，对辖区内的化工园区开展环境风险评估，划分环境风险等级。

三是建立区域环境监管与应急联动机制。建立完善跨界环境污染联防联治合作协议、跨界突发环境事件应急预案体系和跨流域突发环境事件信息通报制度，对于跨界污染情况应第一时间向下游和相邻地区生态环境部门通报情况，科学合理布点，联合开展应急监测，协作处置突发事件，实行应急资源信息共享。

四是强化突发环境事件应急预案管理。优化企业突发环境事件应急预案，推进预案“情景化”“简明化”“卡片化”。对于突发环境事件应急预案的管理要明确具体岗位的责任人员、工作流程、工作内容，并落实到应急处置卡上。督促企业落实环境安全主体责任，采取档案检查、分类评估、实地抽查等方式，对备案企业环境应急预案进行检查。积极推进电子化备案，建设备案管理平台，汇总分析环境风险、应急资源等基础信息，尽快发布备案重点行业的企业名录。

五是加强突发环境事件应急物资储备管理。组织开展环境应急物资储备情况调查，将重点企业环境应急物资储备纳入调查范围，摸清环境应急物资底数，建立环境应急物资管理台账。结合区域环境风险状况统筹推进环境应急物资储备库建设，督促企事业单位对应急物资及时更新。

第 12 章

农产品主产区生态环境质量评估及产业准入负面清单研究

12.1 农产品主产区生态环境质量评估研究

12.1.1 我国农产品主产区定位与分布研究

12.1.1.1 农产品主产区功能定位和发展方向

（1）功能定位

根据《全国主体功能区规划》，农产品主产区是指具备较好的农业生产条件，以提供农产品为主体功能，以提供生态产品、服务产品和工业品为其他功能，需要在国土空间开发中限制进行大规模、高强度、工业化、城镇化开发，以保持并提高农产品生产能力的区域。其功能定位是保障农产品供给安全的重要区域，农村居民安居乐业的美好家园，社会主义新农村建设的示范区。

（2）发展方向

农产品主产区应着力保护耕地，稳定粮食生产，发展现代农业，增强农业综合生产能力，增加农民收入，加快建设社会主义新农村，保障农产品供给，确保国家粮食安全和食物安全。其发展方向和开发原则是：

——加强土地整治，搞好规划、统筹安排、连片推进，加快中低产田改造，推进连片标准粮田建设。鼓励农民开展土壤改良。

——加强水利设施建设，加快大中型灌区、排灌泵站配套改造以及水源工程建设。鼓励和支持农民开展小型农田水利设施建设、小流域综合治理。建设节水农业，推广节水灌溉，发展旱作农业。

——优化农业生产布局和品种结构，搞好农业布局规划，科学确定不同区域农业发展重点，形成优势突出和特色鲜明的产业带。

——国家支持农产品主产区加强农产品加工、流通、储运设施建设，引导农产品加工、流通、储运企业向主产区聚集。

——粮食主产区要进一步提高生产能力，要保持产销平衡。根据粮食产销格局发生的变化，加大对粮食主产区的扶持力度，集中力量建设一批基础条件好、生产水平高、调出量大的粮食生产核心区。在保护生态的前提下，开发优势资源、增加有潜力的粮食生产后备区。

——大力发展油料生产，鼓励发挥优势，发展棉花、糖料生产，着力提高品质和单产。转变养殖业发展方式，推进规模化和标准化，促进畜牧和水产品的稳定增产。

——在复合产业带内，要处理好多种农产品协调发展的关系，根据不同产品的特点和相互影响，合理确定发展方向和发展途径。

——控制农产品主产区开发强度，优化开发方式，发展循环农业，促进农业资源的永续利用。鼓励和支持农产品、畜产品、水产品加工等的综合利用，加强农业面源污染防治。

——加强农业基础设施建设，改善农业生产条件。加快农业科技进步和创新，提高农业物质技术装备水平。强化农业防灾减灾能力建设。

——积极推进农业的规模化、产业化，发展农产品深加工，拓展农村就业和增收空间。

——以县城为重点推进城镇建设和非农产业发展，加强县城和乡镇公共服务设施建设，完善小城镇公共服务和居住功能。

——农村居民点以及农村基础设施和公共服务设施的建设，要统筹考虑人口迁移等因素，适度集中、集约布局。

12.1.1.2 我国农产品主产区分布

（1）战略布局

根据《全国主体功能区规划》，以提供主体产品类型为基准，我国国土空间可分为城市化地区、农产品主产区和重点生态功能区。其中，农产品主产区是以提供农产品为主体功能的地区，也是提供生态产品、服务产品和部分工业品的主体功能区。

以东北平原、黄淮海平原、长江流域、汾渭平原、河套灌区、华南和甘肃新疆等农产品主产区为主体，以基本农田为基础，以其他农业地区为重要组成，构建“七区二十三带”为主体的农业战略格局。具体见图 12-1。

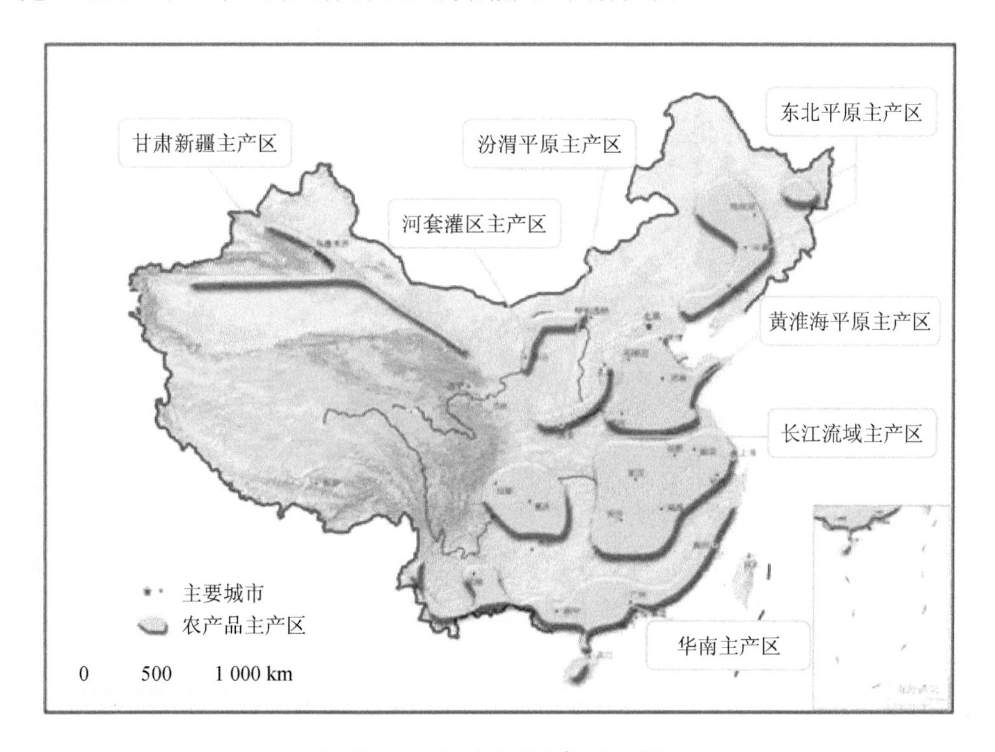

图 12-1 我国农业战略格局示意图

➢ 东北平原农产品主产区，要建设优质水稻、专用玉米、大豆和畜产品产业带；

➢ 黄淮海平原农产品主产区，要建设优质专用小麦、优质棉花、专用玉米、大豆和畜产品产业带；

➢ 长江流域农产品主产区，要建设优质水稻、优质专用小麦、优质棉花、油菜、畜产品和水产品产业带；

➢ 汾渭平原农产品主产区，要建设优质专用小麦和专用玉米产业带；

➢ 河套灌区农产品主产区，要建设优质专用小麦产业带；

➢ 华南农产品主产区，要建设优质水稻、甘蔗和水产品产业带；

➢ 甘肃新疆农产品主产区，要建设优质专用小麦和优质棉花产业带。

（2）区域布局

根据《全国农业可持续发展规划》，针对各地农业可持续发展面临的问题，综合考虑各地农业资源承载力、环境容量、生态类型和发展基础等因素，将全国划分为优化发展区、适度发展区和保护发展区。按照因地制宜、梯次推进、分类施策的原则，确定不同区域的农业可持续发展方向和重点。

1）优化发展区

包括东北区、黄淮海区、长江中下游区和华南区，是我国大宗农产品主产区，农业生产条件好、潜力大，但也存在水土资源过度消耗、环境污染、农业投入品过量使用、资源循环利用程度不高等问题。要坚持生产优先，在确保粮食等主要农产品综合生产能力稳步提高的前提下，保护好农业资源和生态环境，实现生产稳定发展、资源永续利用、生态环境友好。

——东北区。以保护黑土地、综合利用水资源、推进农牧结合为重点，建设资源永续利用、种养产业融合、生态系统良性循环的现代粮畜产品生产基地。综合治理水土流失、实施保护性耕作、增施有机肥、推行粮豆轮作。到2020年，适宜地区深耕、深松全覆盖，土壤有机质恢复提升，土壤保水保肥能力显著提高。在三江平原等水稻主产区，控制水田面积、限制地下水开采、改井灌为渠灌，到2030年实现以渠灌为主。在农牧交错地带，积极推广农牧结合、粮草兼顾、生态循环的种养模式，种植青贮玉米和苜蓿，大力发展优质高产奶业和肉牛产业。推动适度规模化畜禽养殖，加大动物疫病区域化管理力度，推进“免疫无疫区”建设。在大小兴安岭等地区，加大森林草原保护建设力度，发挥其生态安全屏障作用，保护和改善农田生态系统。

——黄淮海区。以治理地下水超采、控肥控药和废弃物资源化利用为重点，构建与资源环境承载力相适应、粮食和“菜篮子”产品稳定发展的现代农业生产体系。在华北地下水严重超采区，因地制宜调整种植结构，适度压减高度依赖灌溉的作物种植；大力发展水肥一体化等高效节水灌溉，实行灌溉定额制度，加强灌溉用水水质管理，推行农艺节水和深耕深松、保护性耕作，2020年地下水超采问题已得到有效缓解。在淮河流域等面源污染较重地区，大力推广配方施肥、绿色防控技术，推行秸秆肥料化、饲料化利用；调整优化畜禽养殖布局，稳定生猪、肉禽和蛋禽生产规模，加强畜禽粪污处理设施建设，提高循环利用水平。在沿黄滩区因地制宜发展水产健康养殖。全面加强区域高标准农田建设，改造中低产田和盐碱地，配套完善农田林网。

——长江中下游区。以治理农业面源污染和耕地重金属污染为重点，建立水稻、生猪、水产健康安全生产模式，确保农产品质量，巩固农产品主产区供给地位，改善农业农村环境。科学施用化肥农药，通过建设拦截坝、种植绿肥等措施，减少化肥、农药对农田和水域的污染；推进畜禽养殖适度规模化，在人口密集区域适当减少生猪养殖规模，加快畜禽粪污资源化利用和无害化处理，推进农村垃圾和污水治理。加强渔业资源保护，大力发展滤食性、草食性净水鱼类和名优水产品生产，加大标准化池塘改造，推广水产健康养殖，积极开展增殖放流，发展稻田养鱼。严控工矿业污染排放，从源头上控制水体污染，确保农业用水水质。加强耕地重金属污染治理，增施有机肥，实施秸秆还田，施用钝化剂，建立缓冲带，优化种植结构，减轻重金属污染对农业生产的影响。到2020年，污染治理区食用农产品已达标生产，农业面源污染扩大的趋势得到有效遏制。

——华南区。以减量施肥用药、红壤改良、水土流失治理为重点，发展生态农业、特色农业和高效农业，构建优质安全的热带亚热带农产品生产体系。大力开展专业化统防统治和绿色防控，推进化肥农药减量施用，治理水土流失，加大红壤改良力度，建设生态绿色的热带水果、冬季瓜菜生产基地。恢复林草植被，发展水源涵养林、用材林和经济林，减少地表径流，防止土壤侵蚀；改良山地草场，加快发展地方特色畜禽养殖。加强天然渔业资源养护、水产原种保护和良种培育，扩大增殖放流规模，推广水产健康养殖，生态农业建设取得实质性进展。

2）适度发展区

包括西北及长城沿线区、西南区，农业生产特色鲜明，但生态脆弱，水土配置错位，资源性和工程性缺水严重，资源环境承载力有限，农业基础设施相对薄弱。要坚持保护与发展并重，立足资源环境禀赋，发挥优势、扬长避短，适度挖掘潜力、集约节约、有序利用，提高资源利用率。

——西北及长城沿线区。以水资源高效利用、草畜平衡为核心，突出生态屏障、特色产区、稳农增收三大功能，大力发展旱作节水农业、草食畜牧业、循环农业和生态农业，加强中低产田改造和盐碱地治理，实现生产、生活、生态互利共赢。在雨养农业区，实施压夏扩秋，调减小麦种植面积，提高小麦单产，扩大玉米、马铃薯和牧草种植面积，推广地膜覆盖等旱作农业技术，建立农膜回收利用机制，逐步实现基本回收利用。修建防护林带，增强水源涵养功能。在绿洲农业区，大力发展高效节水灌溉，实施续建配套与节水改造，完善田间灌排渠系，增加节水灌溉面积，到2020年已实现节水灌溉全覆盖，并在严重缺水地区实行退地减水，严格控制了地下水开采。在农牧交错区，推进粮草兼顾型农业结构调整，通过坡耕地退耕还草、粮草轮作、种植结构调整、已垦草原恢复等形式，挖掘饲草料生产潜力，推进草食畜牧业发展。在草原牧区，继续实施退牧还草工程，保护天然草原，实行划区轮牧、禁牧、舍饲圈养，控制草原鼠虫害，恢复草原生态。

——西南区。突出小流域综合治理、草地资源开发利用和解决工程性缺水，在生态保护中发展特色农业，实现生态效益和经济效益相统一。通过修筑梯田、客土改良、建设集雨池，防止水土流失，推进石漠化综合治理，到2020年治理石漠化面积40%以上。加强林草植被的保护和建设，发展水土保持林、水源涵养林和经济林，开展退耕还林还草，鼓励人工种草，合理开发利用草地资源，发展生态畜牧业。严格保护平坝水田，稳定水稻、玉米面积，扩大马铃薯种植，发展高山夏秋冷凉特色农作物生产。

3）保护发展区

包括青藏区和海洋渔业区，在生态保护与建设方面具有特殊重要的战略地位。青藏区是我国大江大河的发源地和重要的生态安全屏障，高原特色农业资源丰富，但生态十分脆弱。海洋渔业区发展较快，但也存在渔业资源衰退、污染突出的问题。要坚持保护优先、限制开发，适度发展生态产业和特色产业，让草原、海洋等资源得到休养生息，促进生态系统良性循环。

——青藏区。突出三江源头自然保护区和三江并流区的生态保护，实现草原生态整体好转，构建稳固的国家生态安全屏障。保护基本口粮田，稳定青稞等高原特色粮油作物种植面积，确保区域口粮安全，适度发展马铃薯、油菜、蔬菜等产品生产。继续实施退牧还草工程和草原生态保护补助奖励机制，保护天然草场，积极推行舍饲半舍饲养殖，以草定畜，实现草畜平衡，有效治理鼠虫害、毒草，遏制草原退化趋势。适度发展牦牛、绒山羊、藏系绵羊为主的高原生态畜牧业，加强动物防疫体系建设，保护高原特有鱼类。

——海洋渔业区。严格控制海洋渔业捕捞强度，限制海洋捕捞机动渔船数量和功率，加强禁渔期监管。稳定海水养殖面积，改善近海水域生态质量，大力开展水生生物资源增殖和环境修复，提升渔业发展水平。积极发展海洋牧场，保护海洋渔业生态。到2020年，海洋捕捞机动渔船数量和总功率明显下降。

在优化发展区更好地发挥资源优势，提升重要农产品生产能力；在适度发展区加快调整农业结构，限制资源消耗大的产业规模；在保护发展区坚持保护优先、限制开发，加大生态建设力度，实现保供给与保生态有机统一。

（3）具体分布

根据《国务院关于编制全国主体功能区规划的意见》，在国家层面的四类主体功能区不覆盖全部国土，优化开发区、重点开发区和限制开发区原则上以县级行政区为基本单元，禁止开发区按照法定范围或自然边界确定。

《全国主体功能区规划》对于限制开发区（重点生态功能区）和禁止开发区，都给出了具体的功能区名录并落实到县级层面。而对于限制开发的农产品主产区，主要明确了我国粮食、棉花、油料作物、糖料作物和蓄水产品主产区的战略布局，具体范围和农产品的区域布局以及其他由相关部门在专项规划中予以明确。

结合各省级主体功能区规划，作者共收集到23个（含新疆生产建设兵团）省级主体功能区划，其中，国家层面农产品主产区分布情况如下。

1）黑龙江省

重点建设“三区五带”优势农产品主产区。主要位于农业生产条件较好的松嫩平原、三江平原和中部山区，以松嫩平原、三江平原农业综合开发试验区为主体。主要建设以优质粳稻为主的水稻产业带，以籽粒与青贮兼用玉米为主的专用玉米产业带，以高油高蛋白大豆为主的大豆产业带。

农产品主产区主要包括宾县等33个县（市、区）以及位于上述地区的农垦、森工系统所属场、局。区域总面积为 10.30 万 km^2，占全省的 21.8%，耕地面积为 5.40 万 km^2；2010 年总人口为 1 188 万人，占全省的 30%，农业人口为 865.19 万人，粮食总产量为 381.04 亿 kg，人均粮食产量为 3 207.5 kg。

2）吉林省

重点建设“三区三带”为主体的农产品主产区。

——中部平原主产区。重点建设专用玉米、兼用型大豆和畜产品产业带及沿江沿河优质水稻产业带。

——中东部半山区主产区。重点建设沿江沿河优质水稻产业带，同时，建设兼用型玉米、兼用型大豆产业带。

——西部平原主产区。重点建设杂粮杂豆产业带、兼用型玉米产业带、畜牧产品产业带和沿江沿河优质水稻产业带。

——其他农业地区。发挥资源和地域特色，建设优质水稻、兼用型玉米、兼用型大豆产业带，以及人参、中药材、食用菌等特色农（林）产品产业带。

农产品主产区包括长春市双阳区等 28 个县（市、区）。该区域总面积为 102 598.59 km^2，占全省面积的 53.52%，人口数为 898.8 万人，占全省的 33.18%。

3）北京市

《全国主体功能区规划》将北京市整体划为优化开发区，不涉及农产品主产区。

4）天津市

主体功能区分为优化发展区、重点开发区、生态涵养发展区和禁止开发区，不涉及农产品主产区。

5）河北省

主体功能区分为优化开发区、重点开发区、限制开发区（农产品主产区、重点生态功能区）和禁止开发区 4 类。

以粮食生产核心区为基础，以蔬菜、畜牧水产、林果基地县为依托，构建以太行山山前平原、燕山山前平原和黑龙港低平原地区等农产品集中产区为主体，以其他特色农业区域为重要组成部分的农业生产格局。重点建设燕山山前平原京山沿线玉米产业带，太行山山前平原京广沿线小麦产业带、玉米产业带，黑龙港低平原区小麦产业带、玉米产业带，持续提升农产品安全保障能力。

区域范围涉及石家庄、承德、秦皇岛、唐山、保定、沧州、衡水、邢台、邯郸9个市的58个县（市），其中包括31个国家粮食生产大县和18个省级粮食生产大县。区域面积为40 600 km^2，2011年人口数为1 900.46万人，地区生产总值为4 415.11亿元，分别占全省的21.63%、26.25%和18.01%。

6）山东省

国家级农产品主产区主要包括鲁北农产品主产区、鲁西南农产品主产区和东部沿海农产品主产区，是保障农产品供给安全的重要区域、农民安居乐业的美好家园、现代农业建设的示范区和全省重要的安全农产品生产基地，应着力保护耕地，稳定粮食产量，增强农业综合生产能力，发展现代农业，增加农民收入，保障农产品供给，确保国家和全省粮食安全和食物安全。

7）河南省

构建以“三区十基地”为主体的农产品主产区战略格局。构建以城市近郊都市高效农业区、黄淮海平原和南阳盆地优质粮食生产核心区、豫南豫西豫北山丘区生态绿色农业区为主体，以区域特色农业基地为依托的现代农业布局。大力发展京广铁路沿线、南阳盆地、豫东平原和豫西、豫南浅山丘陵区的生猪产业基地，豫西南和豫东平原肉牛产业基地，沿黄地区和豫东、豫西南“一带两片”奶业基地，豫北、豫东肉禽和豫南水禽产业基地。建设形成郑州、许昌、洛阳、豫东开封商丘、豫南南阳信阳、豫北濮阳安阳花卉产业基地，中心城市郊区、传统优势区域和重要交通干线沿线地区蔬菜产业基地，大别山桐柏和伏牛丹江茶产业基地，豫西、豫南高标准林果产业基地，沿黄河、淮河、淇河水产基地，豫西和豫西南中药材基地。

具体包括黄淮海平原、南阳盆地和豫西山丘区的66个国家级农产品主产县。农产品主产区的土地面积8.69万km^2，占全省土地面积的52.45%；区域2012年人口数为5 029万人，占全省总人口的47.7%。

8）安徽省

构建以“五区十五基地”为主体的农业发展战略格局。在淮北平原区重点建设优质小麦、棉花、玉米、大豆生产基地和畜禽产品养殖基地，在江淮丘陵区重点建设“双低”优质油菜基地和优质畜禽产品生产基地，在沿江平原区重点建设优质水稻、小麦、棉花、油菜生产基地和优质水产品、畜禽产品养殖基地，在皖西大别山区和皖南山区重点建设优质茶叶基地。积极推动木本粮油、特色水果等其他农产品基地建设。

其中，淮北平原主产区、江淮丘陵主产区和沿江平原主产区属于国家农产品主产区。

淮北平原主产区：位于淮河以北，属黄淮海平原主产区，包括阜阳、亳州、淮北、宿州、淮南、蚌埠等 17 个县（市），主产区的土地面积为 3.05 万 km^2，占全省土地面积的 21.80%。

江淮丘陵主产区：位于长江与淮河之间，地跨江淮分水岭，属于江淮丘陵地区，具体包括合肥、六安和滁州等 10 个县（市、区），该区土地面积为 2.27 万 km^2，占全省总土地面积的 16.22%。

沿江平原主产区：地跨长江两岸，属长江流域，包括合肥、六安、滁州、芜湖、马鞍山、安庆、池州和宣城等 13 个县（市），该区的土地面积为 2.32 万 km^2，占全省土地面积的 16.54%。

9）江西省

构建“四区二十四基地”为主体的农业战略格局。形成以鄱阳湖平原、赣抚平原、吉泰盆地和赣南丘陵盆地 4 个农产品主产区为主体，以其他农业区为重要组成的农业战略格局。鄱阳湖平原农产品主产区，重点建设水稻、棉花、油菜、水产、畜禽养殖以及优质蔬菜基地；赣抚平原农产品主产区，重点建设水稻、油菜、蜜橘、水产、畜禽养殖以及优质蔬菜基地；吉泰盆地农产品主产区，重点建设水稻、油菜、果业、畜禽、水产养殖以及优质蔬菜基地；赣南丘陵盆地农产品主产区，重点建设水稻、脐橙、油茶、甜叶菊、畜禽养殖以及优质蔬菜基地。

农产品主产区共 33 个县（市），2010 年，该区域的面积为 72 868 km^2，占全省土地面积的 43.66%；人口数为 1 820.16 万人，占全省总人口的 40.79%。

10）湖南省

以“一圈一区两带”为农产品主产区，即长株潭都市农业圈，包括长沙、株洲、湘潭城市外围地区；环洞庭湖平湖农业区，包括岳阳、常德、益阳部分地区；湘中南丘岗农业带，包括娄底、邵阳、衡阳、永州部分地区；武陵雪峰南岭罗霄山脉山地农业带，包括武陵山、雪峰山、南岭、罗霄山等地区的农产品主产区，共计 35 个县（市、区），该区土地面积约 7.14 万 km^2，占全省土地面积的 33.7%，即全部为国家级农产品主产区。

11）四川省

农产品主产区主体功能定位：作为国家优质商品猪战略保障基地，现代农业示范区，现代林业产业基地，优势特色农产品加工业发展的重点区域。

该区域包括盆地中部平原浅丘区、川南低中山区和盆地东部丘陵低山区、盆地西缘山区和安宁河流域五大农产品主产区，共 35 个县（市），该区域土地面积为 6.7 万 km^2，扣除重点开发的县城（镇）及重点镇规划面积 1 750 km^2，则占全省土地面积的 13.4%。

12）陕西省

农产品主产区主要包括渭河平原小麦主产区，以及渭北东部粮果区、渭北西部农牧区、洛南特色农业区，该区域土地总面积为 31 269 km^2，占全省土地面积的 15.2%，2010 年年末人口数为 867 万人，占全省的 23.2%。

渭河平原小麦主产区包括西安市蓝田县等 16 个县，该区域土地面积为 17 788 km^2。功能定位是国家汾渭平原农产品主产区的重要组成部分，重点建设国家级优质专用小麦产业基地和玉米生产基地，保障国家粮食安全。

渭北东部粮果区包括渭南市白水县和延安市洛川县，该区域土地面积为 2 780 km^2。功能定位是全国优质苹果产区、西部农业综合发展示范区。

渭北西部农牧区包括宝鸡市陇县、千阳县、麟游县，咸阳市永寿县、淳化县 5 个县，该区域土地面积为 7 866 km^2。功能定位是优质奶畜产品生产基地、优质小麦生产基地、优质苹果和鲜杂果生产基地、中药材生产基地。

洛南特色农业区包括洛南县全部，该区域土地面积为 2 835 km^2。功能定位是全国核桃生产基地，陕西省重要的生猪生产基地、蚕桑生产基地、烤烟生产基地。

13）内蒙古自治区

从确保粮食安全和食品安全的大局出发，充分发挥各地区的优势，重点建设以“两区两带”为主体的农产品主产区。

——河套—土默川平原农业主产区。建设优质玉米、中筋小麦、番茄、向日葵、蔬菜、瓜果产业带，优质马铃薯、优质杂粮产业带，优质奶牛、肉羊产业带。

——西辽河平原农业主产区。建设高产、优质、专用玉米和绿色有机杂粮杂豆产业带，优质肉牛、奶牛、肉羊、生猪和禽类（肉鸭、羽鹅）产业带，湖库水产品增养殖产业带。

——大兴安岭沿麓农业产业带。建设高油大豆、玉米、马铃薯和特色杂粮杂豆产业带，优质奶牛、肉羊产业带，冷水性鱼类产业带。

——呼伦贝尔—锡林郭勒草原畜牧业产业带。建设优质肉牛、肉羊产业带。

14）广东省

主要指华南农产品主产区，主要建设优质水稻、甘蔗和水产品产业带，是国家级农产品主产区，包括 22 个农产品主产区县。2010 年，区域总面积为 56 940 km^2，占全省的 31.65%，其中粮食主产区共计 16 个县，面积为 47 242 km^2，占全省的 26.26%；甘蔗主产区 3 个县，面积为 6 451 km^2，占全省的 3.59%；水产品主产区 3 个县，面积为 3 247 km^2，占全省的 1.80%。

15）广西壮族自治区

——桂北、桂中、桂东南和沿海地区等优质粮食主产区。优化粮食区域布局，稳定并适当扩大粮食种植面积，加强“吨粮田”建设，加快中低产田改造，完善农田水利设施，提高农机装备水平，推进以良种与良法为主的农业科技进步，提高粮食综合生产能力。

——桂西南、桂中、桂东南和沿海地区等糖蔗优势生产区。优化糖蔗生产布局，建设优质糖蔗生产基地，改善蔗区基础设施，加快甘蔗生产全程机械化，推广高产高糖甘蔗品种，进一步提高糖蔗生产水平，巩固蔗糖在全国的优势地位。

——南亚热带优势水果及柑橘生产基地。推进“优果工程”建设，加大品种改良力度，着力提高水果品质和市场竞争力，突出抓好以柑橘、香蕉、荔枝、龙眼四大类为主导的水果优势区域布局和生产，形成以桂东北、桂中地区为主的柑橘优势产区，以沿海地区为主的香蕉优势产区，以桂东南、桂西南和沿海地区为主的荔枝、龙眼优势产区。

——桂西北、桂中和桂南等桑蚕优势产业带。扩大生产规模，推进桑蚕产业良种工程、优质原料茧生产基地、桑蚕产业化经营体系建设，促进桑蚕茧向深加工发展，提高生产能力和市场竞争力。

——桂东南、桂西南、桂中和沿海地区为主的木薯生产区。抓住国家大力扶持发展生物能源产业的重大机遇，引进和选育高产、高粉木薯良种，建设优质木薯原料生产基地，扩大木薯生产规模。

——桂南优势水产品产业带。优化养殖布局，扩大养殖规模，推进水产健康养殖，建立以北海、南宁、防城港和钦州等市为主的水产品加工物流基地，培育发展一批实力雄厚、辐射力强的水产品加工龙头企业，形成北部湾水产品产业集群。

国家农产品主产区包括 33 个县级行政区，面积为 9.61 万 km^2，占全区总面积的 40.5%。2010 年，总人口数为 2 108.5 万人，占全区总人口的 40.9%；地区生产总值为 2 784.6 亿元，占全区地区生产总值的 29.1%。

16）海南省

位于全国“七区二十三带”农业战略格局的最南端，是国家农产品主产区华南主产区的重要组成部分。

主要包括文昌等 12 个市（县）除重点开发镇以外的辖区，面积为 17 717 km^2，占陆地土地空间面积的 50.11%。

17）甘肃省

甘肃省河西农产品主产区纳入甘肃新疆主产区范围，共划分为 4 个农产品主产区，覆盖 26 个县（市、区），面积为 11.01 万 km^2，约占全省总面积的 25.86%。限制开发农产品主产区 2008 年人口 819.81 万人，约占全省总人口的 31.19%；经济总量 539.76 亿元，约占全省生产总值的 16.99%；人均生产总值 6 583.96 元，为全省人均水平的 54.37%；粮食产量为 287.55 万 t，约占全省粮食总产量的 32.36%。

18）新疆维吾尔自治区

新疆农产品主产区的功能定位是保障农牧产品供给安全的重要性，保障农牧民安居乐业，建设社会主义新农村。

农产品主产区应着力保护耕地、草场和农田防护林，稳定粮食生产，大力推进农牧业现代化，增强农牧业综合生产能力，增加农牧民收入，加快社会主义新农村建设，保障农牧产品的有效供给，确保新疆及国家粮食安全和食物安全。2020 年，全区粮食种植面积不低于 3 500 万亩，粮食总产量不低于 1 800 万 t。重点建设以“天北与天南两带”为主体的国家级农产品主产区。

——天山北坡主产区。建设优质专用小麦、优质蛋白玉米、水稻、豆类为主的粮食产业带；优质棉花产业带；以葡萄、枸杞、小浆果、苹果和其他时令果品为主的特色林果产品产业带；以肉牛、肉羊、奶牛、生猪、家禽为主的畜产品产业带；以加工番茄、枸杞、酿酒葡萄等为主的区域特色农产品产业带。

——天山南坡主产区。建设以香梨、红枣、核桃、葡萄、巴旦木、酸梅、苹果、杏等为主的特色林果产品产业带；优质棉花产业带；以小麦为主的粮食产业带；以肉牛、肉羊、奶牛、家禽为主的畜产品产业带；以加工番茄、红花、色素辣椒、芳香植物等为主的区域特色农产品产业带。

新疆国家级农产品主产区包括天山北坡主产区和天山南坡主产区，共涉及23个县（市），总面积为414 265.55 km^2，占全区土地总面积的24.89%；总人口数为417.94万人（2009年），占全区总人口的19.70%。其中，天山北坡主产区涉及13个县（市），天山南坡主产区涉及10个县（市）。

19）新疆生产建设兵团

兵团农产品主产区与自治区农产品主产区范围基本一致，同时兼顾了团场以农为主的特点。依据国家和自治区主体功能区规划，兵团农产品主产区全部为国家层面，主要分为天山北坡农产品主产区和天山南坡农产品主产区，共涉及126个团场和3个单位，该区域面积为4.9万km^2，占兵团土地面积的65.7%；人口数为131.9万人，占兵团人口总数的50.5%。

20）福建省

福建省从确保粮食安全和食品安全的大局出发，充分发挥各地的比较优势，重点建设4个农产品主产区，面积为49 911.8 km^2，占全省总陆域面积的40.3%，人口数为676.5万人，占全省总人口的18.8%。

——闽东南高优农产品主产区。主要包括福州、泉州、莆田、漳州等城市，大部分地势相对平坦、土地集中连片，光热资源丰富是四季宜种的地区，也是国家重点建设农产品主产区“七区二十三带”华南主产区的重要组成部分。该区域大力发展集约化、机械化、高优特色生态农业，建设生态果茶园和有机食品、绿色食品基地，形成以热带、亚热带粮食、水果、茶叶、花卉、蔬菜及水产为重点的高优农产品主产区。

——闽东北山地农产品主产区。主要包括宁德及邻近部分县（市），是国家“七区二十三带”华南主产区的组成部分，主要以发展粮食、水产和茶叶、菌菇、反季节蔬菜为重点的具有地方特色的农产品主产区。

——闽西南绿色农产品主产区。主要包括龙岩等地的大部分县（市、区），建设生态农业，特别是无公害农产品、绿色食品和有机食品的生产和加工基地，形成以发展生态型畜牧业和粮食、林竹、茶叶、蔬菜、花卉、水果、油料、食用菌、中药材等为重点的农产品主产区。

——闽西北山地农（林）产品主产区。主要包括南平、三明等生态环境优越、气候多样、土壤肥沃、适宜多样化生产的农产品主产区，发展优质高效生态农业，建设无公害农产品和绿色食品基地，提高农业科技水平，形成以优质水稻和林、果、茶、菌、药、油料、奶业等为重点的绿色食品主产区。

21）贵州省

贵州省农产品主产区主要呈块状分布在农业生产条件较好、经济较集中、人口较密集的北部地区、东南部地区和西部地区，以国家粮食生产重点县和全省优势农产品生产县为主体，形成了 5 个农业发展区，涉及 35 个县级行政单元。同时，还包括以县级行政区为单元划为国家重点开发区的 5 个县中的部分乡镇，区域面积为 83 251.01 km^2，占全省的 47.26%，2010 年总人口数为 1 839.35 万人，占全省人口总数的 43.91%。

——黔中丘原盆地都市农业区包括贵阳市的开阳县、黔南州的长顺县、贵定县和安顺市的普定县，以及黔南州惠水县的 15 个乡镇、毕节市织金县的 20 个乡镇和黔西县的 17 个乡镇。区域面积占全省国家农产品主产区面积的 13.3%。该区域地处黔中城市圈，对优质农产品和农业生态功能、旅游休闲功能的需求规模较大，农产品加工业发达，农产品商品化程度高，都市农业发展条件好。

——黔北山原中山农—林—牧区包括遵义市的桐梓县、绥阳县、正安县、道真仡佬族苗族自治县、务川仡佬族苗族自治县、凤冈县、湄潭县、余庆县、习水县、赤水市、仁怀市，毕节市的金沙县，铜仁市的思南县、德江县。区域面积占全省国家农产品主产区面积的 38.7%。该区域农业发展基础好，农业生产水平高，农产品加工业较为发达，是贵州粮食产能县的集中区域，主要粮油作物、特色农产品规模化、商品化程度较高。

——黔东低山丘陵林—农区包括黔东南州的三穗县、镇远县、岑巩县、天柱县、黎平县、榕江县、从江县、丹寨县和铜仁市的玉屏县，以及铜仁市松桃苗族自治县的 17 个乡镇。区域面积占全省国家农产品主产区面积的 25%。该区域地处厦蓉高速公路、贵广快速铁路沿线，林业资源丰富，生态环境良好，水稻生产具有比较优势，特色农业产业发展具有一定基础。

——黔南丘原中山低山农—牧区包括黔西南州的普安县、晴隆县、贞丰县、安龙县和黔南州的独山县。区域土地面积占全省农产品主产区面积的 10.7%。该区域立体气候特征突出，对冬春反季节蔬菜等特色农产品生产具有良好基础。

——黔西高原山地农—牧区包括六盘水市的六枝特区，毕节市的纳雍县、大方县，以及六盘水市盘县的 21 个乡镇。区域面积占全省国家农产品主产区面积的 12.3%。该区域地处贵州西部高原地带，土地资源和牧草资源较为丰富，成片草场和草山草坡面积较大，适宜发展旱作农业、草地畜牧业以及夏秋反季节蔬菜、优质干果、小杂粮等特色农产品。

22）湖北省

湖北省将国家层面农产品主产区划分为黄（石）鄂（州）黄（冈）国家层面农产品主产区、孝（感）荆（门）国家层面农产品主产区、襄（阳）随（州）国家层面农产品主产区、宜（昌）荆（州）国家层面农产品主产区和咸宁国家层面农产品主产区。

——黄（石）鄂（州）黄（冈）国家层面农产品主产区。包括阳新县、团风县、黄梅县（含辖区内龙感湖管理区）、武穴市、蕲春县和梁子湖 6 个县（市、区）。该区域农业发展坚持以粮、油种植和畜牧、水产养殖为主体；提高种养经济效益，增强农民生产积极性。该区域重点发展优质水稻、油料生产等；依托丰富的水资源，积极发展河蟹、青虾等水产养殖；进一步扩大生猪养殖规模；积极发展循环农业，转变农业生产方式。

——孝（感）荆（门）国家层面农产品主产区。包括云梦县、安陆市、京山县（含屈家岭管理区、太子山林场）、钟祥市和沙洋县 5 个县（市）。该区域农业发展以优质稻、“双低”优质油菜、禽蛋、水产、蔬菜等为主体，进一步提高农业种养经济效益，增强农民发展农业种养的积极性与主动性。

——襄（阳）随（州）国家层面农产品主产区。包括宜城市、谷城市、枣阳市、老河口市、随县和广水市 6 个县（市）。该区域发挥旱作农业生产的优势，农业发展以粮食、油料生产和生猪养殖为主体，重点发展专用小麦、玉米、“双低”优质油菜、优质水稻、生猪等。

——宜（昌）荆（州）国家层面农产品主产区。包括远安县、当阳市、宜都市、公安县、松滋市、洪湖市、监利县、石首市和江陵县 9 个县（市）。深入推进农业结构调整，在扩大优质粮棉油产量的基础上加快发展水产、畜牧、林特等优势特色产业。该区域重点发展水稻、小麦、玉米、棉花、“双低”优质油菜、生猪、水产、柑橘、茶叶等，建成以粮、棉、油、水产、生猪、林特、家禽等为重点的综合农业发展区，使之成为全国重要的农业生产基地和商品粮基地。

——咸宁国家层面农产品主产区。包括崇阳县、嘉鱼县和赤壁市3个县(市)。该区域进一步发挥水资源丰富、光照充足、无霜期长等农业生产条件优势，重点发展优质水稻、油料、水产及茶叶等优势特色农产品。

23）浙江省

浙江省农产品主产区主要为国家确定的产粮大县，分别包括嘉兴市的海盐县、平湖市以及衢州市的衢江区、江山市、龙游县5个国家产粮大县。

12.1.2 农产品主产区生态环境需求研究

产地环境质量是影响农产品质量的基础因素之一。农产品产地属于农业生态系统，其构成和农业生态系统一样，也受到各个体系的影响。耕作、栽培、植保、施肥、养殖和防疫等属于生产技术的范畴，已建有一定的标准和准则。气候及气象因子（降水、光照、温度）属于较大范围内有差异的因子，是影响农业生产力的重要因子，不宜将其列入农产品产地评价因子的范畴。因此，农产品产地环境质量评价指标体系主要包括空气、水和土壤等因子。

根据资料分析，我国不同类别农产品污染存在的主要问题为：①蔬菜污染主要是农药、硝酸盐及重金属。易受农药污染的蔬菜主要为叶菜类，其中韭菜、小白菜、油菜受农药污染的比例最大，常见农药超标蔬菜主要有花椰菜、黄瓜、豆角、菜椒和甘蓝等。在蔬菜中超标的农药品种主要为有机磷和氨基甲酸酯类、菊酯类农药、甲胺磷、氧化乐果、甲基对硫磷、对硫磷、甲拌磷、克百威、敌敌畏、乐果、久效磷、敌百虫、水胺硫磷、氯氰菊酯等。硝酸盐污染的蔬菜也以叶菜类为主，其次为根茎类、胳菜、瓜果类、反季节菜类、豆荚类、鲜菇和笋类，主要品种有芹菜、菠菜、葛首、水萝卜、小白菜、大白菜等。文献中报道的蔬菜中检出与超标的重金属主要有铜、钢、汞、铅、铬、砷等。②水果污染以杀虫剂、杀菌剂和激素类为主。出现污染的杀虫剂品种以菊酯类、有机磷类、氨基甲酸酯类为主；杀菌剂品种以硫酸铜、多菌灵、代森类等为主。③茶叶的污染物主要为农药和重金属。其中，检出与超标的农药主要有氰戊菊酯、甲氰菊酯、优乐得、三氯杀蜡醇（DDT）等，超标重金属主要为铅。④粮食作物的污染主要以重金属与农药为主。检出与超标的农药品种以甲胺磷、氧化乐果、敌敌畏等有机磷农药为主。检出与超标的重金属主要有铅、锌、铜、汞、铬、砷等。⑤水产品污染以渔药、激素以及水中各类有害物质污染物为主。近年在水产品中检出的违禁药物主要有氯霉素、红霉素、环丙沙星、乙烯雌酚、硝基酚钠、硝基呋喃、磷酸盐、乙烯雌酚等；检出与超标的重金属主要有汞、铜、铅、锌、锡等。

12.1.2.1 土壤环境

联合国 2015 年发布《世界土壤资源状况》指出，土壤面临严重威胁。例如，侵蚀每年导致 250 亿～400 亿 t 表土流失，导致作物产量、土壤的碳储存和碳循环能力、养分和水分明显减少，侵蚀造成谷物年产量损失约 760 万 t，如果不采取行动减少侵蚀，预计到 2050 年谷物总损失量将超过 2.53 亿 t，相当于减少了 150 万 km^2 的作物生产面积，土壤中盐分的积累导致作物减产甚至颗粒无收，因人为引起的盐渍化影响了全球大约 76 万 km^2 的土地。

（1）土壤污染特点

农产品主产区的土壤污染主要表现在化肥和农药的过度施用以及农业生产所用塑料薄膜等废弃物，另外，大量畜禽养殖粪便对土壤的污染以及大量工业企业由城市转向农村所产生的重金属的污染通过污水、大气和固体废物进入土壤，从而造成对土壤的污染。由于其发生范围广、持续时间长，并疏于治理，已使农村及农业生态环境乃至社会经济的可持续发展亮起了红灯。

（2）土壤污染现状

随着我国农业和农村经济的快速发展，农产品主产区土壤污染越来越严重。根据 2014 年环境保护部和国土资源部联合发布的全国土壤污染状况调查公报，全国土壤环境状况总体不容乐观，部分地区土壤污染较重，耕地土壤环境质量堪忧，工矿业废弃地土壤环境问题突出。工矿业、农业等人为活动以及土壤环境背景值高是造成土壤污染或超标的主要原因。

据统计，全国至少有 1 300 万～1 600 万 hm^2 耕地受到农药污染，占全国耕地面积的 10%以上；我国每年对农药的用量达 50 万～60 万 t，每年使用农药的面积在 2.8 亿 hm^2 以上，其中约 80%的农药直接进入环境。

根据国际肥料工业协会数据和我国统计数据分析，2007 年我国化肥施用量已占全球用量的 35%左右，且仍处于上升阶段。近年来我国化肥施用量每年增长 2.8%，2006 年化肥施用量为 4 970 万 t，2007 年为 5 109 万 t（农业部种植业司数据）。我国化肥单位面积施用量在全球属中等偏上，2007 年，我国农田平均每公顷化肥施用量为 379.5 kg；据联合国粮食及农业组织（FAO）统计分析，目前，世界平均每公顷耕地化肥施用量约为 120 kg，美国为 110 kg，德国为 212 kg，日本为 270 kg，英国为 290 kg，荷兰为 623 kg。截至 2011 年年底，我国地膜用量达到 125.5 万 t，覆盖面积已达 3 亿亩。据测算，未来 10 年，我国地膜覆盖面积将以每年 10%的速度增加，有可能达到 5 亿亩，地膜用量也将达到 200 万 t。

近 20 年来，我国集约化养殖业的发展为农村经济的振兴和农民收入的增加作出了巨大的贡献。一些北方农业大省畜牧业产值已经达到或超过农业总产值的 50%，占领了农村经济的半壁江山。养殖业快速发展带来巨大经济效益的同时，其排泄物对环境造成的污染也日益加剧。据统计，全国畜禽排泄物每年约为 31.9 亿 t，约是全国工业固体废物的 3.2 倍。一个饲养 10 万只鸡的养鸡场，每天产鸡粪 10 t，年产鸡粪 3 600 多 t；一个千头猪场日排粪尿 10 t，年排粪尿 3 600 t，水冲清粪日产污水 30 t，年排污水 10 000 多 t。这些粪尿如果处理不当不但会对大气造成污染，而且对土壤和水质也会造成严重的污染。

另外，随着城市工业企业向农村不断转移，我国农产品主产区土壤环境安全问题日益突出，一些地区土壤污染严重，对生态环境、食品安全和农业发展都构成威胁。据不完全统计，目前全国受污染的耕地已达 1 000 万 hm^2，约占耕地总面积的 20%以上，每年因为土壤污染造成的经济损失达 200 亿元，其中每年因重金属污染的粮食达 1 200 万 t。而目前我国受镉、砷、铬、铅等重金属污染的耕地面积近 2 000 万 hm^2，约占总耕地面积的 20%。

12.1.2.2　水环境

近年来，我国农村水环境污染越来越严重，水环境状况不断恶化，大部分水源中重金属、氨氮、总磷、化学需氧量、大肠杆菌、阳离子表面活性剂等指标均存在不同程度的超标。农村面源污染的特点是污染物种类多、数量大、分布广，面源的监测、管理及污染控制比较复杂。在大部分集镇周边的河流均存在被污染的现象，不仅造成粮食减产，而且使我国广大农村地区居民的基本饮用水安全得不到保障。农村水环境的恶化，不但直接影响工农业生产的经济效益，同时也不利于社会经济的发展和稳定。

（1）化学肥料和农药的大量使用

我国农业生产有机肥料施用的大幅减少和氮、磷、钾肥的不合理使用以及化学肥料使用的快速增长，导致氮、磷、钾使用不平衡、土壤板结、耕作质量差、肥料利用率低、土壤和水分易流失，造成地表水和地下水的严重污染。农药对水体的污染主要来自直接向水体施药、农药通过雨水或灌溉水由农田向水体迁移，农药生产、加工企业废水的排放、大气中残留农药随降雨进入水体，在农药使用过程中，雾滴或粉尘微粒随风飘移沉降进入水体，施药工具和器械的清洗等。一般来讲，只有 10%～20%的农药附着在农作物上，80%则流失在土壤、水体和空气中，并在灌水或降水等淋溶作用下污染地下水。

（2）乡镇企业污染物的排放

改革开放带来了乡镇企业的蓬勃发展，带动了农村小城镇的复苏和兴起。由于乡镇企业具有布局分散、规模小和经营粗放等特征，使周边环境污染较为严重，乡镇企业每年有大量污染物未经处理直接排放。许多乡镇企业在生产过程中产生的废水未经处理直接排向河沟、水库和农田，大量堆放杂乱的工业固体废物、生活垃圾再次对地表水和地下水产生了二次污染。特别是近年来，城市对环境污染实行严厉管制后，许多污染严重的企业转移到郊区或小城镇，一些电子、机械废旧垃圾性物品也转移到农村。目前，农村工业污染已使全国 20 万 km^2 的耕地遭到严重破坏，进一步加剧了农村水环境的污染。

（3）污水灌溉

由于大量未经处理的超标污水直接用于灌溉造成了农产品主产区土壤、作物及地下水的严重污染。污水灌溉已经成为我国农产品主产区环境恶化的主要原因之一。污水灌溉存在的问题主要表现为：一是缺少必要的污水处理措施，污水灌溉水质超标。二是污水灌溉面积盲目发展，监控管理体系不健全。污水灌溉大多是农民的自发行为，农民在缺乏正常灌溉水的情况下，不得不取用污水作为农业用水的水源。国家虽然颁布了《农田灌溉水质标准》，但由于污水灌溉水质无人监管，灌溉部门没有按标准把关，导致污水灌溉面积的发展存在严重的盲目性。三是河道灌溉功能退化，在城市郊区大多变成污水排放的河道。随着城市工业的发展，河道的管理未纳入城市规划，致使有些灌溉用水的河道变成城市污染工业废水排放的河道。

（4）集约化养殖场的污染

随着城乡居民生活水平的提高，我国畜禽养殖业得到迅速发展，由原来农村的分散养殖变为集中养殖，畜禽粪便废弃物的无序排放同时也造成了较为严重的水环境污染。

（5）居民生活污水和生活垃圾的污染

我国生活垃圾数量巨大，同工业垃圾一样，生活垃圾利用率极低，大部分都在城郊和乡村露天存放，不仅占用了大片的可耕地，还可能传播病毒细菌，其渗漏液污染地表水和地下水，导致水环境恶化。大量生活垃圾的产生和累积，加剧了农村生态环境的恶化。

12.1.2.3 大气环境

随着农村经济的快速发展，农村生活污水、垃圾、农业生产及畜禽养殖废弃物排放量增大，农产品主产区环境空气质量明显下降，直接威胁着广大农民群众的生存环境与身体健康，制约了农产品主产区经济的健康发展。

影响农产品主产区空气质量的主要因素包括污染源的分布及污染物的传输，其中污染源的因素有工业空气污染点源、农村面源污染、交通线源 3 种类型。面源污染主要来源于农业生产和农村居民生活产生的空气污染物，其分布情况主要取决于农村人口的分布。交通污染源主要来源于农村主要公路，如国道、省道和县乡公路，污染源产生量由区域范围内的交通流量来决定。工业空气污染点源主要指工业企业生产和各种农村小作坊产生的废气排放，工业污染源在工业型村庄较为突出。

农产品主产区环境空气污染特征主要有以下几点。

一是工业型污染。工业型污染是城市大气污染的主要特征，也是农产品主产区大气污染的重要特征。随着工业企业向农村转移，工业企业燃料燃烧（如热电厂等）及生产过程中（如化工厂等）排出的废气不断增多，由于对这些污染排放以及废弃物处理不及时，产生的废气造成大气污染，加上近年来的气候变化以及酸雨等严重危害了环境。此外，农村的工业企业废气净化处理率均明显低于全国平均水平，农村环境管理的落后，导致工业型污染日益突出。

二是烟煤型污染。相关资料表明，燃料燃烧污染源在大气污染物的排放量中所占的比重很大，烟尘、二氧化硫、氢氧化物、一氧化碳 4 种污染即占 70%左右，而许多农产品主产区以煤炭为主要能源，燃烧煤炭产生的污染占全部燃料排放量的 95%。

三是秸秆焚烧污染。每年到了收获季节，我国部分粮食主产区就会出现较为严重的秸秆焚烧现象。秸秆焚烧严重影响大气环境质量。在夏秋季节，尤其是在每年 6 月、7 月的收割季节，农民在田地里将大量的废弃秸秆直接焚烧，导致空气中总悬浮颗粒浓度明显升高，焚烧产生的浓烟中含有大量的一氧化碳、二氧化碳和二氧化硫等有毒有害气体，会对人体健康产生不良影响。

12.1.3 农产品主产区生态环境质量评估指标体系研究

农产品主产区多是典型的半人工、半自然的生态系统，是由自然、社会子系统构成的复合生态系统。结合农产品主产区环境需求，参照《食用农产品产地环境质量评价标准》（HJ/T 332—2006）等现行标准体系，制定包括土壤环境、水环境和大气环境等环境要素的指标体系，在此基础上采用定性与定量相结合的综合评估方法对农产品主产区环境质量进行科学评估。

结合农产品主产区的环境需求，基于“压力-状态-响应”（PSR）模型，以目标层、要素层、指标层和因子层为框架，构建了农产品主产区环境质量评估指标体系。

（1）目标层

反映农产品主产区环境质量的综合评估指标。

（2）要素层

包括反映“状态”的土壤环境、水环境和大气环境等环境要素。

（3）指标层

从“压力”的角度出发，针对不同要素特征选取特定的评估指标。

（4）因子层

根据指标层的评价指标筛选出来的能够反映农村各环境要素特征的评价因子。

农村人居环境质量综合评估指标体系具体见表 12-1。

表 12-1 农村人居环境质量综合评估指标体系

目标层	要素层	指标层	因子层
农产品主产区环境质量综合指数	土壤环境质量指数	土壤环境质量达标率	《土壤环境质量 农用地土壤污染风险管控标准（试行）》（GB 15618—2018）中风险筛选值基本项目和其他项目
		土壤环境污染防治	农用化肥施用强度，农药施用强度
	水环境质量指数	灌溉水水质达标率	《农田灌溉水质标准》（GB 5084—2021）中基本控制项目、选择性控制项目
	环境空气质量指数	环境空气质量达标率	二氧化硫、二氧化氮、氟化物、铅、苯并[a]芘、酸雨发生频率

12.1.3.1 土壤环境要素

土壤环境质量评价指标的确定是一项复杂的工作，由于土壤环境质量评价具有不同的目的性和针对性，不同研究者根据不同的研究，人为地选取评价指标，具有较强的主观因素，选取不同的指标导致了土壤环境质量评价的多样化，因为没有标准化，所以对不同区域土壤质量评价无法进行比较。虽然国内许多研究者对土壤质量评价的指标体系进行了综合的概述，但在实际的评价过程中，由于多方面的限制，其评价体系仍不尽完善。因此，建立一个简单、科学而具有代表性的评价指标体系是农产品主产区土壤环境质量评价的关键。

（1）现有相关指标体系和评价规范

目前，可供参考的土壤环境质量评价指标的选取都是基于《土壤环境质量 农用地土壤污染风险管控标准（试行）》（GB 15618—2018）及其他与土壤环境质量相关的标准体系、评价规范等。

1）《全国土壤污染状况评价技术规定》（环发〔2008〕39 号）。为了指导和规范土壤污染状况调查工作，保证全国土壤污染状况调查结论的科学性，环境保护部印发《全国土壤污染状况评价技术规定》（环发〔2008〕39 号），规定了土壤环境质量的调查项目和评价标准。其中，无机类项目有镉、汞、砷、铅等 12 项，有机类项目有有机氯（六六六、滴滴涕）、多环芳烃类、多氯联苯类和石油烃 4 项。

2）《食用农产品产地环境质量评价标准》（HJ/T 332—2006）。本标准对使用农产品产地的土壤环境质量、灌溉水质量和环境空气质量的各个项目及其浓度限值作了规定。其中，对土壤环境中的污染物项目划分为基本控制项目和选择控制项目两类，具体见表 12-2。

表 12-2　土壤环境质量评价指标限值[1]　　单位：mg/kg

项目[2]		pH＜6.5	pH[3] 6.5～7.5	pH＞7.5
土壤环境质量基本控制项目				
总镉 水作、旱作、果树等	≤	0.30	0.30	0.60
蔬菜	≤	0.30	0.30	0.40
总汞 水作、旱作、果树等	≤	0.30	0.50	1.0
蔬菜	≤	0.25	0.30	0.35
总砷 旱作、果树等	≤	40	30	25
水作、蔬菜	≤	30	25	20
总铅 水作、旱作、果树等	≤	80	80	80
蔬菜	≤	50	50	50
总铬 旱作、蔬菜、果树等	≤	150	200	250
水作	≤	250	300	350
总铜 水作、旱作、蔬菜、柑橘等	≤	50	100	100
果树	≤	150	200	200
六六六[4]	≤		0.10	
滴滴涕[4]	≤		0.10	
土壤环境质量选择控制项目				
总锌	≤	200	250	300
总镍	≤	40	50	60
稀土总量（氧化稀土）	≤	背景值[5]+10	背景值[5]+15	背景值[5]+20
全盐量	≤		1 000　2 000[6]	

注：①对实行水旱轮作、菜粮套种或果粮套种等种植方式的农地，执行其中较低标准值的一项作物的标准值。

②重金属（铬主要是三价）和砷均按元素量计，适用于阳离子交换量＞5 cmol（+）/kg 的土壤；若≤5 cmol（+）/kg，其标准值为表内数值的半数。

③若当地某些类型土壤 pH 变异为 6.0～7.5，鉴于土壤对重金属的吸附率，在 pH 6.0 时接近 pH 6.5，pH 6.5～7.5 组可考虑在该地扩展为 pH 6.0～7.5。

④六六六为 4 种异构体总量，滴滴涕为 4 种衍生物总量。

⑤背景值：采用当地土壤母质相同、土壤类型和性质相似的土壤背景值。

⑥适用于半漠境及漠境区。

3）国家级生态乡镇建设指标（试行）。国家级生态乡镇示范建设是加快推进农村环境保护工作的重要载体，是国家生态示范区建设的重要组成，是实现环境保护优化农村经济增长的有效途径，也是现阶段建设农村生态文明的重大举措。为规范国家级生态乡镇申报和管理工作，国家制定了《国家级生态乡镇申报及管理规定》，该规定中明确了申报条件必须达到《国家级生态乡镇建设指标（试行）》的各项要求。指标包括 5 项基本条件及 15 项具体建设指标。其中，环境质量类中未考察土壤环境质量，涉及农村土壤环境方面的指标主要有环境污染防治类中农用化肥施用强度和农药施用强度 2 项（表 12-3）。

表 12-3　国家级生态乡镇建设指标（试行）

类别	序号	指标名称	指标要求
环境污染防治	10	农用化肥施用强度［折纯，kg/（$hm^2 \cdot a$）］	＜250
		农药施用强度［折纯，kg/（$hm^2 \cdot a$）］	＜3.0

（2）土壤环境质量指数评估指标体系构建

我国迄今尚无评估农产品主产区土壤环境质量统一的指标体系，以往的相关研究多是基于《土壤环境质量标准》（GB 15618—1995）*中规定的 8 项无机污染物和 2 项有机污染物组成，本项目在对土壤环境质量进行评估时，基于全国土壤污染状况调查技术规定，从农产品质量安全、农作物生长或土壤生态环境的风险出发，选择了《土壤环境质量　农用地土壤污染风险管控标准（试行）》（GB 15618—2018）中规定的 8 项基本项目和 3 项其他项目的风险筛选指标的达标率作为评估指标。

12.1.3.2　水环境要素

（1）农产品主产区水环境污染特征

我国农产品主产区水污染是由分散的污染源造成，污染物的涉及范围、面积较为广泛，主要有以下几点：

1）农产品主产区水污染来源的复合性。我国农产品主产区水污染的污染物既有来自城市污染物的转移，也有来自农村农业面源污染、乡镇企业污染、畜禽养殖污染和农村生活产生的水污染。

---

* 本标准已废止。

2）农产品主产区水污染具有分散性和隐蔽性。农产品主产区水污染与城市水污染的相对集中性相比，其所具有的显著特征就在于分散性。城市水污染基本上都是点源污染，便于监测与治理，但对于农产品主产区水污染来说，由于农村地貌、水文特征、气候、风俗习惯及土地利用状况等不同，再加上我国对农产品主产区水环境监管投入的不足，由此而造成农产品主产区的水污染如果不用专业设备和技术进行监测、评估，仅凭人的肉眼是很难发现的，因而与之相伴的是农村水污染的隐蔽性。

3）农产品主产区水污染的广泛性与难以监测性。广泛性主要表现在农产品主产区水污染涉及多个分散的污染源与污染主体，同时这些污染源因自然或人为因素还会产生交叉混合，发生迁移，扩大污染范围。

（2）水环境质量指数评估指标体系构建

基于农产品主产区水环境污染特征，本次评价采用灌溉水质达标率作为指标层，因子层选择《农田灌溉水质标准》（GB 5084—2021）中的基本控制项目、选择性控制项目，包括五日生化需氧量、化学需氧量、悬浮物、阴离子表面活性剂、水温、pH、全盐量、氯化物、硫化物、总汞、镉、总砷、铬（六价）、铅、粪大肠菌群数、蛔虫卵数、铜、锌、氟化物、氰化物、石油类、挥发酚、苯、三氯乙醛、丙烯醛、硼。

12.1.3.3 环境空气要素

（1）现有国家环境空气评估指标体系概述

现有的环境空气评估指标体系主要有《环境空气质量指数（AQI）技术规定（试行）》《环境空气质量评价技术规范（试行）》《“十二五”城市环境综合整治定量考核指标实施细则》《农区环境空气环境质量监测技术规范》等。

1）《环境空气质量指数（AQI）技术规定（试行）》是对一个城市或地区在一定时空范围内的空气质量作评价，主要是以《环境空气质量标准》（GB 3095—2012）为基准，采用空气污染指数法、综合污染指数法、超标率等技术方法得出空气中主要污染物、污染程度和污染级别等方面的统计。由此而产生空气污染指数（air pollution index，API），API 就是将常规监测的几种空气污染物浓度简化成单一的概念性指数值形式，并分级表征空气污染程度和空气质量状况，适于表示城市的短期空气质量状况和变化趋势。造成空气污染的污染物有烟尘、悬浮颗粒物（TSP）、可吸入颗粒物（PM_{10}）、二氧化硫（SO_2）和二氧化氮（NO_2）、一氧化碳（CO）、臭氧（O_3）、TVOC 等。

2）《环境空气质量评价技术规范（试行）》规定了环境空气质量评价的范围、评价时段、评价项目、评价方法及数据统计方法等内容。适用于全国范围内的环境空气质量评价与管理。

根据评价范围的不同，环境空气质量评价分为点位环境空气质量评价、城市环境空气质量评价和区域环境空气质量评价。

环境空气质量评价的评价项目依据《环境空气质量标准》（GB 3095—2012）确定。分为基本评价项目和其他评价项目。基本评价项目包括细颗粒物（$PM_{2.5}$）、可吸入颗粒物（PM_{10}）、二氧化硫（SO_2）、二氧化氮（NO_2）、臭氧（O_3）、一氧化碳（CO）6 项；其他评价项目包括总悬浮颗粒物（TSP）、氮氧化物（NO_x）、铅（Pb）和苯并[*a*]芘（BaP）4 项。这些项目应按照国务院环境保护行政主管部门或者省级人民政府确定的具体实施方式开展评价。

3）《"十二五"城市环境综合整治定量考核指标实施细则》。《"十二五"城市环境综合整治定量考核指标实施细则》（以下简称城考）中的环境空气质量指标总计 15 分，包括全年优良天数比例、可吸入颗粒物（PM_{10}）、二氧化硫（SO_2）和二氧化氮（NO_2）年均值浓度。考核内容由指标定量考核和工作定性考核组成。

全年优良天数比例是指 API 指数≤100 的天数占全年天数的比例，未全部采用空气自动监测系统监测空气质量的城市，"全年优良天数比例"指标不得分。污染物浓度年均值为污染物日平均浓度之和除以全年天数。

4）《农区环境空气环境质量监测技术规范》（NY/T 397—2000）。《农区环境空气环境质量监测技术规范》规定，选择环境质量监测因子作为评估指标，本规范采用网格布点法监测农村生活区空气环境质量、农作物生长区空气环境质量。

（2）环境空气质量指数评估指标体系构建

农产品主产区环境空气质量评估指标的确定遵循以下 3 个原则：

1）依据相关环境管理的规定，并参考现有标准、技术规范中的指标。

2）选择关乎农民生产生活、身体健康及动植物生长，并能较明确反映农产品主产区环境空气质量本质特征的指标。

3）充分考虑我国现有的监测能力以及农产品主产区环境空气污染特点，选择易操作、易考核的指标。

根据上述原则确定的环境空气质量评估指标为二氧化硫（SO_2）、二氧化氮（NO_2）、可吸入颗粒物（PM_{10}）、铅（Pb）及苯并[*a*]芘（BaP）达标率。

12.1.4 农产品主产区生态环境质量评估技术研究

环境质量综合评价是一个多层次、多指标的复杂体系，因此需要通过定量化方法构建数学模型，清晰地表达出关键性、综合性的信息。国外部分研究则运用统计学与建立模型的方法进行综合评价，如均权法、简单加权平均法、几何加权平均法、主成分分析法、模糊聚类法等。国内除参照《生态环境状况评价技术规范（试行）》（HJ 192—2015）之外，模糊数学、灰色系统、人工神经网络法、物元分析等数学方法逐渐被应用到生态领域，生态环境评价方法趋向多元化发展。这些评价方法各有优、缺点，为了不断提高评价结果的精确性，多种评价方法的组合使用将成为未来生态环境评价方法体系发展的趋势。本研究利用主成分的综合得分分级的不确定性，引入聚类分析法，对主成分综合得分进行分类识别，使评价的结果更客观。

12.1.4.1 评估单元划分

根据《国务院关于编制全国主体功能区规划的意见》，国家层面的四类主体功能区原则上以县级行政区为基本单元，农产品主产区属于限制开发区，基于上述考虑，本研究确定以县域为评估单元。

12.1.4.2 评估标准选择

（1）土壤环境质量指数评价标准

1）《土壤环境质量　农用地土壤污染风险管控标准（试行）》（GB 15618—2018）。从农产品质量安全、农作物生长或土壤生态环境的风险出发，规定了 8 项基本项目和 3 项其他项目的风险筛选值。各因子和风险筛选值见表 12-4。

表 12-4 农用地土壤污染风险筛选值

序号	污染物项目		风险筛选值			
			pH≤5.5	5.5<pH≤6.5	6.5<pH≤7.5	pH>7.5
1	镉	水田	0.3	0.4	0.6	0.8
		其他	0.3	0.3	0.3	0.6
2	汞	水田	0.5	0.5	0.6	1.0
		其他	1.3	1.8	2.4	3.4
3	砷	水田	30	30	25	20
		其他	40	40	30	25
4	铅	水田	80	100	140	240
		其他	70	90	120	170
5	铬	水田	250	250	300	350
		其他	150	150	200	250
6	铜	果园	150	150	200	200
		其他	50	50	100	100
7	镍		60	70	100	190
8	锌		200	200	250	300
9	六六六总量		0.10			
10	滴滴涕总量		0.10			
11	苯并[*a*]芘		0.55			

2）农药施用强度。参考《国家级生态乡镇建设指标（试行）》相应标准，标准值为 3.0［折纯，kg/（hm^2·a）］。

3）化肥施用强度。参考《国家级生态乡镇建设指标（试行）》相应标准，标准值为 250［折纯，kg/（hm^2·a）］。

（2）《农田灌溉水质标准》

本标准将控制项目分为基本控制项目和选择性控制项目。基本控制项目适用于全国以地表水、地下水和处理后的养殖业废水及以农产品为原料加工的工业废水为水源的农田灌溉用水；选择性控制项目由县级以上人民政府的环境保护主管部门和农业行政主管部门，根据本地区农业水水源水质的特点和环境以及对农产品管理的需要进行选择控制，所选择的控制项目作为基本控制项目的补充指标。

本标准控制项目共计 27 项，其中农田灌溉用水水质基本控制项目 16 项，选择性控制项目 11 项，具体指标值见表 12-5。

表 12-5 农田灌溉用水水质标准

序号	项目类别		作物种类		
			水作	旱作	蔬菜
1	五日生化需氧量/（mg/L）	≤	100	100	40[a]，15[b]
2	化学需氧量/（mg/L）	≤	150	200	100[a]，60[b]
3	悬浮物/（mg/L）	≤	80	100	60[a]，15[b]
4	阴离子表面活性剂/（mg/L）	≤	5	8	5
5	水温/℃	≤	25		
6	pH		5.5～8.5		
7	全盐量/（mg/L）	≤	1 000[c]（非盐碱土地区），2 000[c]（盐碱土地区）		
8	氯化物/（mg/L）	≤	350		
9	硫化物/（mg/L）	≤	1		
10	总汞/（mg/L）	≤	0.001		
11	镉/（mg/L）	≤	0.01		
12	总砷/（mg/L）	≤	0.05	0.1	0.05
13	铬（六价）/（mg/L）	≤	0.1		
14	铅/（mg/L）	≤	0.2		
15	粪大肠菌群数/（个/100 mL）	≤	4 000	4 000	2 000[a]，1 000[b]
16	蛔虫卵数/（个/L）	≤	1		2[a]，1[b]

a 加工、烹调及去皮蔬菜。

b 生食类蔬菜、瓜类和草本水果。

c 具有一定的水利灌排设施，能保证一定的排水和地下水径流条件的地区，或有一定淡水资源能满足冲洗土体中盐分的地区，农田灌溉用水水质全盐量指标可以适当放宽。

序号	项目类别	作物种类		
		水作	旱作	蔬菜
1	铜/（mg/L）≤	0.5	1	
2	锌/（mg/L）≤	2		
3	硒/（mg/L）≤	0.02		
4	氟化物/（mg/L）≤	2（一般地区），3（高氟区）		
5	氰化物/（mg/L）≤	0.5		
6	石油类/（mg/L）≤	5	10	1
7	挥发酚/（mg/L）≤	1		
8	苯/（mg/L）≤	2.5		
9	三氯乙醛/（mg/L）≤	1	0.5	0.5
10	丙烯醛/（mg/L）≤	0.5		
11	硼/（mg/L）≤	1[a]（对硼敏感的作物），2[b]（对硼耐受性较强的作物），3[c]（对硼耐受性强的作物）		

a 对硼敏感的作物，如黄瓜、豆类、马铃薯、笋瓜、韭菜、洋葱、柑橘等。

b 对硼耐受性较强的作物，如小麦、玉米、青椒、小白菜、葱等。

c 对硼耐受性强的作物，如水稻、萝卜、油菜、甘蓝等。

（3）《环境空气质量标准》

该标准规定了环境空气污染物的浓度限值，具体指标值如表 12-6 所示。

表 12-6 环境空气污染物浓度限值

序号	项目	平均时间	浓度限值		单位
			一级	二级	
1	二氧化硫（SO_2）	24 小时平均	50	150	μg/m³
2	二氧化氮（NO_2）		80	80	
3	一氧化碳（CO）		4	4	mg/m³
4	臭氧（O_3）	日最大 8 小时平均	100	160	μg/m³

序号	项目	平均时间	浓度限值		单位
			一级	二级	
5	颗粒物（粒径小于等于 10 μm）	24 小时平均	50	150	$\mu g/m^3$
6	颗粒物（粒径小于等于 2.5 μm）		35	75	
7	总悬浮颗粒物（TSP）		120	300	
8	氮氧化物（NO_x）		100	100	
9	铅（Pb）	季平均	1	1	
10	苯并[*a*]芘（BaP）	24 小时平均	0.002 5	0.002 5	

12.1.4.3　评估方法研究

（1）单要素评估技术方法

对照相应的评价标准，采用单因子标准指数法进行评价，计算公式如下：

$$A = D \times \frac{n}{N} \tag{12-1}$$

式中，A——某项环境要素质量指数；

D——某项环境要素质量指数赋值（100）；

n——某项环境要素指标监测因子达标个数；

N——评估单元内某项环境要素指标所有监测因子样品总数。

（2）农产品主产区生态环境质量指数

农产品主产区生态环境质量综合评估方法较多，主要有综合指数法、TOPSIS 法、秩和比法、人工神经网络法、模糊综合评价法等。其中综合指数法将评估对象的多个性质不同、计量单位各异的指标值利用不同权重综合成一个无计量单位，进而用以反映评估对象的相对优劣程度。该方法具有使用简便、评价结果直观、精确度较高等优点，在环境质量综合评估中应用较广。

本项目采用多因素综合评估法，利用环境质量指数（REQI）法对农产品主产区生态环境质量状况进行表征和综合评估。根据农产品主产区环境质量需求的重要性，结合文献研究和专家咨询结果，对土壤环境质量指数、水环境质量指数和环境空气质量指数分别给出了 0.45、0.35 和 0.2 的权重。

农产品主产区生态环境质量指数（REQI）=0.45×土壤环境质量指数+0.35×水环境质量指数+0.2×环境空气质量指数。

（3）评估结果分级方法

根据农村环境质量指数，将农村环境质量分为5级，即优、良、中、较差和差，见表12-7。

表12-7 农村人居环境质量综合评估指数

级别	优	良	中	较差	差
指数	REQI≥90	75≤REQI＜90	60≤REQI＜75	40≤REQI＜60	REQI＜40

12.2 农产品主产区产业准入负面清单研究

不论是农业生产条件好、潜力大的优先发展区，还是资源承载力有限、生态脆弱的保护发展区对农产品主产区的生态保护与建设都具有重要的地位。罗媛媛等（2018）指出农产品主产区的生态环境保护不仅关系到一类主体功能区的生态安全，更关系到国家粮食安全和农业可持续发展。农产品主产区产业准入负面清单研究内容主要从产业筛选范围、产业类型划分、管控要求制定、动态调整修订等几个方面开展。

12.2.1 产业筛选规范

农产品主产区产业准入负面清单就是从顶层设计的上位层面，通过产业整合、空间整合、资源整合、交通整合，找到规模优势、形成规模经济、提高规模效率。加快建设农产品主产区产业准入负面清单，可以从根本上禁止那些不利于生态系统恢复与改善的行业进入农产品主产区，从源头增加生态产品供给数量，提高生态产品供给质量，满足农产品主产区的生态需求。

12.2.1.1 基本原则

纳入负面清单的产业应从“因地制宜”“突出重点”“兼顾现状与发展”等方面进行筛选。

1）“因地制宜”，产业筛选应充分考虑农产品主产区的发展方向和地方产业特点。一方面，列入负面清单的产业要基于各县自身产业发展的特点，以及区域的资源环境禀赋；另一方面，要强化生态保育型农业建设，围绕农产品主产区生态系统改善，从根本上禁止不利于生态系统恢复与改善的产业进入农产品主产区，从源头提高生态产品的供给数量和供给质量，满足农产品主产区的生态需求。

2）“突出重点”，产业筛选应保证负面清单的针对性和可操作性。依据《国民经济行业分类》（GB/T 4754—2017），规范列入负面清单的产业。该文件规定了全社会经济活动的分类与代码，涵盖了第一、第二、第三产业的所有产业类型，包括 20 个门类 97 个大类。对于地方产业发展情况梳理出来的众多产业，是否可纳入负面清单也是编制导则研究需要明确的内容，以简化编制单位的工作量，且有利于提高负面清单的针对性和可操作性。

3）“兼顾现状与发展”，产业筛选既要考虑产业现状，也要考虑未来产业的发展方向。2010 年《全国主体功能区规划》发布后，鲜有针对农产品主产区的发展方向和开发管制原则，开展产业结构调整的产业政策。可以说，负面清单是《全国主体功能区规划》配套产业政策的第一步。因此，对应纳入负面清单的产业需同时考虑与所属农产品主产区的主体功能、发展方向和开发管制原则。

12.2.1.2 工作内容和重点研究

（1）产业筛选的工作内容

为了提出因地制宜的负面清单，充分发挥“县级制定”的优势，产业筛选必须基于地方产业发展现状及规划情况。因此，产业筛选首先应对当地产业的发展情况进行全面梳理；然后根据所在农产品主产区的发展方向和管控要求，结合本地资源禀赋和生态环境承载力，筛选拟纳入清单的产业。

（2）产业筛选的重点

根据农产品主产区的功能定位、规划目标和开发管制原则，把建设及生产过程中可能对生态环境造成影响的产业纳入负面清单。

《国民经济行业分类》（GB/T 4754—2017）规定了全社会经济活动的分类与代码，具体包括 A 类（农、林、牧、渔业）、B 类（采矿业）、C 类（制造业）、D 类（电力、热力、燃气及水生产和供应业）、E 类（建筑业）、F 类（批发和零售业）、G 类（交通运输、仓储和邮政业）、H 类（住宿和餐饮业）、I 类（信息传输、软件和信息技术服务业）、J 类（金融业）、K 类（房地产业）、L 类（租赁和商务服务业）、M 类（科学研究和技术服务业）、N 类（水利、环境和公共设施管理业）、O 类（居民服务、修理和其他服务业）、P 类（教育）、Q 类（卫生和社会工作）、R 类（文化、体育和娱乐业）、S 类（公共管理、社会保障和社会组织）、T 类（国际组织）20 个门类 97 个大类。其中，基础设施服务、金融业、租赁业、教育、卫生等很多产业基本不直接对生态环境产生较大影响，无须在负面清单中对其进行管控。另外，由国家统一布局的核电、航空运输、跨流域调水工程等，不在县级行政单元的管控范围内，以县为行政单元提出的负面清单不适合对此类产业提出管控要求。

因此，产业筛选规范可以在《国民经济行业分类》的基础上，根据不同产业对生态环境的影响程度和负面清单的政策效力，明确负面清单重点管控的产业。

（3）初步成果

综合上述两方面的考虑，经过内部讨论、专家研讨等方式，初步对负面清单筛选提出了以下要求：

1）对本地产业发展情况进行全面梳理，统计汇总主要产业（包括现有产业以及规划发展产业）的类型、数量和规模，系统评估与农产品主产区的匹配度，以及对区域生态环境的影响。

2）根据所在农产品主产区的发展方向和管控要求，结合本地资源禀赋和生态环境承载力，筛选纳入清单的产业。重点将《国民经济行业分类》（GB/T 4754—2017）中的第一产业、第二产业、第三产业在第一层次和第二层次中对生态环境具有的影响作为负面清单的管控重点。

3）由国家规划布局的产业，如核能发电、航空运输业、跨流域调水工程等，可不列入负面清单。

12.2.1.3 筛选规范

（1）产业梳理筛选的基本要求

纳入负面清单的产业，应符合区域资源要素禀赋和经济、社会的实际发展，应涵盖本行政区现有产业和具有资源要素禀赋的规划发展产业。

（2）产业梳理筛选的内容

1）产业梳理筛选的内容包括对当地产业发展现状及发展规划全面梳理（包括

产业类型、规模、布局等）、分析区域现有产业对生态环境的影响特点、评估现有产业与所处农产品主产区的主体功能定位的匹配度。

2）根据所处农产品主产区的发展方向和开发管制要求，结合本行政区资源要素禀赋和生态环境承载力，筛选被纳入负面清单的产业。重点将第一产业中的农业、林业、畜牧业、渔业，第二产业中的采矿业、制造业、建筑业以及电力、热力、燃气与水的生产和供应业，第三产业中的交通运输业、仓储业、房地产业和水利管理业等对生态环境具有影响的产业纳入负面清单。

3）由国家规划布局的产业，如核能发电、航空运输业、跨流域调水工程等，可不列入负面清单。

12.2.2 产业类型划分规范

12.2.2.1 基本原则

负面清单产业类型的划分应遵循以下基本原则：

（1）以相关政策文件为底线

负面清单的编制应以《产业结构调整指导目录》《市场准入负面清单草案（试点版）》《关于加快推进生态文明建设的意见》《生态文明体制改革总体方案》和地方性相关规划、意见和方案中已经明确的限制类和禁止类产业为底线，进一步细化提出需要限制、禁止的产业类型，不得擅自放宽或选择性执行国家产业政策的限制性规定。

（2）从严划分产业类型

农产品主产区产业准入负面清单包括限制类和禁止类，产业类型的划分应在《产业结构调整指导目录》和《市场准入负面清单草案（试点版）》等政策文件的基础上从严分类。其中，禁止类应将《产业结构调整指导目录》中的淘汰类和《市场准入负面清单草案》中的禁止准入类全部纳入，并在此基础上，进一步将部分限制类、允许类和鼓励类产业纳入；限制类则在将《产业结构调整指导目录》中的限制类和《市场准入负面清单草案》中的限制准入类纳入外，也应在此基础上将部分允许类和鼓励类产业纳入。

12.2.2.2　初步划分

（1）限制类产业

限制类产业类型主要包括“指导目录”“清单草案”及各省（区、市）“产业指导目录”中的限制类产业，以及与所处农产品主产区发展方向和开发管制原则不相符的鼓励类、允许类产业。其目的是不仅要求对所涉新建产业在生产规模、设备工艺和清洁生产水平上达到国内（或国际）先进水平，还要求现有产业对存量产能进行改造升级或进入完成生态化改造的工业园区，由此来促进产业优胜劣汰和技术升级，为国家生态安全和环境质量提供保障。

（2）禁止类产业

禁止类产业类型主要包括“指导目录”“清单草案”及各省（区、市）“产业指导目录”中的淘汰类、禁止类产业，以及不具备区域资源禀赋条件，与所处农产品主产区发展方向和开发管制原则不相符的鼓励类、允许类、限制类产业。其目的是解决所涉及产业在发展过程中与农产品主产区定位存在的矛盾，提出禁止新建、限时淘汰的要求，这样的管理制度既可实现对新增产能的禁止准入，还能对存量产能实施淘汰，有利于农产品主产区最终规划目标和开发管制原则的实现。

12.2.2.3　划分规范

通过对产业类型划分的基本原则以及对负面清单编制过程中的实际应用，最终确定在编制导则中对产业类型划分的规范要求为：

（1）限制类产业的确定

《产业结构调整指导目录》中的限制类产业；

《产业结构调整指导目录》中的鼓励类和允许类产业，即使该区域具有资源要素禀赋条件，但与所处农产品主产区主体功能定位和发展方向不相符的产业。

《市场准入负面清单草案》中的限制准入类产业（仅限于执行《市场准入负面清单草案（试点版）》的地区）。

（2）禁止类产业的确定

《产业结构调整指导目录》中的淘汰类和不应在本行政区发展的限制类产业；

《产业结构调整指导目录》中的鼓励类及允许类，但在该区域不具备资源要素禀赋条件，且与所处农产品主产区主体功能定位和发展方向不相符的产业。

《市场准入负面清单草案》中的禁止准入类产业（仅限于执行《市场准入负面清单草案（试点版）》的地区）。

12.2.3 管控要求制定规范

12.2.3.1 基本原则

（1）因地制宜

负面清单产业管控要求应根据农产品主产区的规划目标和开发管制原则有差别化地提出。

（2）遵守底线

负面清单产业管控要求制定规范，应以《产业结构调整指导目录》、行业规范条件和产业准入条件，以及地方相关产业准入要求为底线。负面清单确定的各类管控要求，应立足每个农产品主产区，结合当地实际，将不利于空间整合和生产整合的产业列入负面清单，从空间上提升生产能力，保证粮食安全。

（3）突出特点

负面清单产业管控要求应根据农业、制造业、采矿业等不同行业的环境影响特点，有针对性地提出。

12.2.3.2 主要相关行业的环境影响分析

农产品主产区经济发展要从可持续发展角度出发，把增强农业综合生产能力作为首要任务。2013 年，国家发展改革委出台的《贯彻落实主体功能区战略 推进主体功能区建设若干政策的意见》（发改规划〔2013〕1154 号）中强调，推进农产品主产区集聚发展，鼓励依托优势产业和板块基地，发展农产品深加工，推进农业产业化示范区建设。支持发展具有地域特色的绿色生态产品，培育地理标志品牌，大力提升农产品主产区供给能力。

围绕农产品主产区主体功能及主要相关行业，分析其环境影响特点，见表 12-8。

表 12-8 主要相关行业环境影响特点

序号	行业名称	影响程度决定因素
1	制造业	规模、布局、生产工艺和装备、清洁生产水平等
2	采矿业	布局、规模、采选工艺、开采方式、生态保护与恢复等
3	农业	面源污染、陡坡地垦殖等
4	林业	规模、布局、树种、边坡防护等
5	畜牧业	规模、布局、养殖方式、畜禽粪便无害化处理等
6	渔业	养殖方式、布局、规模等

12.2.3.3 管控要求制定规范建立

（1）基本要求

在《全国主体功能区规划》《产业结构调整指导目录》《市场准入负面清单草案》确定的开发管制原则、行业规范条件和产业准入条件等基础上，结合本行政区农产品主产区定位，提出管控要求。

（2）限制类产业管控要求

1）对于现有产业，应提出生产工艺和环保设施等升级改造，清洁生产水平提升，以及工业企业进入现有合规产业园区等管控要求。

2）对于规划发展产业，应提出产业规模、生产工艺、清洁生产水平和工业企业进入现有合规产业园区等管控要求。

3）限制的规模（或产量）应可量化，限制的区位（或范围）、生产工艺应可操作，限制类的清洁生产水平应达到国内先进及以上，入驻的现有合规园区应给出具体名称，不符合要求的现有企业的升级改造应明确具体时限（原则上不超过3年）。

4）现有产业的管控要求，应包括“现有”“新建”两方面的管控措施，“规划发展产业”只涉及“新建”方面。

（3）禁止类产业管控要求

1）对现有产业，应禁止新建、改（扩）建；对属于《产业结构调整指导目录》淘汰类或《市场准入负面清单草案》禁止准入类的现有工业企业，应立即关闭，其他类的，应限期关停（原则上不超过3年）。

2）对规划发展产业，应禁止新建。

（4）管控要求的规范性表述方式

1）限制类管控要求。涉及产业布局的，应表述为：新建项目仅限于布局在……现有项目（主要指制造业）应在某年某月某日（原则上不超过 3 年）之前，进入现有完成生态化改造的合规产业园区。

涉及产业规模的，应表述为：新建项目（或单条生产线/装置）规模不得低于（或高于）……现有规模低于（或高于）……的工业企业，应进行技术改造升级（或关停并转）。

涉及生产工艺（或装备）水平的，应表述为：新建项目不得采用……工艺（或装备），现有采用……工艺（或装备）的工业企业，应在某年某月某日（原则上不超过 3 年，下同）之前完成升级改造（或关停并转）。

涉及清洁生产水平的，应表述为：新建项目清洁生产水平不得低于清洁生产国内（或国际）先进水平，现有未达到清洁生产国内先进水平的工业企业，应在某年某月某日之前完成升级改造。

2）禁止类管控要求。现有产业，应表述为：禁止新建、改（扩）建，现有工业企业应在某年某月某日之前关停。

规划发展产业，应表述为：禁止新建。

12.2.4 负面清单动态调整修订研究

12.2.4.1 动态调整修订的必要性

《国务院关于实行市场准入负面清单制度的意见》（国发〔2015〕55 号）中提出："市场准入负面清单制度实施后，要按照简政放权、放管结合、优化服务的原则，根据改革总体进展、经济结构调整、法律法规修订等情况，适时调整市场准入负面清单。经国务院授权，发展改革委、商务部要牵头建立跨部门的议事协调机制，负责市场准入负面清单制度实施的日常工作，并组织开展第三方评估。"

负面清单依据国家及地方的相关法律、政策、标准及规划等制定，纳入负面清单的产业，还需符合区域资源要素禀赋和经济、社会发展实际。清单制定的各项内容具有刚性约束，在一定时期内属于静态。但在国家以推动经济结构调整，以供给侧改革为着力点的大背景下，随着改革步伐加快，区域的产业结构和经济结构都会发生动态的变化，将不可避免地出现动态产业经济发展要求同负面清单之间的矛盾。同时，随着国家及地方法律、法规的不断完善健全，负面清单编制的依据也将发生变化。以法律法规为基础、与产业结构特征相适应的负面清单内容，在未来也需开展必要的动态调整。

12.2.4.2　动态调整修订的条件

为保证负面清单的可操作性，需从负面清单的作用功能、实施对象以及编制依据等多重角度，研究负面清单的不适用情况，提出动态调整修订的基本条件。

农产品主产区考虑的核心是通过对农产品主产区的产业管理，改善区域生态环境质量，增强农产品生产能力。如何发挥负面清单通过产业管控的手段改善农产品主产区的生态环境质量、提高农产品供给能力，需要开展清单实施后的跟踪和评估。当发现负面清单的实施并未发挥作用时，需要重新对负面清单内容进行修编和调整。

另外，负面清单的保护对象为国家农产品主产区，当国家农产品主产区的范围发生变化时，负面清单的修订内容也需要进行动态的调整。

因此，建议当出现以下情形时，各县（市、区）应对负面清单进行动态修编：

1）负面清单实施后，区域生态环境质量改善效果不明显，不能满足农产品主产区的生态需求，或与预期目标相差较大时。

2）国家农产品主产区范围发生变化时。

3）《国民经济行业分类》“指导目录”“清单草案”等各行业准入条件、环境标准、主体功能区环境政策等国家和地方相关法律法规、环境政策、产业政策修编时。

12.2.4.3　动态调整修订的内容

负面清单的修编应根据农产品主产区的生态环境状况和资源禀赋变化情况、产业发展现状和趋势、国家和地方法律法规、环境政策、产业政策的修编情况，对负面清单的产业范围、产业名称及代码、产业类型划分、限制类和禁止类管控要求等进行调整。

调整修订后的负面清单，需由国家发展改革委和生态环境部联合组织开展负面清单技术审核，并将相关意见反馈给各省（区、市）。对通过技术审核的负面清单进行备案和发布。

第13章 主体功能区生态环境保护奖惩机制及政策制定

13.1 优化开发区生态环境保护奖惩机制及政策

13.1.1 绿色信贷政策

13.1.1.1 绿色信贷全国实施概况

绿色信贷是银行业金融机构为了提高自身环保意识和环保能力，积极承担社会责任和提高业界声誉，借助信贷政策工具，通过改变信贷资金的流量流向，以践行绿色低碳、可持续经济理念的一系列制度安排。金敏杰等（2019）强调绿色信贷是绿色金融框架下的重要金融工具，能够调节社会资金流量流向，从而优化资源配置，促进绿色发展。

中小企业是我国市场经济的主体，贡献了50%以上的税收和60%以上的GDP。但是，中小企业的融资困境问题一直较为突出，这在一定程度上制约了中国经济的转型，因此，只有解决了中小企业的生存发展问题，我国经济才能顺利走上转型升级之路。优化开发区内第三产业稳步发展，第二产业发展逐步下降，部分第二产业转至重点开发区。绿色信贷作为一种融资的重要手段，有两个主要目标。其一是帮助和促使企业降低能耗，节约资源，将生态环境要素纳入金融业的核算和决策中，扭转企业污染环境、浪费资源的粗放经营模式，避免陷入先污染后治理、再污染再治理的恶性循环；其二，金融业应密切关注环保产业、生态产业等“无眼前利益”产业的发展，注重人类的长远利益，以未来的良好生态经济效益和环境反哺金融业，促成金融与生态的良性循环。

13.1.1.2　实施效果分析

绿色信贷政策的出台使国家能够采用经济手段增加环境违法企业获取资金的成本，从资金链上控制“两高”企业对环境的污染。这种方式较之“关停并转”和“区域限批”等行政性手段，既可以达到惩罚污染企业的目的，又不会影响市场对资源配置的效率。然而，绿色信贷还处在起步阶段，绿色信贷政策的推进还面临一些体制机制上的障碍，尽管已经取得一些成效，但仍然存在不足。

规模较小的中小型企业往往是高污染、高能耗企业，一方面，因为无力支付昂贵的污染处理设备而选择逃避环境保护责任；另一方面，由于较多的中小企业是从民间融资，或者自己筹资并通过原始积累的方式逐步扩大规模，几乎不从金融机构贷款。较大规模的企业，则具有能够使污染排放量达到最小的污染处理系统。

受现有产业结构的影响，深圳市金融资源集中在大型企业手中，绿色信贷对大型企业节能减排发挥着明显的作用，但对众多中小企业污染源就难以起到有效的遏制作用。在优化开发区，环境质量的改善不仅要通过经济手段倒逼大型企业使用替代能源、高能效和低排放新能源，还要从中小企业入手，政府和银行联合，提高绿色信贷的额度，鼓励商业银行向符合条件的中小型企业放贷，吸引中小型企业通过绿色信贷克服融资困难，进而推进优化开发区环境质量的提升以及产业结构的改变。李善民（2019）分析表明，金融监管部门的支持和惩处力度、项目投资收益、金融监管部门内部监管压力传导，均是影响绿色信贷供给的重要因素。

13.1.2　排污纳税应缴与减免政策

13.1.2.1　排污费征收标准

2017年，上海、北京和天津3个城市分别对四大主要污染物的排污收费标准进行了比较，其中北京的各项排污收费标准都是最高的。2014年之前，北京市、上海市和天津市的排污收费标准都相对较低，2014年，天津市和北京市各自的排污收费标准上涨了13～15倍，一直到2017年，排污收费标准都处于我国最高水平。上海市的收费标准在2014年上升之后，又调整过两次，直到2017年，上海市的排污收费标准相较于天津还是明显低了许多。据调查，天津市和北京市的排污收费基准虽然较高，但是在此基准上实施了相应的奖惩措施鼓励企业主动节能减排，并淘汰了一部分小型污染的行业。

天津市实行的阶梯式差别化收费标准，如表13-1所示，共有7个梯度，在该收费制度下，有利于激励排污者积极治理污染。2014年天津市施行差别化征收排污费之后，大型排污单位都主动出击，将排污费和改造成本进行对比测算，经过仔细测算，大部分排污者采用提升排污治理水平的方式，降低排放量，从而少缴排污费。以天津市某电厂为例，通过对治污工艺的升级改造，污染物排放量明显降低，虽然治理成本增加了150万元，但每年节省了1 000万元的排污费；2014年排污费调整后，天津市二氧化硫排放量下降40%，氮氧化物排放量下降72%，形成了环境价格“倒逼”机制，对天津减排工作起到了很好的推进作用。

表13-1 天津市差别化收费情况

企业实际排污介于天津市排污标准的百分比							
占比区间	90%～100%	80%～90%	70%～80%	60%～70%	50%～60%	小于50%	超标排放
收费情况	标准收费	90%	80%	60%	50%	40%	2倍排污费

13.1.2.2 实施效果分析

2018年1月1日起，环境保护税正式开始征收，替代之前的排污收费制度。相较之前的排污费，税负的收费标准基本平移。《中华人民共和国环境保护税法》以法律形式确定“污染者付费”的原则，比原来以行政规章支撑的排污费有更高的法律效力。相较于过去的“费”现在税收执法更规范、更有刚性。

《中华人民共和国环境保护税法》借鉴了天津市和北京市之前的收费方式，实施差别化收费，分两个阶段：第一阶段，企业排放的污染物浓度值低于国家和地方规定标准30%的，减税，按照标准的75%征税；第二阶段，污染物浓度值低于国家和地方规定标准50%的，减税，按照标准的50%征税。《中华人民共和国环境保护税法》中，无论是否超标，只要排污就要交税，与之前排污收费相似，而现行《中华人民共和国环境保护法》中，虽然相较之前有了“按日计费”的高强度罚款方式，仍然只是强调当企业超标排污，才进行经济处罚，此规定明显滞后环境保护税法中的排污即交税的现实需求。所以我们建议，环境保护法应与现行环境保护税法保持一致，明确污染物的排放无论是否超标，都应按照排放总量缴税，超标排污均违法，必须受到法律制裁。

13.1.3 绩效考核制度

13.1.3.1 绩效考核评价

20 世纪 80 年代，政府绩效考核在美国、英国、加拿大等国家快速兴起。1993 年美国国会通过的《政府绩效与结果法案》（GPRA）要求衡量或评价政府活动行为的相关产出、服务水平和结果。政府绩效考核评价方法主要包括平衡计分卡等绩效管理工具和 Charlotte、Ontario 等基本技术，世界银行《2001 年世界发展指标》、欧盟通用评估框架等对具体指标进行了设计。同时，西方和新兴国家政府绩效考核关注政府的不同层次、不同部门特点，强调可分层次、分地方或分领域设计指标体系。

21 世纪初以来，我国引入西方政府绩效评价理论方法，并在部分地方进行探索性实践，绩效考核研究与实践快速兴起，相关研究主要集中在国外经验介绍、绩效考核理论研究、组织模式归纳以及指标体系构建等方面。政府绩效是政府行为及其产出与所处情境因素发生共同作用得到的结果，可从多个维度认知，但由于系统本身性质特征以及由此所涉及的利益相关主体不同，不同区域政府所追求的绩效维度也应各有侧重。金树颖等（2009）基于东北主体功能区构建绩效评价体系，设计区域绩效评价体系的评价指标。黄海楠（2010）在陕西构建基于熵权分析和灰色关联分析相结合的地方政府绩效评估模型，并通过实证研究论证了该方法的实用性和可操作性。王玉明等（2010）基于广东省主体功能分区构建政府绩效评价指标体系，根据资源环境、开发密度、发展潜力等因素，将广东省分为优化发展区、重点发展区、生态发展区。金贵（2014）在武汉都市圈开展国土空间综合功能分区研究，构建功能分区指标体系。赵景华等（2012）从主体功能区绩效和政府绩效耦合的角度设计了主体功能区整体绩效管理的评价矩阵。

13.1.3.2 实施效果分析

主体功能区绩效考核是以各类主体功能区域为评价地域单元，通过建立与主体功能定位和发展方向相一致的综合评价体系，对各类主体功能区发展绩效进行差异化综合评价，并以此考核当地政府施政业绩，从而实现对区域发展进行分类管治和调控的目标，促进流域可持续发展和空间格局优化。主体功能区政府绩效考核体系是一个由考核主体与客体、考核方法与指标体系、考核结果应用与反馈等要素构成的有机系统，是从地域功能与可持续发展的角度，基于对不同主体功能区域发展内涵、方向路径、政府职能定位与构成的科学认知，对各个区域的发展方式、发展成就和发展潜力进行综合评价。

考核指标主要包括领域层指标和内涵层指标两个级别。领域层指标 4 个，包括经济增长、经济结构与效益、社会保障与进步、生态环境保护与人民生活。内涵层指标 5 类包括：①经济增长指标下设 GDP、工业发展与城市化水平指标，由于我国城市化与工业化关系十分密切，因此也将其归入；②经济结构与效益指标下设高新技术产业发展、第三产业发展和地均 GDP 指标；③社会保障与进步指标包含基础设施建设、公共服务水平与社会保障体系指标；④生态环境保护指标下设生态保护、环境质量和生态产业发展指标，生态保护主要包括森林、草地、湿地生态系统保护和耕地保护，生态产业主要包括生态农业和生态旅游业等；⑤人民生活指标下设城乡居民人均收入、恩格尔系数和人均教育支出指标。

我国的政绩考核多注重 GDP，这种“一刀切”的考核方式，虽然促进了经济的快速发展，但是随着经济的快速发展，很多环境问题逐渐显现。研究称，2012 年，北京、上海、广州、西安这 4 座城市因为 $PM_{2.5}$ 引发多种疾病造成的死亡人数达到 8 500 多人。2013 年“雾霾”一词开始被大众熟知，全国超过 104 个城市达到重度污染。环境问题是每个国家在工业化过程中都要面临的问题，但是我们应当在力所能及的范围内及时控制人类对环境造成的破坏，绩效考核方法的改变是迈出推动生态环境保护的一大步。

13.2　重点开发区生态环境保护奖惩机制及政策

13.2.1　绿色信贷政策

13.2.1.1　绿色信贷

重点开发区的功能是支撑全国经济增长的重要增长极，落实区域发展总体战略、促进区域协调发展的重要支撑点，重点开发区的环境承载力相对优化开发区较大，兼具承接优化开发区的产业转移的功能。如一些高污染的第二产业会从优化开发区向重点开发区转移，促进部分重点开发区的经济跨越发展。但是，有些地区为了追赶发达地区，承接了大量污染密集型产业，造成当地环境承载力下降，环境污染严重。而绿色信贷通过影响资金供应、技术进步、商品供应、投资需求的方式影响了产业结构优化。

13.2.1.2　实施效果分析

重点开发区的产业结构大多以第二产业为主，而第二产业中以制造业、建筑业等污染较高的行业为主。绿色信贷可以从在源头上切断高耗能、高污染行业无序发展和盲目扩张的主要经济来源，遏制其投资冲动，从而解决环境问题。又可以通过信贷手段间接地调控和干预企业的生产方式、资源开发和利用方式等，进而促进企业产业结构的调整，最终实现银行与企业的“双赢”。

一般来说，企业贷款投资在前，污染环境在后，若充分运用信贷手段调控，搞好信贷前的环境可行性评估，对那些有可能造成污染的企业或项目不给予贷款，使其难以投产，也就避免了环境污染。政府通过制定绿色信贷政策，一方面要求商业银行停止向高耗能、高污染项目和严重环境违法企业提供贷款，切断其资金供应链条，这样就会促使企业在防污、治污上由被动变为主动，环保意识不断提高，社会责任感日益增强；另一方面鼓励商业银行加大对循环经济、环境保护和节能减排技术改造项目的信贷支持力度，优先为符合条件的节能减排项目、循环经济项目提供融资服务，这将为企业的发展模式提供有力的政策引导。

综上可知，区别于优化开发区，重点开发的绿色信贷更偏向于“倒逼”现有企业实现能源替代、优化工艺过程、实现高质量生产的一种金融手段。通过控制绿色信贷的发放方向，从而促使产业结构更加注重高质量发展和节能环保生产。

13.2.2 绩效考核制度

13.2.2.1 绩效考核

重点开发区资源环境承载能力较强、人口与经济集聚条件及开发基础较好、发展潜力较大。该区域应基于全球化、信息化和绿色发展等时代要求，提高发展起点和开发门槛，提升发展水平和综合效益，加快新型工业化和城镇化发展。同时，要综合评价社会发展、民生改善和生态环境保护。

13.2.2.2 实施效果分析

我国以经济增长为主的晋升激励指标对地方政府颇有影响：①湖南市岳阳县引用水源污染事件中造成污染的企业——浩源化工、桃矿化工长期超标排放高浓度含砷废水，湖南省临湘市委、市政府曾发文对其“挂牌重点保护”。②湖南祁州儿童血铅超标事件中，作为贫困县，嘉禾县急于发展经济，仅 2009 年就有 309 家企业未经环评就直接生产。③安徽怀宁血铅超标事件中，在怀宁县环保局官网上公布的材料显示，污染企业是当地环保局促成的招商引资项目，3 000 万元的总指标中，其中 1 000 万元还是当地环保局招商引资任务指标。

大量案例表明，部分地方政府仍无法从宏观的视角看待经济增长和生态环境保护之间的关系。相反，在政治激励和财政激励的双重动力下，地方政府为了招商引资，往往采取降低环保门槛、帮助企业弄虚作假通过环评、审批把关不严、挂牌重点保护等措施来推动当地经济的发展。因此，我们应当思考，频频出现这些环境污染问题，仅仅是官员的责任吗，政府的相关引导政策是否对于这样的后果也有一定的责任？那么除改变绩效考核体系外，我们是否也应该对一些经济指标达到要求，并且对环境保护做的好的官员给予一定的奖励，以此鼓励其他地区的官员效仿。

13.2.3 舆论监督奖励政策

13.2.3.1 举报环境违法

2017—2018 年各省（区、市）电话举报呈下降趋势。2018 年，全国电话举报量同比降低 10.8%，20 个省（区、市）电话举报量相比 2017 年减少，陕西、浙江、贵州降幅超过 50%。2018 年，全国微信平台举报量同比增长 93.2%，海南、上海、吉林等 14 个省（区、市）增幅超过 1 倍。从举报量来看，广东高居全国首位，举报量占全国的 20%。

由上分析我们可以看出，微信平台作为一种新兴便捷网络举报方式，通过该平台举报环境违法行为的民众人数是呈上升趋势的。电话举报仍然是主要的举报方式，但下降率较大，总体呈下降趋势。由此我们建议将环境监测数据造假纳入环境举报体系。处于现在信息化的时代，我们应当尽可能地将网络带来的便携应用到环境保护中。各省（区、市）应当积极推广通过微信、微博等相对快捷的举报方式，吸引民众共同监督破坏环境的行为。

13.2.3.2　实施效果分析

图 13-1 比较分析了江苏省和广东省环境有奖举报奖励金的设置。如图 13-1 所示，江苏奖励金占行政处罚金的 2%～5%，上限额度为 5 000～20 000 元；广东省的占比为 5%～15%，奖金上限额度 20 000～200 000 元。广东省的奖励金明显高于江苏省，两省的奖励金设置方式与其他省（市）的设置办法明显的区别在于都是以行政处罚金的比例给予奖励，而不是设置定额。这也是吸引民众共同参与监督的一种方法。

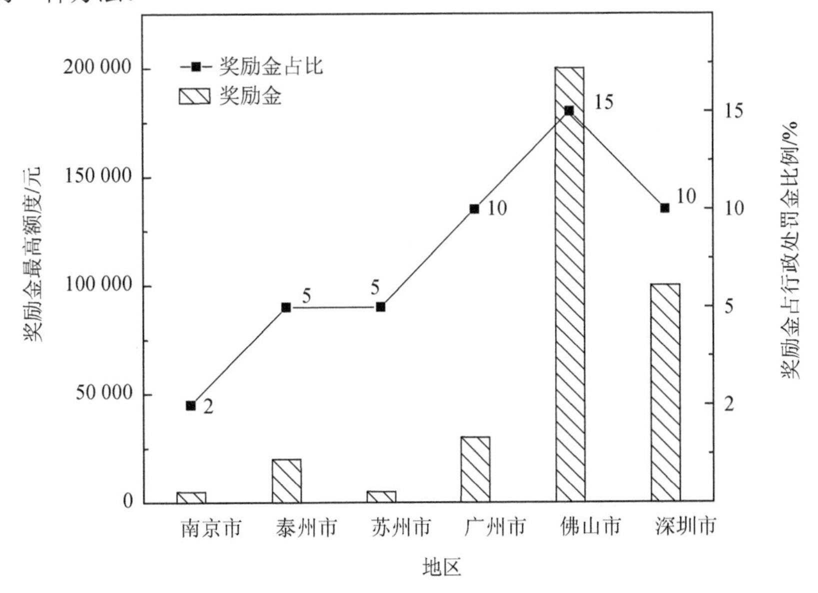

图 13-1　广东和江苏部分地市举报奖励情况

13.3 限制开发区生态环境保护奖惩机制及政策

13.3.1 重点生态功能区产业准入负面清单

13.3.1.1 负面清单

国家重点生态功能区是指生态敏感性较强，生态系统十分重要，关系到区域生态安全，需要在国土空间开发中限制进行大规模、高强度、工业化、城市化的开发，以保持并提高生态产品供给能力的区域。国家重点生态功能区产业准入负面清单是根据国家总体要求结合各地区不同资源环境禀赋，采用负面清单管理模式对区域产业进行规划管理。产业准入的负面清单制度以产业为着眼点，以环境保护为首要目标。熊玮等（2018）通过分析江西省国家重点生态功能区的负面清单明确要从各地区的生态保护出发，全面统筹经济、社会和生态发展目标，共同推进国家重点生态功能区的经济发展和生态文明建设。时卫平等（2019）利用国家重点生态功能区 676 个县级单元的第一产业比率、负面清单涉及农业的总频次及主导产业频次等指标，研究国家重点生态功能区环境保护与经济发展的关系。推行国家重点生态功能区产业准入负面清单是国家治理体系和治理能力现代化建设的制度创新，是全面推进主体功能区制度落地的重要举措。我们要在保护区域生态的前提下，发展有地域特色的生态产业，把增强功能区内生态产品的生产能力作为首要任务。

13.3.1.2 实施效果分析

江西省的重点生态功能区产业准入负面清单是根据当地的自然环境以及现有的产业特色，参照国家《产业结构调整指导目录（2011 年本）》中的相关规定，各市、县分别制定了符合当地实际情况的产业准入负面清单，对一些主导产业规定了相关的限制要求。如赣州地区的水果种植为主导产业，因而各县（区）针对脐橙种植产业，规定了禁止在 25°以上坡地、江河源头、湖泊周围等相关生态保护区域种植脐橙，并且要求控制农药化肥的使用量及严禁使用高度、高残留农药，以严格保护和控制生态功能区的生态环境。井冈山的主导产业有黏土矿、陶瓷制品制造和旅游景区管理，针对上述产业，负面清单也作了相应的限制规定。

2016 年，青岛市划定了 59 处省级生态保护红线区域，生态保护红线划定后编制了《青岛市生态保护红线产业准入负面清单》，该负面清单规定了现有各类保护地环境准入政策及青岛市现有相关环境准入规定，确定了最终禁止或准入产业类型。江西省和青岛市重点生态功能区相关负面清单的建立，都明确了重点生态功能区环境保护的优先性，但是在近几年我国环境污染形势严峻的状况下，一些省、市急于求成，出现了一味关注生态保护，盲目限制各类产业的进入，结果反而影响了部分地区的经济发展。

从江西省和青岛市的案例我们可以看出，并不是所有产业都要限制，而是要结合自身的环境特点，进行产业规划调整，对于可以通过改进生产工艺降低或甚至不对环境造成影响的产业，可以引导其升级改造和进行集中规划和管理，对完全不符合区域生态要求的产业需要禁止。

13.3.2 重点生态功能区转移支付

13.3.2.1 转移支付现状

自 2008 年设立国家重点生态功能区转移支付制度以来，中央财政不断扩大重点生态功能区转移支付补助范围，提高转移支付资金规模。2012 年起，环境保护部和财政部对享受重点生态功能区转移支付的县域开展了生态环境质量监测评价与考核。根据县域生态环境质量考核评价情况，对生态环境质量变好的县域给予奖励，对生态环境质量变差的县域转移支付资金予以扣减。

与 2015 年相比，2017 年被纳入考核的 723 个国家重点生态功能区转移支付县域中，生态环境“变好”的县域有 57 个，占 7.9%；“基本稳定”的县域有 585 个，占 80.9%；“变差”的县域有 81 个，占 11.2%。其中，生态环境质量“变好”的县域数量低于“变差”的县域数量，而且生态环境质量“变好”的县域比例低于生态环境质量“脆弱”的县域比例。根据县域生态环境质量考核结果，2017 年财政部下达中央对地方重点生态功能区转移支付时，对 10 个县域给予奖励，对 63 个县域予以扣减。

13.3.2.2 存在的主要问题

重点生态功能区转移支付政策设计的导向性依然薄弱。重点生态功能区转移支付具有生态环保和民生改善的双重目标。重点生态功能区转移支付以现状式、应急式补偿为主。

重点生态功能区转移支付资金分配尚未满足生态环境保护需求。当前重点生态功能区转移支付具有以标准财政收支缺口为基础的基本导向，主要通过标准财政收支缺口的动态变化，对国家重点生态功能区进行补助。

生态环境部门对重点生态功能区转移支付的监管力度仍需增强。重点生态功能区转移支付以加强生态环境保护为政策目标、以生态环境质量变化为奖惩依据，在资金分配、资金使用等方面也体现了生态环境保护要求。因此，重点生态功能区转移支付政策设计及实施应与生态环境保护密切相关。从绩效考核来看，尽管生态环境质量变化是重点生态功能区转移支付的奖惩依据，但奖惩手段仍然局限于对重点生态功能区转移支付金额的调整，而对重点生态功能区生态环境保护的引领作用有限。而且重点生态功能区转移支付办法等文件对资金使用和监管的要求仍然以加强生态环境保护、转移支付资金用于保护生态环境等定性规定为主，缺乏以生态环境保护为目标的资金预算与审核机制。总体上，当前生态环境部门对重点生态功能区转移支付的监管仍然局限于政策实施末端，无法从源头上保证转移支付资金分配满足生态环境保护需求、在过程中保证转移支付资金使用符合生态环境保护要求，不利于重点生态功能区转移支付的公平性、合理性和有效性，制约了重点生态功能区转移支付应有的生态环境效益。

13.3.3 农产品主产区基本农田补偿政策

13.3.3.1 基本农田补偿标准与 GDP 关系分析

各市 GDP 和基本农田补偿款关系如图 13-2 所示。从图 13-2 中可以看出，2016 年上海市的基本农田补偿最高，GDP 也最高；佛山市作为我国最早开展耕地保护经济补偿制度研究和实践的地区之一，在 GDP 不占优势的情况下，基本农田补偿额明显高于其他地区。基本农田补偿款的高低与各市的 GDP 高低相关，当前关于限制开发区的耕地保护补偿国家并没有统一标准，并且一些市的补偿款并未随着经济的增长而及时调整。

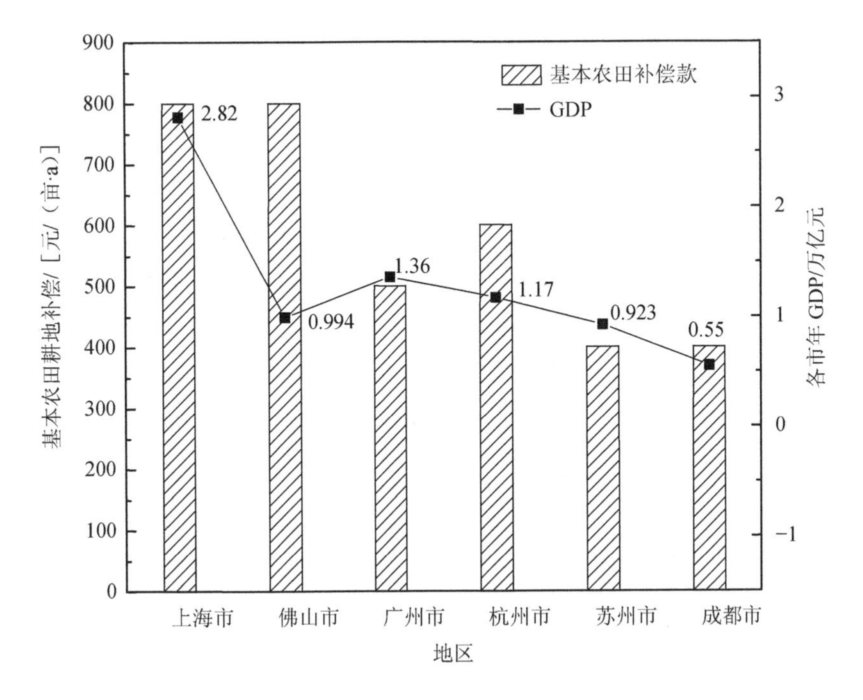

图 13-2 各市 GDP 和基本农田补偿款关系

在没有统一标准的情况下，建议依据现有的耕地补偿标准，以 2016 年上海市和杭州市基本农田补偿额的平均值 700 元，两市 GDP 总额的均值 1.199 万亿元为基准，GDP 高于均值，以 GDP 增加的比例同比增加基本农田的补偿款，并且基本农田补偿标准应随着各省、市经济水平的改变而改变。建议以 3 年为一个周期动态调整补偿标准。

13.3.3.2 基本农田资金补偿的模式分析

从上述各地调查来看，耕地保护的经济补偿有以下模式：①对农民进行货币直补的模式；②对农村集体经济组织进行补偿；③针对耕地质量建设的补偿模式。目前我国仍有许多地区耕地保护工程推进缓慢，后期维护管理跟不上步伐，致使耕地保护的效果大打折扣。以新疆为例，不同地区农户可自主分配的补偿资金为 60%～70%，剩余 30%～40%补贴给村集体用于加强耕地环境质量设施建设；2018 年，上海市基本农田年补偿 800 元/亩，其中 500 元可直补农民，占全部补偿款的 62.5%；2010 年，佛山市基本农田补偿 500 元/亩，其中 80%直补农民。因此，建议按照农田公共基础设施建设程度，以一定的比例，分别将补偿金发放给农村集体组织和农户，直补农户的补偿款应大于60%。补贴耕地范围包括粮食作物、饲草料、林果以及特种经济作物耕地，设施农业占用耕地、常年撂荒地、非法开垦耕地不在补贴范围内。

13.3.3.3 基本农田补偿资金来源分析

目前，成都市、广东省、浙江省的耕地保护补偿资金分别建立为多级政府补偿资金的分担模式。成都市由市政府成立耕地保护基金，资金由市、区两级政府出资。广东省针对各地区经济发展程度的不同，补贴资金的分摊比例也有所差异。浙江省的补偿财政资金来源和成都市相似，而省级政府的资金主要来源于中央财政划拨的补贴资金。新疆依据区、市、县的经济水平和分摊比例不同，耕地保护补偿资金也有所不同，如北疆和东疆地区发展相对较好的地区省财政投入占比60%，下属市、县财政资金投入 40%，南疆地区属于边疆贫困地区，所以市、县政府财政补贴 20%，新疆基本农田补助是 120～150 元/亩，新疆的补偿资金主要依靠中央划拨，补贴资金规模较小。建议限制开发区的基本农田耕地补偿借鉴成都、浙江省的补偿资金补贴方法，从各级政府建设用地的土地有偿使用费和土地出让金划拨部分资金用于耕地质量建设，可以提高补贴财政资金的规模，而不仅仅依赖省级财政资金。

13.3.4 绩效考核制度

13.3.4.1 绩效考核

限制开发区生态约束和农业约束性较高，前者是指生态较为脆弱或生态地位较突出、生态重要性较显著的区域。后者是指农业地位较重要、农业发展适宜性较高。该类区域应实行生态保护和农业发展优先的绩效评价，重点评价生态环境保护、人民生活和社会保障，重视经济发展质量，弱化经济增长考核。

13.3.4.2 实施效果分析

以秦岭违规别墅事件为例，秦岭北麓位于鄠邑区限制开发区内，保护秦岭就是守护我国生态安全屏障。2018 年，秦岭违建别墅事件通过网络曝光及传播，逐渐引起民众和中央的注意，中央再次施压，拆除违规建筑，植树、种草、恢复生态。

13.4 禁止开发区生态环境保护奖惩机制及政策

13.4.1 草原禁牧补偿政策

13.4.1.1 草原禁牧奖补实施

2010 年，国务院决定实施草原补奖政策。2011 年起，内蒙古、新疆、西藏、青海、四川、甘肃、宁夏和云南 8 个主要草原牧区省（区）和新疆生产建设兵团，全面建立了草原生态保护补助奖励机制。自国家出台草原生态保护补助奖励政策后，各地区、各大草场纷纷开始实施、落实草原奖补政策，草原生态保护网已成型，禁牧、休牧、草畜平衡体制趋于完善。

13.4.1.2 实施效果分析

从表 13-2 中可以看出，草原盖度、牧草高度，以及草原产草量都有不同程度的增加，草原退化情况有所改善，缓解了生态恶化的状况。

表 13-2 草原奖补效果

地区	草原平均盖度增加/%	牧草高度增加/cm	产草增加量/（kg/亩）	时间
伊犁河谷草（新疆）	4.7	10	1 101.29	2011—2018
苏尼特左旗（内蒙古）	2	3	29	2011—2017
阜康市（新疆）	2.76	4.98	—	2012—2016
青海省禁牧区	3.1	2.77	225.93	2011—2017

中央财政关于草原禁牧的平均补偿标准由 2011 年的 6 元/亩增加至 2016 年 7.5 元/亩，草畜平衡奖励也由 1.5 元/亩上涨至 2.5 元/亩。内蒙古自治区人民政府使用的测算方法区别于其他地区，以“标准亩”确定内蒙古各草原的补偿标准。当禁牧的补助标准大于禁牧的机会成本时，才可以促使牧民自觉自愿地通过减畜达到政策要求。以内蒙古阿拉善左旗、四子王旗和阿巴尔虎旗 3 个旗为研究对象，运用机会成本法对禁牧补助进行估算，3 个旗禁牧标准的平均值为 8.21 元/亩，而 3 个旗的实际平均值为 5.92 元/亩，以该种方法估算，发现禁牧补助标准偏低，平

均低了约 2.3 元/亩。

虽然在现行奖补政策下，各省（市）的草原退化情况都有所改善，在调整不同地区的禁牧补偿标准时，需要综合考虑草地生产力、每羊单位的畜牧业纯收入和超载程度等因素。建议各地区运用机会成本法测算合适的补偿标准。

目前国家的草原奖补形式在资金方面，通过资金奖补的形式鼓励牧民禁牧。在禁牧区，畜牧业是牧民的主要收入来源，国家的补偿与奖励虽然是牧民收入的重要来源，但是人们的平均生活水平在不断提高，目前，国家的补偿标准调整周期为 5 年，同时，禁牧政策的实施也会使本以发展畜牧业为主要收入来源的牧民生活受到影响。禁牧区产业结构单一，后续支撑产业投入不足，并且帮助牧民向第二、第三产业转移的配套项目比较少，很多牧民对未来没有明确的规划，政策停止实施之后，很多牧民存在后顾之忧。

13.4.2 产业准入负面清单

13.4.2.1 禁止开发区及产业规定

禁止开发区包括风景旅游用地区、生态环境安全控制区、自然与文化遗产保护区。严禁在区域内建设各类房地产、娱乐场所、体育场所等服务业项目，以及任何工业和其他农业项目。该区域的核心区禁止开展包括上述允许类项目在内的一切生产经营活动，严禁布局任何产业项目，严禁建设宾馆、招待所、培训中心、疗养院以及与风景资源无关的任何其他建筑物，已经建成的要按规定迁出。

13.4.2.2 依据不同保护区分类施策

首先，遵循国家级禁止开发区建设体系；其次，国家级自然保护区、世界文化自然遗产、国家级风景名胜区、国家森林公园和国家地质公园区域建设任务各有侧重，应分类施策。

1）国家级自然保护区应按核心区、缓冲区和实验区分类管理。自然保护区内保存完好的天然状态的生态系统以及珍稀、濒危动植物的集中分布地，应当划为核心区，禁止任何单位和个人进入，严禁任何生产建设活动；核心区外围可以划定一定面积的缓冲区，除必要的科学实验活动外，严禁其他任何生产建设活动；缓冲区外围划为实验区，除必要的科学实验、教学实习、参观考察、旅游以及驯化、繁殖珍稀、濒危野生动植物等活动外，严禁其他生产建设活动。禁止在国家级自然保护区内进行狩猎、垦荒、挖土、野外用火、采石、开矿、勘探以及其他影响自然资源、自然景观和污染环境的活动，严格执行最高级别的大气环境、水环境标准。

2）国家森林公园，严禁对森林资源造成破坏，保护植物区系原始森林、植被生境及其野生动物群种。严格乱捕滥猎、乱砍滥伐、乱挖滥采等破坏自然生物资源的违法行为。

3）国家地质公园，保持地质地貌的原生性。地质公园内除必要的保护和附属设施外，禁止其他任何生产建设活动。禁止在其内部和周边地区进行开矿、砍伐以及开展其他对保护对象有损害的活动。未经管理机构批准，不得在地质公园范围内采集标本和化石。

13.4.3　绩效考核制度

13.4.3.1　绩效考核

禁止开发区即严格保护区，该区域承担自然与文化保护功能，绩效考核对象主要是相关管理机构或政府派出机构。该区域应实行保护优先的绩效评价，合理发展生态旅游、生物产业和生态服务业等。该区域应把生态环境保护考核置于绝对主导位置，经济增长考核应忽略和取消。

13.4.3.2　实施效果分析

祁连山是我国西部重要生态安全屏障，是黄河流域重要水源产流地，也是我国生物多样性保护优先区。早在 1988 年就批准设立了甘肃省祁连山国家级自然保护区。

我国现行财政体制以及长期加快发展的政策导向，发挥了各地加快经济社会发展的巨大作用。但在这种导向下，地方政府考核也一向以总量扩张、加速发展、增加财税收入为主。因此，不管何种类型的地区，基本是以工业化、城镇化为核心，以发展工业、发展外向型经济为主。

关于祁连山生态环境的破坏，中央对相关人员作出了重罚。但是我们也该思考为什么会出现这种状况，现存禁止开发区的考核体系是否应该对生态环境的保护有所侧重。应该以祁连山事件为教训，警示官员导致生态环境破坏的严重后果，同时吸取教训，改变考核制度。

第14章 推进主体功能区环境治理体系构建的政策建议

14.1 主体功能区环境治理体系构建存在的问题分析

《若干意见》坚持深化改革和创新、激励与约束并重、分类差异化管理、保护受益相对等的原则，但其提出的落实主体功能定位的环境保护政策和制度主要还是以政府为主体的政策居多，且以规划控制、行为管制、法律责任和直接提供等类型的强制性政策工具居多，而产权、税费、合作、信息等混合型政策工具以及鼓励和支持个人和社会组织的参与和监督的志愿性政策工具较少。据统计，主体功能区环境政策中，强制性政策工具占比为61%。其中行为管制使用率比较高，达到40%；混合型政策工具占比32%，其中补贴所占比例较高，达到11%，而产权类的政策工具占比非常少，为2%；志愿性政策工具占比少，约为8%。《若干意见》要求实行信息公开与社会监督，但并没有具体的针对性措施安排；有明确通过价格、财政、收费、金融等政策措施引导规范企业环境行为，但缺乏进一步精细化、差异化落地。2016年，中国人民银行等7部委联合印发了《关于构建绿色金融体系的指导意见》，只是该意见尚未达到针对各主体功能区进行差异化落实的层次。

《若干意见》印发后，各地也制定有相应的实施方案。河北省保定市、江西省乐平市和云南省曲靖市的实施方案在互联网公开。这3个城市分别属于东、中、西部地区，可以说具有一定的区域代表性。3 个城市的实施方案相比《意见》有一些新的措施安排，如乐平市提出创新绿色金融工具，但是整体上对政策工具创新的关注并不多见。2019 年，乐平市提出的制定排污权交易实施细则的举措也并未落实。造成这种局面的原因有治理观念不发达以及政策环境不成熟等。但是，相关实践已经为主体功能区环境治理指明了方向。肇庆市怀集县是国家级农产品主产区，脱贫攻坚任务较重，发展条件与资源也相对有限。位于广州市的暨南大学在 2020 年 11 月因承办会议向怀集县红光村购买了 10 t 碳汇，通过这一行为对城市化地区和农产品主产区起到了“双赢”的效果，只是这种局面的出现需要一定的政策支撑。

对照《关于构建现代环境治理体系的指导意见》坚持党的领导、多方共治、市场导向、依法治理的要求和实现政府治理和社会调节、企业自治良性互动的目标，当前各主体功能区的环境政策体系尚未就差异化的政府治理、企业自治、社会调节形成统筹安排，各类国土空间的环境治理体系仍需重构和探索。特别是在差异化、制度化、法治化等方面还有很大的进步空间。

2017 年，江苏省人大财政经济委员会在江苏省十二届人大常委会第三十次会议作出的《关于加快我省主体功能区制度建设和立法进程的议案审议结果的报告》指出，江苏省主体功能区建设在部分领域作出了积极探索，取得了一定进展。但主体功能区建设是一项长期艰巨的任务，仍然存在一些亟待解决的问题。一是主体功能区规划的基础性地位未能真正体现；二是推进主体功能区建设的工作合力尚未完全形成；三是配套政策系统性、可操作性不够强；四是主体功能区规划缺乏充分的法律支撑。

对标现代环境治理体系的相关要求，当前不同主体功能定位下的环境政策及相应的治理体系仍存在一些问题。

14.1.1　生态环境保护责任清单未能体现针对性

通过研究可以发现，在有些地方责任清单没有及时制定和更新，也没有结合主体功能区政策体系突出各部门责任。2015 年，中共中央办公厅、国务院办公厅印发《党政领导干部生态环境损害责任追究办法（试行）》。该办法在第三条第二款规定“中央和国家机关有关工作部门、地方各级党委和政府的有关工作部门及其有关机构领导人员按照职责分别承担相应责任”。从生态环境保护督察来看，非环境保护部门对自身的生态文明建设职责认识不清，履职不力。党的十八大后，有多地创新性地制定部门生态环境保护责任清单，但还有一些地方没有制定。同时，刘奇等（2018）还发现存在督查层级低、无法对市级党委进行督察、更无法对省级党委、政府及有关部门开展督察，区域督察中心缺少执法权和督促权，不能问询地方政府负责人，不能查阅地方政府决策部署环保事项的有关文件，无法全面掌握地方政府环境保护履职情况等问题。

河北省是较早接受中央环境保护督察的省份。2017 年，河北省、市两级相继颁布部门生态环境保护清单。2017 年，广东省在贯彻落实中央第四环境保护督察组督察反馈意见中制定了《广东省生态环境保护工作责任清单》。之后，扬州市印发了《扬州市生态环境保护工作责任规定（试行）》。2018 年，新一轮的机构改革全面展开，也涉及生态文明建设职权分布的改变。生态环境部提出加快推动出台《中央和国家机关相关部门生态环境保护责任清单》。2020 年 3 月由中共中央办公厅、国务院办公厅联合印发了《中央和国家机关有关部门生态环境保护责任清单》。广东省生态环境厅牵头迅速组织对 2017 年制定的《广东省生态环境保护工作责任清单》进行修订，是第一个完成修订的省级生态环境保护责任清单的省份。《甘肃省省级有关部门和单位生态环境保护责任清单》《张掖市市级有关部门和单位生态环境保护责任清单》《肃南县县级有关部门单位和乡镇生态环境保护责任清单》也相继印发。当前，尚有很多地方没有制定或更新部门生态环境保护清单。如此一来，生态环境损害责任终身追究就可能会落空，一些追责过程也难以有序展开。

《党政领导干部生态环境损害责任追究办法（试行）》第五条规定，违反主体功能区定位盲目决策造成严重后果的应当追究相关地方党委和政府主要领导成员的责任；第六条规定，指使、授意或者放任分管部门对不符合主体功能区定位的建设项目审批（核准）、建设或者投产（使用）的应当追究相关地方党委和政府有关领导成员的责任。查阅责任清单的具体内容还可以发现，关于主体功能区的规定很少。《保定市生态环境保护责任清单》将认真贯彻落实河北省主体功能区规划，负责产业、能源结构调整和空间布局优化明确为市级发展改革委职责；《扬州市生态环境保护工作责任规定（试行）》将生态文明建设和环境保护纳入经济和社会发展规划，制定和实施主体功能区规划明确为市发展改革委责任。在《肃南县县级有关部门单位和乡镇生态环境保护责任清单》中对县自然资源局明确推进主体功能区战略和制度，组织编制并监督实施国土空间规划和相关专项规划，协调实施主体功能区、河流水电开发等规划，推动形成人口、经济、资源、环境相协调的国土空间开发格局，从源头上预防生态环境恶化的责任。《肇庆市市直机关有关部门生态环境保护责任清单》将落实主体功能区战略和制度，统筹划定生态保护红线、永久基本农田、城镇开发边界等控制线，构建节约资源和保护环境的生产、生活、生态空间布局明确为市自然资源局责任。而《中央和国家机关有关部门生态环境保护责任清单》除了将推进主体功能区战略和制度，组织编制并监督实施国土空间规划明确为自然资源部责任外，还将加大对重点生态功能区、生态保护红线区域等生态功能重要地区的转移支付力度的责任部门明确为财政部。总体来看，目前对主体功能区的认识还停留在战略层面，而没有深入到制度和政策层面，尤其是在生态环境部门的职责表述方面没有主体功能区方面的内容。差异化的主体功能区环境治理体系尚缺乏一个有效依据，因而迫切需要通过恰当的方式将落实主体功能区战略纳入相关部门的工作职责中。

14.1.2 重点生态功能区转移支付存在支撑和保障不足

作为一项由上而下推动的国土空间战略，上级财政对于主体功能区生态环境政策目标的实现具有重要意义。这从数据上也可以反映出。2016—2018 年，全国财政生态环保相关支出规模累计安排 24 510 亿元，年均增长 14.8%，增幅高于同期财政支出增幅 6.4 个百分点，占财政支出的比例由 3.7%提高到 4.2%。其中，中央财政生态环保相关支出累计安排 10 764 亿元。2019 年，财政部向全国人大常委会报告了财政生态环保资金分配和使用情况（表 14-1）。

表 14-1 2016—2018 年中央财政生态环保相关支出安排分布

支出目的	资金名称	金额/亿元
支持打赢蓝天保卫战	大气污染防治资金	474
	工业企业结构调整专项资金	579
	节能减排专项资金	1 024

支出目的	资金名称	金额/亿元
深入实施水污染防治行动计划	水污染防治资金	396
	海岛及海域保护专项资金	67
	城市管网及污水处理补助资金	50
落实土壤污染防治行动计划	土壤污染防治专项资金	195
	农膜治理及旱作农业技术推广资金	30
支持推进农村环境综合治理	农村环境整治专项资金	180
	农业资源及生态保护补助资金安排	48
	农业生产发展资金	40
支持开展重点生态保护修复	重点生态保护修复专项资金	260
	林业转移支付资金	2 636
支持环境监测事权上收	集中排污费专项资金	30
建立健全生态补偿机制	重点生态功能区转移支付	1 918
合计		7 927

从表 14-1 中可以看出，除重点生态功能区转移支付明显体现了主体功能区导向外，其他支出并没有直接贯彻主体功能区理念。2019 年，重点生态保护修复治理专项资金的分配明确着眼于国家重点生态功能区、国家重大战略重点支撑区、生态问题突出区。

对于主体功能区的环境治理财政政策一般关注国家重点生态功能区一般性转移支付。2008 年，中央财政启动国家重点生态功能区财政转移支付，并不断扩大重点生态功能区转移支付补助范围，到 2017 年已覆盖全国 31 个省（区、市）、818 个县（市、区），成为当前我国补偿力度最大、覆盖面最广的生态保护补偿政策，在一定程度上承担和弥补了地方政府在生态保护和环境治理方面失去的发展机遇和增加的支出成本。为规范转移支付分配、使用和管理，发挥财政资金在维护国家生态安全、推进生态文明建设中的重要作用，财政部先后印发了《国家重点生态功能区转移支付（试点）办法》《国家重点生态功能区转移支付办法》《中央对地方重点生态功能区转移支付办法》等文件，并按照加快生态文明建设的战略部署进行了数次修订，明确了重点生态功能区转移支付政策目标、支持范围、资金分配、监督考评、激励约束等要求。同时，环境保护部和财政部自 2012 年起对享受重点生态功能区转移支付的县域开展生态环境质量监测评价与考核。根据县域生态环境质量考核评价情况，财政部在下达中央对地方重点生态功能区转移支付时对生态环境质量变好的县域给予奖励，对生态环境质量变差的县域转移支付资金予以扣减。由此，建立了以生态环境质量为核心、激励与约束并举的重点生态功能区转移支付绩效考核机制，形成了较完整的重点生态功能区转移支付政策体系。

当前，中央对国家重点生态功能区转移支付政策制度存在变动较为频繁，前瞻性仍显不足，缺乏中长期目标、规划等对未来的预期；重点生态功能区转移支付资金按照全国统一的公式分配测算，对国家重点生态功能区自然环境条件、生态退化程度、规划目标、发展方向等因素造成的生态环境保护投入、需求的地域差异和类型差异重视不足等问题，需要中央财政考虑不同区域生态功能因素和支出成本差异，通过提高均衡性转移支付系数等方式，逐步增加对重点生态功能区的转移支付。而地方上没有对重点生态功能区予以一定的转移支付也是导致补偿不充分的原因。县级区域空间的重点生态功能区对省级区域也具有较强的正外部性，省级财政理应给予补偿。

造成对重点生态功能区补偿不充分的另外一个原因是横向生态补偿机制没有全面建立起来。生态环境项目由于具有很强的外部性特征，往往需要跨区域联合建设，特别是一些投资金额巨大、建设周期较长的流域生态治理项目，不仅需要中央政府积极投入，也需要相关辖区政府根据“受益者原则”明确各自权责，承担相应职能。作为生态产品提供者的限制和禁止开发区，若其生态环保行为对优化和重点开发区具有明显的收益外溢性，则应由后者通过横向生态转移支付等形式进行经济补偿。但由于我国地方政府间生态权责划分不清晰，又缺乏有效的协商平台，加上唯发展论的政绩考核机制的影响，导致生态建设观念薄弱，并未建立起系统规范的横向生态转移支付制度。2016 年印发的《国务院办公厅关于健全生态保护补偿机制的意见》提出“推进横向生态保护补偿”，但是除了安排的试点外，自主开展横向生态保护补偿的并不多。2020 年 4 月，财政部、生态环境部、水利部、国家林草局联合制定了《支持引导黄河全流域建立横向生态补偿机制试点实施方案》，意图通过中央财政每年从水污染防治资金中安排一部分资金等方式推动横向生态补偿机制的探索和建设。

14.1.3 目标评价考核的主体功能区导向不明显

以经济发展为中心的多层级的政治锦标赛是改革开放以来我国取得巨大发展成就的机制经验，而干部考核制度至关重要。随着阶段性任务的变化，至上而下的考核内容也会发生一些变化。党的十八大后，2013 年，中共中央组织部印发了《关于改进地方党政领导班子和领导干部政绩考核工作的通知》，强调完善政绩考核评价指标，根据不同地区、不同层级领导班子和领导干部的职责要求，设置各有侧重、各有特色的考核指标，把有质量、有效益、可持续的经济发展和民生改善、社会和谐进步、文化建设、生态文明建设、党的建设等作为考核评价的重要内容；强化约束性指标考核，加大资源消耗、环境保护、消化产能过剩、安全生产等指标的权重；对限制开发的农产品主产区和重点生态功能区，分别实行农业优先和生态保护优先的绩效评价，不考核地区生产总值、工业等指标。对禁止开发的重点生态功能区，全面评价自然文化资源原真性和完整性保护情况。

2019 年，中央以中央党内法规的形式制定并颁布了《党政领导干部考核工作条例》。与 1998 年中共中央组织部印发的《党政领导干部考核工作暂行规定》相比，《党政领导干部考核工作条例》在考核内容方面，尤其是对领导班子的工作实绩考核有较大变化。生态文明建设、生态环境保护所占分量大大增加。《党政领导干部考核工作暂行规定》中，只在对地方县以上党委、政府领导班子的工作实绩的考核中，将环境与生态保护及科教、卫生等一并纳入考核内容。环境与生态保护作为诸多工作的一项被提及，就其重要性来说，符合当时的实际情况。但是放到今天，已经远远无法适应时代要求，所以我们看到，《党政领导干部考核工作条例》将生态文明建设、生态环境保护放到了更重要的位置。在对领导班子工作实绩的考核中，该条例指出，考核地方党委和政府领导班子的工作实绩，应更加关注本地区经济建设、政治建设、文化建设、社会建设、生态文明建设，解决发展不平衡和不充分问题，满足人民日益增长的美好生活需要的情况和实际成效。2020 年，中共中央组织部印发了《关于改进推动高质量发展的政绩考核的通知》。但是应当承认，目前，基于主体功能区的差异化考核在包含生态文明建设的发展综合性考核中不明显。

2014 年颁行的《贵州省生态文明建设促进条例》规定“建立健全经济社会发

展评价体系和考核体系，根据主体功能定位实行差别化评价考核制度，提高资源消耗、环境损害、生态效益、资源产出率等指标权重”。2014 年，贵州省修订了《贵州省市县经济发展综合测评办法》，将全省 88 个县分类由二类调整为三类，增加关岭等 10 个国家扶贫开发重点县为第三类，对列入第三类的县取消 GDP 考核指标，并增加现代农业高效推进、旅游产业发展、生态环境保护的指标和权重。市级、经济强县、非经济强县和 10 个国家扶贫开发工作重点县测评指标权重分别设置。这里并没有按照主体功能区对县级行政区分类考核，也没有明确既有的分类与主体功能区类型的关系。

江西省在年度市县科学发展综合考核评价中，根据《江西省主体功能区规划》，将不同市、县划分为三类：一类为重点开发区，二类为农业主产区、三类为重点生态区。这与按照开发内容的主体功能区分类是完全一致的。2015 年，市县科学发展综合考评体系包括党的建设、社会建设、生态文明建设、经济发展及成效和民生工程 5 个方面。其中，“生态文明建设”在 2014 年“生态环境”的基础上新增了部分考评内容。省考核体系设置总分值为 350 分，比 2014 年增加了 50 分，其中党建工作分值为 60 分、社会建设分值为 77 分、生态文明建设分值为 55 分、经济发展及成效分值为 98 分、民生工程分值为 60 分，后 4 项指标分别比上年增加了 17 分、17 分、4 分、12 分。2017 年，贵溪市年度市县科学发展综合考核评价则包括党的建设、创新创业、社会建设、生态文明建设、经济发展及成效、民生工程 6 个一级指标，总权重为 396 分，党的建设分值为 86 分、创新创业分值为 27 分、生态文明建设分值为 62 分、经济发展及成效分值为 90 分、民生工程分值为 60 分。

生态文明建设主要考核评价美丽中国“江西样板”建设、新农村建设、污水垃圾处理、用水控制、水利建设、“河长制”落实及成效、土地管理及保护、空气质量、河流水质、林地（湿地）保有量、防灾减灾和节能减排等方面内容。《国家生态文明试验区（江西）实施方案》提出实行差别化的考核制度，按照《江西省主体功能区规划》要求，对重点开发区重点考核经济转型升级方面指标，对限制开发区实行农业优先和生态保护优先的绩效评价，取消对限制开发区和生态脆弱性国家扶贫开发工作重点地区生产总值的考核，进一步完善市县科学发展综合考核评价指标体系，增加生态文明建设考核权重，但强化指标约束并没有明显体现。

全省高质量发展考核评价是全省科学发展综合考核评价的“升级版”，涉及经济发展、改革开放创新、生态文明建设、社会建设、民生福祉、党的建设、民意调查7个方面的75项指标，是省委、省政府对全省经济社会高质量发展的综合检验和评判。高质量发展考核评价对象延续了之前的三分法，其中的考核指标设置则尚无从考察。这里，考核指标对各主体功能区本身并没有差异，只是在进行考核结果时是按分类作比较。2018年，江西省对全省高质量发展的表彰也是按照以上3类来分类的。

相较而言，四川省2014年印发的《县域经济发展考核办法（试行）》选取16项指标对全省183个县（区）进行年度考核。新的考核办法将县（区）划分为四大类考核，其中，被划定的58个重点生态功能区县将不再考核地区生产总值及增速、规模以上工业增加值及增速和固定资产投资及增速3个指标。2016年出台的《四川省县域经济发展考核办法》将183个县（市、区）划分为重点开发区和市辖区、农产品主产区、重点生态功能区、扶贫开发区4大类。对前三大类区，分经济发展、民生改善、生态环境、风险防控4个方面，差异化设置指标权重。重点生态功能区县和生态脆弱的贫困县，地区生产总值及增速、规模以上工业增加值增速和全社会固定资产投资及增速3项指标权重设置为0。云南省出台专门的县域经济发展考核办法，对129个县实行分类考核。129个县被划分为三大类，即一类重点开发县（区）40个、二类农产品主产县（区）45个、三类重点生态功能区县44个。区别三类县（市、区）的资源禀赋、发展重点、发展任务，对各项考核指标各有侧重分别赋予权重。对三大类统一设置经济发展、民生改善、生态环境3个方面的35项指标，各类区指标总分均为100分；“评先约束性”指标7个方面的18项指标。青海省在2007年就对三江源地区取消了GDP指标考核。2018年，青海省省委组织部调整地方党政领导班子和领导干部政绩考核办法，在已取消GDP和工业增加值考核指标的基础上，对限制开发区20个县的财政收入、固定资产投资取消考核；新增的8个县（区）位于西宁市和海东市的农产品主产区，取消财政收入、工业增加值、固定资产投资、GDP 4项指标。新增8个农产品主产县（区）取消GDP等4项考核指标。另外，青海省还在2017年印发了《青海省领导班子和领导干部年度目标责任（绩效）考核结果运用细则（试行）》，并在2020年进行了修订。

随着生态文明建设的推进，2016年中共中央办公厅、国务院办公厅印发《生态文明建设目标评价考核办法》，国家发展改革委、国家统计局、环境保护部、中共中央组织部制定了《绿色发展指标体系》和《生态文明建设考核目标体系》，作为生态文明建设评价考核的依据。相较于一些节能减排的专项考核，生态文明建设目标评价考核是一种综合性考核，但是相比上面论及的包括生态文明建设在内的发展综合性考核既有的发展综合评价考核又是一项专门性考核。基于主体功能区的差异化考核机制在生态文明建设目标评价考核还有待理顺。

中共中央办公厅、国务院办公厅印发的《生态文明建设目标评价考核办法》要求实行年度评价、5 年考核；年度评价按照绿色发展指标体系实施，绿色发展指标体系则根据省级区域发展的不同有所差异；年度评价结果应当向社会公布，并纳入生态文明建设目标考核；目标考核在5年规划期结束后的次年开展，并于9 月底前完成；有关部门应当根据国家生态文明建设的总体要求，结合各地区经济社会发展水平、资源环境禀赋等因素，将考核目标科学合理分解落实到各省（区、市）；考核报告经党中央、国务院审定后向社会公布，考核结果作为各省（区、市）党政领导班子和领导干部综合考核评价、干部奖惩任免的重要依据。对考核等级为优秀、生态文明建设工作成效突出的地区，给予通报表扬；对考核等级为不合格的地区，进行通报批评，并约谈其党政主要负责人，提出限期整改要求；对生态环境损害明显、责任事件多发地区的党政主要负责人和相关负责人，按照《党政领导干部生态环境损害责任追究办法（试行）》等规定，进行责任追究。

2017年，江西省颁行了《江西省生态文明建设目标评价考核办法（试行）》，并规定根据《江西省人民政府关于印发〈江西省主体功能区规划〉的通知》（赣府发〔2013〕4 号）和产业发展情况，对100 个县（市、区）分为三类，实施差别化分类考核，其中一类为重点开发区（34 个）、二类为农业主产区（33 个）、三类为重点生态区（33 个）实行年度评价和2年考核。目标考核按照江西省生态文明建设考核目标体系实施，各县（市、区）的评分采用百分制评分和约束性指标完成情况等相结合的方法计算，各设区（市）的评分为辖区内县（市、区）得分的平均值。《江苏省生态文明建设目标评价考核实施办法》则实行年度评价、5 年考核，由省对各设区（市）进行直接考核。云南省《生态文明建设目标评价考核实施办法》要求在年度评价中连续两年排末3位的州、市党委和政府应当向省委、省政府作出书面检查，并由有关部门约谈其党政主要负责人，提出限期整改要求。

《生态文明建设目标评价考核办法》规定各省（区、市）党委和政府可以参照本办法，结合本地区实际，制定针对下一级党委和政府的生态文明建设目标评价考核办法。各省（区、市）也都制定相应的考核办法，并进一步授权各地级市制定针对下一级党委和政府的生态文明建设目标评价考核办法。济南市、湘潭市、东莞市、洛阳市、襄阳市、银川市、长春市、洛阳市、株洲市、湛江市等地也都制定出台了相应的评价考核办法。各地级市对各县（区）的生态文明建设目标评价考核延续了上位法的逻辑，要求市直有关部门应当根据全市生态文明建设的总体要求，结合各县（市、区）经济社会发展水平、资源环境禀赋等因素，将考核目标科学合理分解落实到各县（市、区）。

可见，当前广泛开展的生态文明建设目标考核评价并没有完全体现主体功能区导向。考核指标分配的标准是结合各县（市、区）经济社会发展水平、资源环境禀赋等因素，并没有直接使用主体功能区定位的表述。在实践中，灵活性很大。

通过以上的分析可以发现，基于主体功能区的差异化考核在发展综合考核以及生态文明建设目标评价考核中实施并不全面。两种考核结果作为党政领导班子和领导干部综合评价、干部奖惩任免以及相关专项资金分配的重要依据的操作规范也并不明确。同时，这两种考核的关系也并不明确，容易形成重复考核甚至是考核矛盾。

14.1.4 分区管治的监管方式有待进一步整合深化

从文字数量来看，《若干意见》中涉及的环境政策中关于分区管治的内容最多。只是那些分区管治是一种大尺度上的产业管治、环境要素管治。这些管治需要恰当的技术与工具在空间尺度上降级实施。《若干意见》文本中，“分区”指的是环境功能分区。在实施保障措施部分，文本中也是专门用一个段落来阐述环境功能区划，强调“以全国主体功能区规划为依据，编制环境功能区划，实施分区管理、分类指导。明确不同区域的环境功能定位，以及分区的水、大气、土壤、生态、噪声和核与辐射等环境质量要求，制定相应的污染物总量控制要求、环境风险防范要求、自然生态保护要求和产业准入标准，提出分区生态保护、污染控制、环境监管等管控导则”。环境功能区划是精细化、全过程环境治理的基础。

在我国的环境保护实践中，较早就有以单个环境要素分区进行差异化管治。但是这项工作在各地开展得并不均衡。2011 年，广东省发布了《广东省地表水环境功能区划》。党的十八大后，各地的环境功能区划集中在声环境领域。从实践来看，这种按照环境要素的管治分区种类多，进而实际出台的环境功能区划较少。

2014 年，浙江省人民政府办公厅发布了《关于全面编制实施环境功能区划加强生态环境空间管制的若干意见》。2016 年，山东省政府批复了《山东省近岸海域环境功能区划（2016—2020 年）》。《山东省近岸海域环境功能区划（2016—2020 年）》将近海岸海域分为六类，第一类环境功能区，适用于海洋渔业水域，海上自然保护区、珍稀濒危海洋生物保护区及特殊海洋研究区域；第二类环境功能区，适用于水产养殖区，海水浴场，人体直接接触海水的海上运动或娱乐区，以及与人类食用直接有关的工业用水区；第三类环境功能区，适用于一般工业或城镇建设用水区，滨海风景旅游区；第四类环境功能区，适用于海洋港口水域，海洋开发作业区；对尚待开发的留用备择区，未来使用功能需要经过科学论证后确定，调整前依据现状使用功能并入上述环境功能区进行管理。混合区分为两种情况：一是入海河口混合区，该区为河水与海水交汇混合区域，入海河口混合区内严格控制新设点源直排口；二是排污口附近的混合区，要准确地计算并论证其范围，不得影响其邻近环境功能区的水质。无论是哪种混合区，在布设水质监测点位时，应避开上述区域。

2016 年，浙江省人民政府批复的《浙江省环境功能区划》则将浙江省国土空间分为五类，实行差异化管控。其中，自然生态红线区要严格按照法律法规和相关规划，实行强制性保护，严守生态安全底线；生态功能保障区要以生态保护为主，严格控制各类开发活动，维持生态保障服务功能；农产品安全保障区要以保障农产品安全生产为主，严格限制其他开发行为；人居环境保障区要着力营造安全、优美的人居环境；环境优化准入区和环境重点准入区，要严格项目环境准入，控制新增污染排放，加快产业转型升级，提供健康安全的生产环境。但是，这个区划并没有得到有效实施。市（县）层面的环境功能区划一直未见出台。2020 年，浙江省政府在批复《浙江省“三线一单”生态环境分区管控方案》时就已明确该方案发布实施后，《浙江省环境功能区划》不再执行。正是“三线一单”工作实现了环境管治分区方法的变革。

中央对于“三线一单”重要意义的认识是一个逐步深入的过程。2015 年，中央深化改革领导小组（以下简称中央深改组）第十四次会议，明确提出要落实严守资源消耗上限、环境质量底线、生态保护红线的要求。2016 年 7 月，环境保护部关于印发《“十三五”环境影响评价改革实施方案》的通知，要求从生态保护红线、环境质量底线、资源利用上线和环境准入负面清单着手，强化空间、总量、准入环境管理，划框子、定规则、查落实、强基础。国务院印发《“十三五”生态环境保护规划》明确“制定落实生态保护红线、环境质量底线、资源利用上线和环境准入清单的技术规范，强化‘多规合一’的生态环境支持”。2017 年，习近平总书记在中共中央政治局第四十一次集体学习时强调，加快构建生态功能保障基线、环境质量安全底线、自然资源利用上线三大红线，推动形成绿色发展方式和生活方式。在全国环保系统贯彻落实党的十九大精神打好生态环境保护攻坚战专题研讨班上，环境保护部将“构建并严守三大红线”作为 6 项重点工作之首。《长江保护修复攻坚行动计划》《渤海综合治理攻坚行动计划》等文件也对“三线一单”的编制实施提出了明确要求。

2017 年，环境保护部印发《“生态保护红线、环境质量底线、资源利用上线和环境准入负面清单”编制技术指南（试行）》。2018 年以来，按照“国家指导、省级编制、地市落地”的模式，生态环境部组织 31 省（区、市）及新疆生产建设兵团分两个梯队加快推进“三线一单”工作。第一梯队为长江经济带 11 省（市）及青海省，第二梯队为北京等 19 省（区、市）及新疆生产建设兵团。2020 年，重庆市首先发布了《关于落实生态保护红线、环境质量底线、资源利用上线制定生态环境准入清单实施生态环境分区管控的实施意见》。之后，浙江、上海、江苏、四川、安徽、湖南和江西省（市）人民政府也相继发布了“三线一单”生态环境分区管控方案。河南等多地的“三线一单”生态环境分区管控方案也通过了生态环境部的审核。

例如，江西省共划定环境管控单元 1 030 个，分为优先保护单元、重点管控单元、一般管控单元 3 类（图 14-1）。其中，优先保护单元为 191 个，约占全省土地面积的 34%；重点管控单元为 581 个，约占全省土地面积的 26%；一般管控单元为 258 个，为优先保护单元和重点管控单元之外的其他区域，约占全省土地面积的 40%。

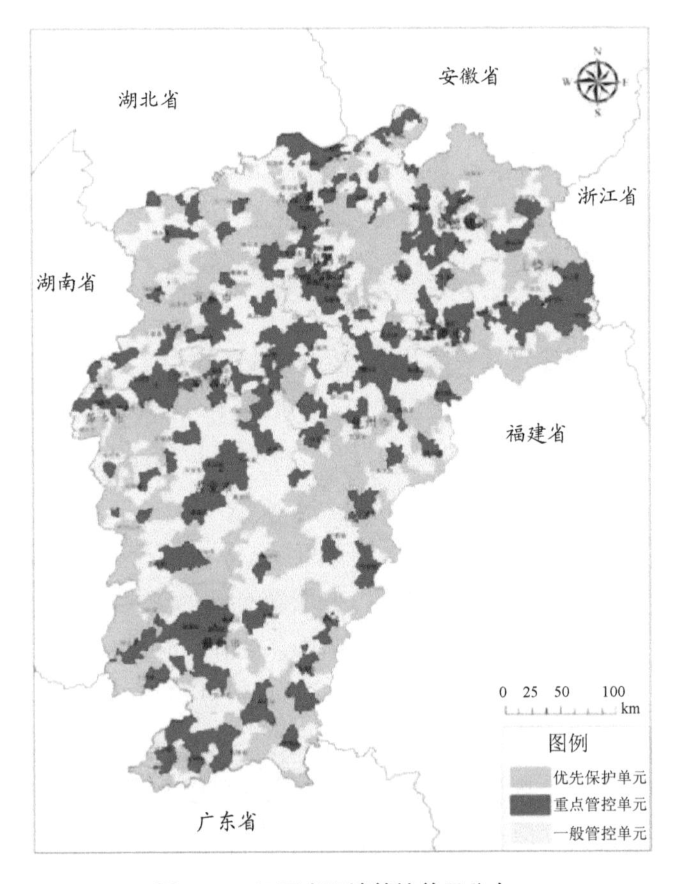

图 14-1　江西省环境管控单元分布

目前，生态环境分区管控方案由省政府统一发布并对不同类型的管控单元提出总体要求。一个县级主体功能区内同时可以拥有优先保护单元、重点管控单元、一般管控单元，这符合主体功能区理念。但是在各市（州）发布的生态环境管控基本要求和生态环境准入清单的过程中，如何关注到各县级主体功能的特殊性则需要进一步探索。在理念上应该支持不同主体功能区的同一类型的管控单元实施不同的管控要求和生态环境准入清单。

划定环境管控单元意图以各类环境管控单元为对象，以“三大红线”为核心的环境管控要求转化为空间布局约束、污染物排放管控、环境风险防控、资源开发效率等方面的管控要求，建立各环境管控单元的环境准入负面清单，明确禁止和限制环境准入要求。但这种环境功能分区和分类方法与国土空间规划确定的功能空间不对应，且空间尺度存在差异，使生态环境分区管治的具体要求难以落实。

此外，生态环境分区管治缺乏空间规划层面的工具，而土地用途和强度管控作为国土空间规划主要工具在环境分区管治方面难以有效发挥作用。未来，需要对环境管控单元与国土空间用途管制的协调和融合进行探索。

14.1.5 精细化的执法司法工作机制仍需强化

在加强生态文明建设考核以及生态环境保护督察下，一些地方为了逃避责任出现了监管"一刀切"的现象。为防止一些地方不分青红皂白地实施集中停工停业停产行为，影响人民群众正常生产生活，生态环境部还专门研究制定《禁止环保"一刀切"工作意见》。"一刀切"的实质是不作为，是懒政。随着生态环境执法垂直管理改革的推进，这种现象有所好转，但是这种冲动依旧还在。

而对于一些分区管控措施也缺乏一些明确的配套政策。随着生态保护红线的划定，对于要关闭或者搬迁企业的补偿纠纷会逐渐产生。2014 年，最高人民法院首次公布环境保护行政十大案例。其中，苏耀华诉广东省博罗县人民政府划定禁养区范围通告一案，受到广泛关注。随着生态环境保护综合行政执法的推进，行政机关与公安机关在信息共享、案情通报、案件移送方面需要进一步形成合力。而当前正在推行镇街基层综合执法体制改革也对基层执法人员的执法能力、执法素质提出了更高要求。

此外，目前的环境治理公众参与主要从知情权、表达权、参与权方面来设计。一些个案有力地推动了监管改进甚至是政策出台。但是在整体上，公众参与的效能还没有充分发挥。要鼓励城市化地区实施有奖举报，并切实保护好举报人的信息和权益。由于生态环境治理技术性较大，普通公众参与的热情与效果并不是很高。公益组织参与生态文明建设可以起到很好的促进作用。法律规定的公益诉讼制度还比较原则。当前生态环境诉讼活动的开展与裁判结果的执行主要还是依据司法文件。一些公益组织通过司法机关维护社会公共利益遭到了基层法院的拒绝，最终需要通过上级法院的干预才行。公益组织生态环境公益诉讼制度需要法律层面更加具体、更为全面的保护。目前只有深圳市启用经济特区立法权颁布了《深圳经济特区生态环境公益诉讼规定》。而实现中发生一些监督资源开发利用却被确定为敲诈勒索、寻衅滋事的案件让公众参与生态环境保护有些担心。

14.1.6　统一高效的生态环境监测体系尚未建立

党的十八大后，随着《大气污染防治行动计划》的实施，有些地方政府为了实现减轻考核压力、环境质量达标等目的，行政管理部门指使监测站编造、篡改监测数据的情况时有发生，严重损害了政府和环保部门的公信力，对环境监测系统也造成了非常大的伤害。《中共中央　国务院关于加快推进生态文明建设的意见》专门提出加强生态文明建设统计监测。中央对改进生态环境监测体系十分重视。2015—2017 年，中央深改组连续 3 年分别审议通过了《生态环境监测网络建设方案》《关于省以下环保机构监测监察执法垂直管理制度改革试点工作的指导意见》《关于深化环境监测改革提高环境监测数据质量的意见》等环境监测方面的改革文件，基本搭建形成了环境监测管理和制度体系的“四梁八柱”。

随着改革举措落地，一些改革成效已显现，主要表现在：生态环境监测技术应用加速，监测网络范围扩大；国家和省级环境质量监测事权上有序推进；部门间生态环境监测职责调整出现积极迹象；环境监测简政放权和“放管结合”加快推进；生态环境监测机构建设取得新突破；生态环境监测管理新机制开始实行；数据质量提高，政府信息的权威性有所增强；公众知情状况得到改善，公众防护污染的能力增强；数据应用加强，生态环境监管的有效性提高。

但是，当前的生态环境监测体系与《生态环境监测网络建设方案》确定的“到 2020 年，全国生态环境监测网络基本实现环境质量、重点污染源、生态状况监测全覆盖，各级各类监测数据系统互联共享，监测预报预警、信息化能力和保障水平明显提升，监测与监管协同联动，初步建成陆海统筹、天地一体、上下协同、信息共享的生态环境监测网络，使生态环境监测能力与生态文明建设要求相适应”的目标还有差距。2020 年，生态环境部发布了《生态环境监测规划纲要（2020—2035 年）》和《关于推进生态环境监测体系与监测能力现代化的若干意见》，后者提出“经过 3～5 年努力，陆海统筹、天地一体、上下协同、信息共享的生态环境监测网络基本建成”。

“十三五”期间，生态环境监测在基础能力、运转效能、数据质量、支撑能力、服务水平 5 个方面都有明显提高，但是也存在一些问题，尚不能满足主体功能区环境政策的有效实施。存在的问题主要是统一的生态环境监测体系尚未形成、对污染防治攻坚战精细化支撑不足、法规标准有待加快完善、数据质量需进一步提高、基础能力保障依然不足。需要进一步完善生态环境监测体系服务生态环境监管与服务评估考核，为环境执法和环境决策提供强有力保障。

14.1.7 主体功能区环境治理的实施机制不完善

（1）部门横向协调机制不顺

目前的主体功能区配套环境政策涉及很多部门，主要包括财政部门、发展改革部门、农业农村部门、生态环境部门、自然资源部门、水利部等。很多主体功能区环境政策文件也是联合发布的。当前，部门之间的协调机制还不是很顺畅，这直接反映在相关政策文本上。

《若干意见》针对农产品主产区安排了多种政策工具，其中财政投资和补贴又占据了很大比例。农业农村的生态环境治理也主要由农业农村部门在组织实施。2015 年，农业部、国家发展改革委、科技部、财政部、国土资源部、环境保护部、水利部、国家林业局联合印发的《全国农业可持续发展规划（2015—2030 年）》综合考虑各地农业资源承载力、环境容量、生态类型和发展基础等因素，将全国划分为优化发展区、适度发展区和保护发展区，并要求“按照因地制宜、梯次推进、分类施策的原则，确定不同区域的农业可持续发展方向和重点”。按照规划的安排，不同区域的管控要求和扶持政策是不一样的。这里较好地体现和贯彻了主体功能区差异化定位与发展的基本思想，但是在具体技术处理上却没有和主体功能区很好地衔接起来。

农业可持续发展分区最终的地理尺度范围非常大，覆盖了县级层面所有按照开发内容分的三类主体功能区（图 14-2）。这样一来，一些农产品主产区甚至是国家级农产品主产区就会因为落在适度发展区而得不到足够的支持。农业可持续发展区分应该降低空间范围尺度，将其和城市化地区、农产品主产区和重点生态功能区的关系对应起来，避免相关政策的冲突。相较而言，2016 年印发的《特色农产品区域布局规划（2013—2020 年）》和 2017 年印发的《国务院关于建立粮食生产功能区和重要农产品生产保护区的指导意见》可以比较顺畅地处理相关区域与主体功能区的关系。特色农产品区域规划也落实到各市县，但是特色农产品的表述就已经表明并不要求该市县的主体功能是生产农产品；而“建立粮食生产功能区和重要农产品生产保护区”最终是要细化落实到具体地块的。

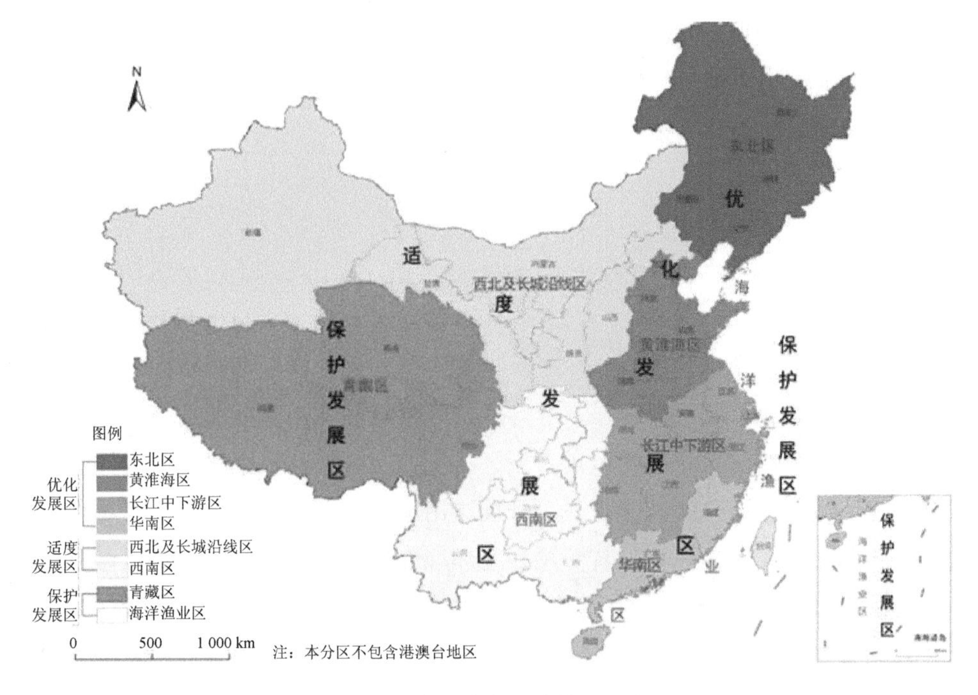

图 14-2　中国农业可持续发展分区

（2）央地纵向执行机制不畅

《关于构建现代环境治理体系的指导意见》确立了“中央统筹、省负总责、市县抓落实的工作机制”。但是，当前各地在贯彻落实《关于构建现代环境治理体系的指导意见》时，基本没有将国土空间功能定位的差异性考虑进来，政策制定时对不同功能定位的功能区一视同仁，缺乏一些倾斜性、明显导向性的政策举措。这将在一定程度上影响现代环境治理体系在不同主体功能区的落地实施。

《关于构建现代环境治理体系的指导意见》印发后，贵州、吉林、辽宁、河南、上海、山东、福建、黑龙江、重庆、青海、广东、江西、内蒙古、新疆、浙江15个省（区、市）出台了实施意见；浙江省的宁波市、丽水市也率先从市级层面起草实施意见。查阅这些文本，在差异化治理方面有些创新举措，但是在贯彻主体功能区战略和理念方面还存在一些不足。

重庆市扎实推进农村人居环境整治行动，将区县分为三类、村分为三档，精细化推进整治。推动市域“一区两群”协调发展，对主城都市区、渝东北三峡库区城镇群、渝东南武陵山区城镇群实行差异化管控，落实生态保护红线、环境质量底线、资源利用上线硬约束和生态环境准入清单，针对流域、区域、行业特点，聚焦问题和目标，实施生态环境分区管控；广东省提出“进一步完善生态保护补偿机制，加大对承担重要生态功能、提供优质生态产品地区的转移支付力度”；浙江省提出“完善与绿色指数挂钩的生态环保财力转移支付制度”；宁波市提出“完善正向激励机制，引导环境资源、能源要素指标向优势地区、优势产业、优势项目集中”“严格落实生态环境准入清单，建立动态调整更新机制”；丽水市提出“落实‘三线一单’生态环境分区管控的实施意见，定期调整负面清单，强化企业主体责任意识，通过分区域、分行业、分领域的体系化业务培训，把‘生态环境大学堂’向纵深推进”“全市开发区（工业园区）高水平实现园区外基本无工业、园区内基本无非生态工业”“开展饮用水水源保护诚信评价”“对高质量发展的优势区域、优势企业、优势项目在环境资源要素指标上给予重点保障”，“在重点园区因地制宜开展异味评价监测、固体废物流转过程监控、有毒有害气体环境风险预警监测、高空视频系统等设施建设”。这些都是很好体现差异性的政策措施，但是这类政策工具在数量上还是偏少。已经出台的差异化治理政策主要集中在分区管控上，各地对于财政、考核等基础性、重要性政策工具的差异化运用的探索主动性不够，多是重复中央的指导意见。可以说，当前的中央考核评价政策工具的效能还没有完全体现，激励机制与约束机制也还没有较好地融合。

（3）综合性改革试验机制缺失

通过试验贯彻落实和完善相关政策是我国发展的一条成功经验。1992年召开的党的十四大更是在总结历史经验的基础上，通过修改《党章》，将试验作为全党的工作方法确定下来。《全国主体功能区规划》公布后，国家发展改革委和环境保护部立即组织开展国家主体功能区建设试点示范工作。2014年选定的国家主体功能区建设试点示范区域主要在市县层级，也有一些跨行政区域的重要生态功能区域。《若干意见》也专门提到了 4 种试点：生态保护红线划分与管理试点、国家重点生态功能区建设模式试点、市县“多规合一”试点和城市最小生态安全距离试点。党的十八届五中全会提出，设立统一规范的国家生态文明试验区，重在开展生态文明体制改革综合试验，规范各类试点示范，为完善生态文明制度体系探索路径、积累经验。2016 年，中共中央办公厅、国务院办公厅印发了《关于设立统一规范的国家生态文明试验区的意见》。首批选择生态基础较好、资源环境承载能力较强的福建省、江西省和贵州省作为试验区。后来又增加了海南省作为国家生态文明试验区。各试验区的定位和承载的任务也存在较大的差异性（表 14-2）。

表 14-2 国家生态文明试验区基本情况

试验区	战略定位	重点任务
福建省	国土空间科学开发的先导区； 生态产品价值实现的先行区； 环境治理体系改革的示范区； 绿色发展评价导向的实践区	（一）建立健全国土空间规划和用途管制制度； （二）健全环境治理和生态保护市场体系； （三）建立多元化的生态保护补偿机制； （四）健全环境治理体系； （五）建立健全自然资源资产产权制度； （六）开展绿色发展绩效评价考核
江西省	山水林田湖草综合治理样板区； 中部地区绿色崛起先行区； 生态环境保护管理制度创新区； 生态扶贫共享发展示范区	（一）构建山水林田湖草系统保护与综合治理制度体系； （二）构建严格的生态环境保护与监管体系； （三）构建促进绿色产业发展的制度体系； （四）构建环境治理和生态保护市场体系； （五）构建绿色共治共享制度体系； （六）构建全过程的生态文明绩效考核和责任追究制度体系
贵州省	长江珠江上游绿色屏障建设示范区； 西部地区绿色发展示范区； 生态脱贫攻坚示范区； 生态文明法治建设示范区； 生态文明国际交流合作示范区	（一）开展绿色屏障建设制度创新试验； （二）开展促进绿色发展制度创新试验； （三）开展生态脱贫制度创新试验； （四）开展生态文明大数据建设制度创新试验； （五）开展生态旅游发展制度创新试验； （六）开展生态文明法治建设创新试验； （七）开展生态文明对外交流合作示范试验； （八）开展绿色绩效评价考核创新试验

试验区	战略定位	重点任务
海南省	生态文明体制改革样板区； 陆海统筹保护发展实践区； 生态价值实现机制试验区； 清洁能源优先发展示范区	（一）构建国土空间开发保护制度； （二）推动形成陆海统筹保护发展新格局； （三）建立完善生态环境质量巩固提升机制； （四）建立健全生态环境和资源保护现代监管体系； （五）创新探索生态产品价值实现机制； （六）推动形成绿色生产生活方式

该试验内容与主体功能区环境政策有关。从各试验方案来看，各试验区的重点任务存在一些差异，如贵州方案强调生态保护红线勘界定标和环境功能区划，而海南方案则强调“多规合一”改革。与此同时，各方案也有一些相同点，如生态补偿、生态文明评价考核、环境基础设施建设、自然资源资产负债表和离任审计。这些不同点和相同点都和主体功能区环境政策存在很大的关联性，甚至是一致的。虽然从试验区总结出来的良好经验和进一步推广来看，有助于推动生态文明建设，但是这些经验比较细、比较散，而主体功能区下的环境治理又是一个多层级、多领域体系，主体功能区战略也是在一个空间尺度大且影响广泛的空间发展战略。主体功能区环境治理体系的构建与完善尚缺乏一个整体的试验平台。上海市《关于加快构建现代环境治理体系的实施意见》就特别强调了“做好试点示范”。在生态文明试验区中需要有一个专门的主体功能战略示范区。

14.2 推进主体功能区环境治理体系构建的政策建议

高质量发展，既要有产业的高质量，也要有空间的高质量。主体功能区战略在生态文明建设中具有基础性地位。可以预见，差异化、精细化、以主体功能区为核心单元的国土空间治理将成为未来构建现代环境治理体系的重要着力点。《中共中央关于制定国民经济和社会发展第十四个五年规划和二〇三五年远景目标的建议》提出“支持城市化地区高效集聚经济和人口、保护基本农田和生态空间，支持农产品主产区增强农业生产能力，支持生态功能区把发展重点放到保护生态环境、提供生态产品上，支持生态功能区的人口逐步有序转移，形成主体功能明显、优势互补、高质量发展的国土空间开发保护新格局”。这样的新格局既是满足人民群众优美生态环境需求的需要，也是实现中华民族永续发展的需要。为此，应当全面贯彻落实习近平生态文明思想，以中共中央、国务院印发《若干意见》提出的“坚持保护优先、坚持以承载力为基础、坚持差异化协同发展、坚持生态就是生产力”为原则，持续推动环境治理体系和治理能力现代化。

14.2.1 三大主体功能区环境治理的政策取向

主体功能区是根据不同区域的资源环境承载能力、现有开发强度和发展潜力，统筹谋划人口分布、经济布局、国土利用和城镇化格局确定的。根据其主体功能定位的不同，三大主体功能区具有显著不同的政策取向。

城市化地区的主体功能是供给工业产品和服务产品，同时提供农产品和生态产品。为此，城市化地区应当坚持发展与保护并重的原则，城市化地区要打破行政壁垒，提升城市群内多城市发展的协同性、协调性，节约集约利用空间，推动区域一体化，高效率集聚经济和人口，建设现代产业体系，实现高质量发展，成为国内大循环为主体、国内国际双循环相互促进新发展格局的主体空间。保护是指区域内基本农田和生态空间的保护。这既是满足当地居民对部分不宜长距离运输的鲜活农产品的需要，也是满足当地居民对优质生态产品的需要。

农产品主产区的主体功能是供给农产品，也提供生态产品、服务产品和部分工业品。为此，农产品主产区应当坚持以保护为主、发展为辅的原则。保护主要是指保护耕地，禁止开发基本农田，这是保障农产品供给和农产品安全的基本手段。发展主要是指以增强农产品生产能力为目的的开发，而不是大规模、高强度的工业化、城市化发展。

生态功能区的主体功能是供给生态产品，根据情况也提供一定的农产品、服务产品和工业品。为此，生态功能区应当坚持保护为主、限制或禁止发展的原则。一方面，保护主要是指保护自然生态系统的原真性、完整性，这是保障生态产品供给和生态安全的基本手段；另一方面，为了达到保护目标，应当限制或禁止大规模、高强度的工业化、城市化发展，在某些生态功能区甚至要限制或禁止农牧业发展。

14.2.2 主体功能区环境治理的共性政策

以《关于构建现代环境治理体系的指导意见》对于环境治理领导责任体系和环境治理监管体系的相关要求为重点，主体功能区环境治理的共性政策主要涉及以下几个方面：

在工作机制方面，需要关注不同主体功能区的发展诉求，协调好经济发展和生态环境保护的关系，建立健全“管发展必须管环保、管生产必须管环保、管行业必须管环保的”党政同责、一岗双责体制机制。在“三定”方案中细化相关部门落实主体功能区战略的具体职责，并在制定地方生态环境保护责任清单时予以明确体现。在省、市层面设立生态文明和绿色发展委员会等由主要领导负责的统筹协调机制，根据需要建立主体功能区战略工作联席会议制度，由发展改革、财政、自然资源、生态环境、住房和城乡建设、水利、农业农村等相关部门组成，具体职责包括研究解决主体功能区战略实施中的重大问题；编制年度主体功能区战略工作报告，总结交流推广地方经验；适时对战略与政策的执行情况进行评估，视评估情况提出修订建议等。

在监管体制方面，根据不同的功能区特点制订宽严相济的绿色发展计划，构建“双随机、一公开”监管模式，全面施行行政执法公示、执法全过程记录和重大执法决定法制审核三大制度，推动生态环境保护综合执法队伍严格规范公正文明执法，推动跨区域流域污染防治联防联控。提倡行政协议、行政指导等柔性执法措施，加强生态环境的公私合作治理。强化环境应急救援队伍、基层环境执法队伍的能力建设。各级人大及其常委会在开展执法检查，定期听取并审议同级政府生态文明建设工作情况报告时，应当重点关注主体功能区战略和制度的实施情况，发现问题并督促改进。各级纪委和监察委应逐步落实领导干部自然资源资产离任审计、生态环境损害责任终身追究等改革举措，与制定规划、出台政策、作出具体行政行为等违反主体功能区定位的不同情形进行挂钩，同时探索构建尽职免责和创新容错机制。将主体功能区战略和制度贯彻落实纳入生态环境保护督察，用好专项督察，强化监督帮扶，压实地方政府及其部门的经济发展和生态环境保护责任。健全强制性信息披露和环保信用评价机制，完善公众监督、举报反馈和奖励机制，保障多元主体的环境知情权、参与权和监督权。

在监测能力建设方面，在充分释放生态环境监测改革效能的基础上，全面实施资源环境承载能力评价可以为贯彻落实主体功能区战略提供科学依据。为此，应当推动构建独立权威高效的生态环境监测预警信息化平台，构建天地一体化的生态环境监测网络，建立生态环境监测数据共享机制，完善差异化的监测预警标准支撑体系，全面建立环境监测数据质量保障责任体系，建立环境监测数据弄虚作假防范和惩治机制，确保环境监测机构和人员独立公正开展工作，确保环境监测数据全面、准确、客观、真实。以“谁考核、谁监测”为原则，探索将资源环境承载能力监测预警评价结论纳入领导干部绩效考核体系，将资源环境承载能力变化状况纳入领导干部自然资源资产离任审计范围。在新一轮主体功能区划定后，可以考虑在对资源环境承载能力进行科学评价的基础上，将从严管制与有效激励相结合，对同一主体功能区进一步再分类并实施不同的管治措施，使得主体功能区战略更为精准地落地。

14.2.3　城市化地区环境治理的政策重点

在财政支出责任方面，将城市化地区作为财政上解地区，县级行政区和省级行政区财政收入超出当年国家公共服务标准支出的部分应上解省级财政和中央财政，作为省级财政和中央财政进行转移支付的财源。中央投资主管部门根据预算要求和主体功能区规划决定各区域的 5 年资金补助规模，具体在特定方面安排多少资金等事项则由地方决定。按领域安排的政府投资应符合各区域的主体功能定位和发展方向，基础设施投资应更多地投向重点开发区，高技术和科技方面的投资应更多地投向优化开发区等。

在目标评价考核方面，构建差异化的目标考核评价体系，对城市化地区中的优化开发区建立创新高效、绿色发展优先的绩效考核评价机制，重点考核城镇土地产出效率、创新主体数量或研发投入强度、科技进步贡献率、资源环境超载程度缓解等方面指标；对重点开发区，健全工业化、城镇化水平与质量并重、集约化发展优先的绩效考核评价机制，重点考核地区生产总值、吸纳人口、财政收入、要素聚集程度、城镇土地产出效率、常住人口基本公共服务均等化、资源环境承载能力状况等方面指标。

在司法保障方面，在环境资源案件的审理执行过程中，依据主体功能区规划和生态保护红线划分，充分考虑各类功能区的不同定位，确定不同的处理思路。对于城市化地区，尤其是重点开发区发生的环境资源纠纷，在加强对生态环境和受害人合法权益保护的前提下，更多地考虑利用环境容量发展经济的需要。合理运用容忍限度理论，对于停产停业等行为保全申请以及不作为请求权，在综合考量行为是否合规、被侵害的法益性质以及公共利益等诸多因素的基础上审慎作出认定。同时要遵循比例原则，所采取的行为保全等措施不能超过必要的限度。

在全民行动体系和市场体系方面，城市化地区应当强化环境保护的社会监督机制，加强社会对政府及其部门、工业企业等主体的监督，同时建立推广政府和社会资本合作模式，引导社会资本进入生态产品市场，推动国有资本在环境治理和生态保护等方面的投入，培育综合性生态环境服务企业，提供第三方生态保护与环境治理服务。

在政策体系方面，严守区域资源利用上限，严格控制优化开发区建设用地的增量，适当扩大重点开发区建设用地规模。对重点开发区建设项目，污染物排放浓度必须按功能区达标，污染物排放总量必须满足该区域的总量分配指标要求。在城市化地区率先推行“互联网+政务服务”，拓展网上、掌上办事广度和深度，构建“一站式”办事平台。深化环评“领跑者”制度，落实“放管服”改革举措，推进环评审批的“承诺制”改革，开展排污许可证和环评融合试点，推进环评减负增效、提速提质。对于产业发展，城市化地区应当提出针对特定区域的限制产业清单，没有明确限制或禁止的即为允许。例如京津冀地区缺水，就要限制钢铁、纸浆、印染、皮革等高耗水产业；长三角地区土地、能源短缺，水污染严重，就要限制占地多、高耗能和对水体环境影响较大的产业等。对于城市化地区资源环境超载严重的，可针对超载因素实施最严格的区域限批，依法暂停办理相关行业领域新建、改建、扩建项目审批手续，明确导致超载产业退出的时间表，实行城镇建设用地减量化。一方面通过实行地区之间人地挂钩等政策，鼓励外来人口迁入和定居城市化地区；另一方面适度分散特大城市功能，严格控制特大城市开发强度，防止人口向特大城市过度集聚。

14.2.4 农产品主产区环境治理的政策重点

在财政支出责任方面，要充分调动农产品主产区发展农业生产的积极性，将支持农业的政策、项目向农产品主产区倾斜，研究建立对农产品主产区的转移支付制度，完善粮食主产区利益补偿机制，鼓励和引导城市化地区等生态受益地区与农产品主产区等生态保护地区、流域下游与流域上游通过资金补偿、对口协作、产业转移、人才培训、共建园区等方式建立横向补偿关系。同时鼓励和支持城市化地区的企业通过用水权、排污权交易等方式向农产品主产区的相关企业、集体经济组织和居民进行补偿。

在目标评价考核方面，在农产品主产区健全农业发展优先和提高农产品保障能力的绩效考核评价机制，重点考核农业空间规模质量、农业综合生产能力、产业准入负面清单执行、农民收入、耕地质量、土壤环境治理等方面指标，不考核地区生产总值、固定资产投资、工业、财政收入和城镇化率等指标。

在司法保障方面，坚持最严法治观，依法严厉惩处在农产品主产区内污染环境、非法采矿及破坏性开采、盗伐滥伐林木、非法捕捞水产品、非法猎捕杀害珍贵濒危野生动物等犯罪行为。对违反农产品主产区管控要求，造成环境污染或生态破坏的部门、地方、单位和有关责任人员，按照有关法律法规和《党政领导干部生态环境损害责任追究办法（试行）》等规定实行责任追究，构成犯罪的依法追究刑事责任。对造成生态环境和资源严重破坏的，要实行终身追责，责任人不论是否已调离、提拔或者退休，都必须严格追责。

在全民行动体系和市场体系方面，建立由党内监督、人大监督、民主监督、行政监督、司法监督、审计监督、社会监督、舆论监督构成的制度体系，推进绿色农产品信用制度建设，严格落实生产者对农产品质量的主体责任以及认证实施机构对检测认证结果的连带责任，对违法违规行为的责任主体建立黑名单制度，对严重失信者建立联合惩戒机制。同时，积极培育生态产业化经营主体，促进生态产业与现代农林产业之间的经营主体融合，扶植“生态+”的新型业态，在延伸农林产业价值链，提高农林产品附加值基础上，提高专业大户、家庭农林场、股份制农林场、合作组织、工商企业等新型生态产业化经营主体能力，把小农户吸引到现代经济体系发展中来。

在政策体系方面，以实现乡村振兴为目标，进一步分类实行所有权、承包权、经营权三权分离，积极引导农民进行经营权流转，促进适度规模经营，同时严格控制农产品主产区的建设用地，保证农业生产所必须的基本农田和生态空间，确保粮食安全和农产品质量安全。根据自然资源资产社会经济属性不同，可以将公益性自然资源资产与经营性自然资源资产区分开来，并按照不同目标和原则分别管理。公益性资产（自然保护区等特殊保护区域、各类政府公共用地等）的目标是提供各种基础性、公共性的产品和服务，一般应以资源的储存、保护和可持续利用为原则，采取公共行政手段加以管理，严格限制或禁止其经营性利用，并主要考核资产的生态服务质量及管理成本等。而经营性资产（矿产资源、林木资源、经营性建设用地等）的目标在于促进相关产业发展并获取相应国民收入（直接出让资产的收益、税收等），因而主要采用市场手段管理和运营，对经营性利用行为不施加过多行政干预，并主要考核其资产价值增值和净收益增长状况。推动绿色农产品品牌塑造和商业模式创新，建立全国统一的针对各类保护地的产品标识体系，将资源环境优势转化为产品品质优势、价格优势和销量优势，同时探索建立生态产品产权抵押贷款、证券化、远期交易、股权交易等制度体系，激活生态产品市场，实现“绿水青山”向“金山银山”的转化。

14.2.5 生态功能区环境治理的政策重点

在财政支出责任方面，把国家支持生态环境保护方面的政策，特别是生态保护修复的政策和项目，进一步向生态功能区聚焦。在纵向上，对生态功能区发展利益的牺牲，应当强化省级统筹，加强对重点生态功能区转移支付的支持力度，逐步扩大补偿范围，合理提高补偿标准。对于生态功能区生态利益的增加，可考虑由中央财政和省级财政设立主体功能区战略奖补资金，并与差异化的目标评价考核有机结合起来。在横向上，鼓励和引导城市化地区等生态受益地区与重点生态功能区等生态保护地区、流域下游与流域上游通过资金补偿、对口协作、产业转移、人才培训、共建园区等方式建立横向补偿关系。同时鼓励和支持城市化地区的企业通过用水权、排污权交易等方式向重点生态功能区的相关企业、集体经济组织和居民进行补偿。

在目标评价考核方面，对重点生态功能区县，健全生态保护优先的绩效考核评价机制，重点考核生态空间规模质量、生态产品价值、产业准入负面清单执行、自然岸线保有率、民生改善等方面指标，不考核地区生产总值、固定资产投资、工业、农产品生产、财政收入和城镇化率等指标。完善考核指标设计，精简考核项目，确保考核准确、有效。

在司法保障方面，对于限制开发和禁止开发区内开发利用自然资源引发的相关案件，要把资源消耗上限、环境质量底线和生态保护红线等作为裁判的重要因素综合考量，实行最严格的生态环境和自然资源保护措施。探索构建流域、湿地等生态功能区和国家公园等自然保护地涉生态保护案件的跨省域集中管辖机制。同时借助信息技术和大数据，健全连片优化开发区一体化执行指挥体系，推动区域内异地法院之间在查询、冻结、查封、调查或者法律文书送达等有关事项的司法协作。

在全民行动体系和市场体系方面，及时准确发布重点生态功能区分布、调整、保护状况等信息，加大政策宣传力度，发挥媒体、公益组织和志愿者作用，畅通监督举报渠道。探索和构建各类自然保护地的社区参与机制，确保社区的发展诉求得到基本反馈，并构建人地共生的协作模式。还需要考虑引入社会公益资本投入自然保护，形成相对合理的政府和民间关系。科学咨询和评估应由独立的科学委员会来执行，为生态功能区的规划、保护和开发策略、能力提升、绩效评估等提供科学支撑，确保生态功能区的科学建设和管理。

在政策体系方面，坚持底线思维，实行保护优先，将生态保护红线区域作为禁止开发区，实行统一的严格管控要求，避免制度和政策重叠。站在历史的角度，牢固树立对子孙后代负责的责任感和使命感，不计较一时得失，坚持“面积不减少、功能不降低、性质不改变”的原则，将事关国家生态安全的区域划入生态保护红线范围，做到应划尽划，应保尽保。解决好重叠设置、多头管理、边界不清、权责不明、保护与发展矛盾突出等问题。加快建立以国家公园为主体的自然保护地体系，尽量将具有重要生态保护价值的国家公园和国家级自然保护区等保护地的核心区和缓冲区的集体土地通过赎买、置换等划归国有，实现所有权、管理权的统一，实施最严格的保护。为了确保周边产业发展符合保护地功能定位、不危及保护地生态系统健康和稳定性，应当建立严格的产业准入和产业发展规模限制，对不符合重点生态功能区定位的现有产业，进行跨区域转移或实施关闭。生态功能区要着力提高本地区的人口素质，通过制定人才引进、培养等政策增强转移到城市化地区就业的能力，城市化地区相应要放宽放开落户限制，吸纳生态功能区的人口到本地区转移就业并定居落户，以逐步缩小区域和城乡差距，实现人口、经济、资源环境的空间均衡。探索不同功能生态产品的核算方法和技术规范，着力解决定价方法和定价机制问题，加快推进生态资产价值量核算、自然资源资产负债表编制等工作。建立生态价值评估制度，培育生态环境损害鉴定机构，完善生态环境损害赔偿相关法律和技术规范。充分利用保护地良好的生态环境，在周边区域发展生态农业、生态旅游、生态康养、生态服务等生态产业。

14.2.6 主体功能区环境治理的保障措施

（1）强化统筹协调机制

一方面，加强生态文明改革的统筹协调。党的十八大以来，全面深化生态文明体制改革和制度建设，相继出台《关于加快推进生态文明建设的意见》《生态文明体制改革总体方案》《中共中央 国务院关于全面加强生态环境保护坚决打好污染防治攻坚战的意见》等一系列重要纲领性文件，制定了 40 多项涉及生态文明建设的改革方案，从总体目标、基本理念、主要原则、重点任务、制度保障等方面对生态文明建设进行了全面系统的部署安排。但是，一些政策文件的制定虽然表明依据了相应的主体功能区划，但是相应配套的激励、监督、制约机制仍有待加强。建议在对主体功能区相关环境政策实施情况进行全面客观评估的基础上，从“十四五”时期推动绿色发展、建设生态文明的目标导向和问题导向出发，由国家有关部门推动制定“主体功能区环境治理体系构建的意见”及相关“一揽子”计划，就政府主导、企业主体、社会参与等进行系统性、差异化的制度和政策安排。

另一方面，加强重大区域战略的统筹协调。2018 年印发的《中共中央 国务院关于建立更加有效的区域协调发展新机制的意见》明确要求“严禁不符合主体功能定位的各类开发活动”。在各部委以及各地方后续制定区域发展战略实施意见时，应明确与主体功能区战略结合起来，将一些政策的落地直接与主体功能区类型关联起来，在政策安排层面考虑不同主体功能区的实际诉求，更好地释放主体功能区环境治理的体系效能。例如，可以将主体功能区战略与黄河流域生态保护与高质量发展战略有机结合起来，因地制宜，分类施策，有方向、有重点地推进保护和治理。三江源、祁连山等生态功能区以涵养水源、保护生态为己任，应构建统一的生态环境监测预警和信息共享机制，完善重点草原、湖泊、湿地生态保护修复制度，建立健全多元化的生态保护补偿机制，探索各类自然保护地的社区参与机制，推动形成生态产品价值实现机制，夯实生态扶贫制度保障；河套灌区、汾渭平原等农产品主产区要实施最严格的水资源保护利用制度，统筹推进生态环境综合治理、系统治理、源头治理，推动流域污染防治联防联控，健全绿色农业体系，完善农产品质量标准体系和粮食安全保障体系；沿黄城市化地区应当抓住水沙关系调节这个“牛鼻子”，健全水旱灾害综合防治体系，建立流域高质量发展规划体系，构建差异化目标考核评价机制，健全环境税收、绿色信贷、绿色债券、排污权交易、水权交易等政策支持体系，建立可再生能源、旅游康养、文化创意等特色优势产业体系，推广政府和社会资本合作模式，强化生态环境保护公众参与机制。

（2）强化法治保障机制

一方面，建立国土空间法律体系。空间规划立法被十三届全国人大常委会立法规划列为第三类项目。基于实践中“多规合一”体制机制改革的持续深化，加快空间规划立法具有必要性和紧迫性。与此同时，国土空间规划法的制定也将为制定国土空间开发保护法（属第二类立法项目）奠定重要基础。国土空间的开发与保护涵盖调查、评价、规划、开发、利用、修复、治理、保护等诸多环节，国土空间规划法制格局的率先形成，能够在相当程度上厘清国土空间开发保护的立法思路，节省有关立法成本，从而加速其立法进程。基于此，制定国土空间规划法应当构建以“多规合一”的国土空间规划为核心的制度体系，建议在立法中明确相关内容：全国国土空间保护、开发、利用、修复实行主体功能区制度；明确主体功能区的分类以及管控要求；全国国土空间规划是对全国国土空间作出的全局安排，可以明确特定的主体功能区范围；省级国土空间规划在编制时应确定所有县级行政区的主体功能区，并结合本省特点就不同主体功能区管控要求进行明确；县级国土空间规划在编制时应结合主体功能区定位要求，并细化相应的环境治理要求。制定国土空间开发保护法应当以国土空间规划为基础，构建以国土空间用途管制为核心的制度体系。赵毓芳等（2019）总结生态空间用途管制制度的八大变化特征，探索形成“将用途管制扩大到所有自然生态空间”的改革路径。林坚等（2019）提出，贯彻落实用途管制制度，关键是把握好规划编制、实施许可、监督管理三大环节。以生态空间用途管制为例，除了建立分级（区分生态保护红线和一般生态空间）分类（区分森林、草原、湿地、河流、湖泊、滩涂等）

的自然生态空间管理模式外，还需对生态空间内部建设用地、农业用地如何进行管控，生态空间内部用途之间如何转换，以及生态空间如何向城镇空间、农业空间转变等问题制定一整套法律规则。与此同时，还应当统筹构建以自然保护地法和国家公园法为核心的保护地立法体系。

另一方面，鼓励地方立法先行先试。针对生态文明领域的特定改革事项，特别是在中央层面立法内容显著滞后或缺位的情况下，地方人大应当发挥主观能动性，依法开展先行先试，制定符合实际、体现特色的主体功能区环境治理制度，不断产出可复制、可推广的经验或模式，全国人大层面对此应提供相应的指导和支持。同时应当科学设定生态环境保护地方性法规、规章的备案审查标准，在支持创新的同时坚守合宪、合法的原则底线。此外，还可以考虑在现有法治框架下进行一定范围的综合改革授权，研究制定类似国家生态文明试验区条例的特别区域立法，在国家生态文明试验区中安排建立主体功能区环境治理体系的相关任务，努力保障地方综合性改革试验的有效开展，以彰显立法对改革的引领和推动作用。

参考文献

曹卫东，曹有挥，吴威，等，2008. 县域尺度的空间主体功能区划分初探[J]. 水土保持通报，28（2）：93-97.

程克群，王晓辉，潘成荣，等，2009. 安徽省推进形成主体功能区的环境政策研究[J]. 生态经济（中文版），（6）：41-44.

杜黎明，2008. 推进形成主体功能区的区域政策研究[J]. 西南民族大学学报（人文社科版），（6）：241-244.

杜黎明，2010. 主体功能区配套政策体系研究[J]. 开发研究，（1）：12-16.

杜雯翠，江河，2019. 国家战略区域主要环境问题识别与生态环境分区管治策略[J]. 中国环境管理，11（3）：50-56.

樊杰，2010. 我国主体功能区划的科学基础[J]. 地理学报，62（4）：339-350.

冯德显，张莉，杨瑞霞，等，2008. 基于人地关系理论的河南省主体功能区规划研究[J]. 地域研究与开发，（1）：1-5.

高国力，2007. 如何认识我国主体功能区划及其内涵特征[J]. 中国发展观察，（3）：23-25.

高国力，2008. 我国限制开发区与禁止开发区的利益补偿[J]. 今日中国论坛，（4）：50-53.

高延利，2017. 加强生态空间保护和用途管制研究[J]. 中国土地，（12）：18-20.

高晓路，廖柳文，吴丹贤，等，2019. “十四五”生态环境分区管治的战略方向[J]. 环境保护，47（10）：27-32.

龚霄侠，2009. 推进主体功能区形成的区域补偿政策研究[J]. 兰州大学学报（社会科学版），37（4）：72-76.

顾朝林，2018. 论我国空间规划的过程和趋势[J]. 城市与区域规划研究，10（1）：60-73.

郝大江，2011. 基于要素适宜度视角的区域经济增长机制研究[J]. 财经研究，37（2）：104-111.

郝明亮，万宝春，王士猛，等，2009. 构建河北省主体功能区环境政策体系[C]. 中国环境科学学会2009年学术年会论文集（第三卷）.
何立环，刘海江，李宝林，等，2014. 国家重点生态功能区县域生态环境质量考核评价指标体系设计与应用实践[J]. 环境保护，42（12）：42-45.
郝庆，邓玲，封志明，2019. 国土空间规划中的承载力反思：概念、理论与实践[J]. 自然资源学报，（10）：2073-2086.
韩永伟，高馨婷，高吉喜，等，2010. 重要生态功能区典型生态服务及其评估指标体系的构建[J]. 生态环境学报，19（12）：2986-2992.
黄海楠，2010. 陕西省主体功能区政府绩效评价研究[J]. 价值工程，29（10）：114-115.
黄宝荣，李颖明，张惠远，等，2010. 中国环境管理分区：方法与方案[J]. 生态学报，30（20）：5601-5615.
贾康，马衍伟，2008. 推动我国主体功能区协调发展的财税政策研究[J]. 财会研究，（1）：7-17.
纪涛，杜雯翠，江河，2017. 推进城镇、农业、生态空间的科学分区和管治的思考[J]. 环境保护，45（21）：70-71.
江河，2019. 国土空间生态环境分区管治理论与技术方法研究[M]. 北京：中国建筑工业出版社.
金敏杰，陈海林，张妍，等，2019. 我国绿色信贷发展与对策研究[J]. 经济研究导刊，（21）：86-88，98.
蒋洪强，刘年磊，胡溪，等，2019. 我国生态环境空间管控制度研究与实践进展[J]. 环境保护，47（13）：32-36.
焦若静，2014. 推动生态空间管治，加强城市环境管理[J]. 环境经济，（Z2）：22-23.
金树颖，孙宁，赵晓玲，2009. 东北主体功能区绩效评价体系的构建[J]. 沈阳航空航天大学学报，26（6）：1-4.
金贵，2014. 国土空间综合功能分区研究[D]. 北京：中国地质大学.
姜莉，2013. 主体功能区优化开发区激励机制问题研究[J]. 哈尔滨商业大学学报（社会科学版），（3）：34-39.
李宪坡，2008. 解析我国主体功能区划基本问题[J]. 人文地理，23（1）：20-24.
李旭辉，朱启贵，2017. 生态主体功能区经济社会发展绩效动态综合评价[J]. 中央财经大学学报，（7）：98-107.
李颖明，黄宝荣，2010. 我国的分区实践与环境管理分区研究[J]. 生态经济，（2）：169-172.
李善民，2019. 奖惩机制下绿色信贷的演化博弈分析[J]. 金融监管研究，（5）：83-98.

梁佳，2013. 土地政策参与宏观调控的政策工具研究——基于主体功能区建设的理论探索[J]. 经济与管理，（4）：13-15.

刘奇，张金池，孟苗婧，2018. 中央环境保护督察制度探析[J]. 环境保护，46（1）：50-53.

刘翠霞，史京文，相阵迎，等，2017. “多规合一”试点创新研究[J]. 国土资源情报，（1）：27-34.

刘冬荣，麻战洪，2019. “三区三线”关系及其空间管控[J]. 中国土地，（7）：22-24.

刘通，2008. 受益主体不明确的禁止开发区利益补偿研究[J]. 经济研究参考，（38）：58-64.

刘贵利，李明奎，江河，2019. 国土空间生态环境分区管治制度的建立[J]. 环境保护，47（14）：8-11.

刘冬，徐梦佳，2018. 新型城镇化发展下的生态环境管治策略探析[J]. 中国环境管理，（5）：79-83.

刘纪远，刘文超，匡文慧，等，2016. 基于主体功能区规划的中国城乡建设用地扩张时空特征遥感分析[J]. 地理学报，71（3）：355-369.

林坚，武婷，张叶笑，等，2019. 统一国土空间用途管制制度的思考[J]. 自然资源学报，（10）：2200-2208.

罗媛媛，杜雯翠，椋埏淪，2018. 农产品主产区产业准入负面清单制度的思考与建议[J]. 环境保护，46（5）：56-58.

陆玉麒，林康，2007. 市域空间发展类型区划分的方法探讨：以江苏省仪征市为例[J]. 地理学报，62（4）：351-363.

孟召宜，朱传耿，渠爱雪，等，2008. 我国主体功能区生态补偿思路研究[J]. 中国人口·资源与环境，18（2）：139-144.

钱龙，邹军新，2010. 限制开发区下的地方政府绩效考核机制研究：主体功能区的视角分析[J]. 市场论坛，（12）：14-15.

秋缬滢，2016. 空间管控：环境管理的新视角[J]. 环境保护，44（15）：9-10.

任启龙，王利，2016. 基于主体功能区的辽宁省绩效考核研究[J]. 资源开发与市场，（6）：664-668.

石红英，2007. 区域经济发展差异与金融制度因素研究[J]. 河南金融管理干部学院学报，25（2）：109-113.

孙斌栋，殷为华，汪涛，2007. 德国国家空间规划的最新进展解析与启示[J]. 上海城市规划，（3）：54-58.

时卫平，龙贺兴，刘金龙，2019. 产业准入负面清单下国家重点生态功能区问题区域识别[J]. 经济地理，39（8）：12-20.

侍昊，李旭文，牛志春，等，2015. 浅谈生态保护红线区生态系统管理研究概念框架[J]. 环境监控与预警，7（6）：6-9.

覃发超，李铁松，张斌，等，2008. 浅析主体功能区与土地利用分区的关系[J]. 国土资源科技管理，25（2）：25-28.

唐建华，2009. 推进主体功能区建设的财政政策研究[J]. 求索，（11）：42-43.

王健，2007. 我国生态补偿机制的现状及管理体制创新[J]. 中国行政管理，（11）：87-91.

王祖强，夏勇，2019. 新安江流域生态补偿问题的调查与建议[J]. 浙江经济，（13）：40-42.

王敏，熊丽君，黄沈发，2008. 上海市主体功能区划分技术方法研究[J]. 环境科学研究，21（4）：205-209.

王晓，张璇，胡秋红，等，2016. “多规合一”的空间管治分区体系构建[J]. 中国环境管理，8（3）：21-24，64.

王玉明，刘湘云，2010. 基于主体功能分区的政府绩效评价指标体系建构——以广东省为例[J]. 韶关学院学报，31（1）：78-82.

魏后凯，2007. 对推进形成主体功能区的冷思考[J]. 中国发展观察，（3）：28-30.

魏伟，张睿，2019. 基于主体功能区、国土空间规划、三生空间的国土空间优化路径探索[J]. 城市建筑，16（15）：45-51.

吴冰，吴远翔，王瀚宇，等，2017. 生态环境空间分级管控策略研究[J]. 环境保护科学，43（1）：1-5.

徐会，孙世群，王晓辉，2008. 推进形成省级主体功能区的环境政策及保障机制初探[J]. 四川环境，27（5）：122-126.

肖金成，2018. 实施主体功能区战略建立空间规划体系[J]. 区域经济评论，（5）：14-16.

熊玮，郑鹏，2018. 江西国家重点生态功能区实行产业准入的负面清单研究[J]. 老区建设，（16）：40-43.

许开鹏，迟妍妍，陆军，等，2017. 环境功能区划进展与展望[J]. 环境保护，45（1）：53-57.

徐洁，谢高地，肖玉，等，2019. 国家重点生态功能区生态环境质量变化动态分析[J]. 生态学报，39（9）：3039-3050.

张广海，李雪，2007. 山东省主体功能区划分研究[J]. 地理与地理信息科学，23（4）：57-60.

张可云，2007. 主体功能区的操作问题与解决办法[J]. 中国发展观察，（3）：26-27.
张维宸，密士文，2017. “多规合一”历程回顾与思考[J]. 中国经贸导刊（理论版），（23）：69-72.
赵景华，李宇环，2012. 国家主体功能区整体绩效评价模式研究[J]. 中国行政管理，（12）：20-24.
赵永江，董建国，张莉，2007. 主体功能区规划指标体系研究——以河南省为例[J]. 地域研究与开发，26（6）：39-42.
赵毓芳，祁帆，邓红蒂，2019. 生态空间用途管制的八大特征变化[J]. 中国土地，400（5）：14-17.
周丽旋，许振成，郭梅，2010. 基于主体功能区战略的差异化环境政策——以广东省为例[J]. 四川环境，29（1）：65-69.
周静，胡天新，顾永涛，2017. 荷兰国家空间规划体系的构建及横纵协调机制[J]. 规划师，（2）.
周静，沈迟，2017. 荷兰空间规划体系的改革及启示[J]. 国际城市规划，32（3）：113-121.
朱传耿，马晓冬，孟召宜，等，2007. 地域主体功能区划理论：理论·方法·实证[M]. 北京：科学出版社.
Wang A，Ge Y，Geng X，2016. Connotation and principles of ecological compensation in water source reserve areas based on the theory of externality[J]. Chinese Journal of Population Resources & Environment，14（3）：189-196.
Costanza R，D’Arge R，Groot R D，et al.，1997. The value of the world’s ecosystem services and natural capital[J]. Ecological Economics，25（1）：3-15.
Gordon D，1990. Green cities：Ecologically sound approaches to urban space[M]. Montreal：Black Rose Books.
Fan Jie，Sun Wei，Yang Zhenshan et al.，2012. Focusing on the Major Function Oriented Zone—A new spatial planning approach and practice in China and its 12th Five-Year Plan[J]. Asia Pacific Viewpoint，53（1）：86-96.
Fan Jie，Tao Anjun，Ren Qing，2010. On the historical back-ground，scientific intentions，goal orientation，and policy framework of Major Function-Oriented Zone Planning in China[J]. Journal of Resources and Ecology，1（4）：289-299.
Daily G C，1997. Nature’s Services：Societal Dependence on Natural Ecosystems[M]. Washington D

C：Island Press.

Cooke P，2015. Green governance and green clusters：Regional & national policies for the climate change challenge of Central & Eastern Europe[J]. Journal of Open Innovation：Technology，Market and Complexity，1（1）：1-17.

Petra T，Robert Y，2009. America 2050：An infrastructure vision for 21st century America[J]. Journal of Urban and Regional Planning，2（3）：18-38.

Plasman I C，2008. Implementing marine spatial planning：A policy perspective[J]. Marine Policy，32（5）：811-815.

The Great London Authority. The London Plan：Spatial development Strategy for Greater London，2009. www.london.gov.uk.

Sinz M，2004. Spatial planning on a national level in Germany[R]. Presentation to the commission on the future of England London.